# 군사경찰
# 수사절차론

유영무 · 선상훈 · 김호 지음

# 군사경찰 수사절차론

| 군사법경찰관리 수사 실무 활용서 |

좋은땅

# 목차

머리말 ⋯ 13

## 제1장 서론

[1] 序 ⋯ 20
[2] 군사법 제도 ⋯ 22
    Ⅰ. 군조직의 특수성과 군사법제도
    Ⅱ. 군사법제도의 위헌여부
    Ⅲ. 군사법원
    Ⅳ. 군검찰
    Ⅴ. 군사경찰
[3] 형사소송의 이념과 기본구조 ⋯ 31
    Ⅰ. 형사소송의 이념
    Ⅱ. 형사소송의 기본구조
    Ⅲ. 수사의 구조와 피의자의 지위
[4] 군인 등의 범죄에 대한 재판권 및 수사 관할 ⋯ 36
    Ⅰ. 군인 등의 범죄에 대한 재판권
    Ⅱ. 군인 등의 범죄에 대한 수사 관할

## 제2장 총칙

[1] 수사의 의의와 이념 ⋯ 48
    Ⅰ. 수사의 의의
    Ⅱ. 수사절차의 기본이념

[2] 수사의 조건 ··· 51
    Ⅰ. 의의
    Ⅱ. 범죄의 혐의
    Ⅲ. 수사의 필요성
    Ⅳ. 수사의 상당성

[3] 수사절차의 개요 ··· 55
    Ⅰ. 입건 전 조사
    Ⅱ. 수사의 개시
    Ⅲ. 수사의 실행
    Ⅳ. 수사의 종결(송치)

[4] 수사기관의 종류와 상호관계 ··· 64
    Ⅰ. 수사기관의 종류
    Ⅱ. 수사기관 상호간의 관계
    Ⅲ. 협력

# 제3장 수사 일반

[1] 수사의 기본원칙 ··· 76
    Ⅰ. 제척
    Ⅱ. 기피
    Ⅲ. 회피
    Ⅳ. 관할구역
    Ⅴ. 사건의 단위

[2] 수사의 조직 ··· 79
    Ⅰ. 운영 및 임무
    Ⅱ. 보고 관계
    Ⅲ. 수사지휘

[3] 수사서류 ··· 82
    Ⅰ. 수사서류의 작성
    Ⅱ. 통역과 번역

Ⅲ. 서류의 접수 등

[4] 형사사건의 공개 ··· 85
　　Ⅰ. 형사사건의 공개금지 원칙
　　Ⅱ. 공소제기 전 공개금지
　　Ⅲ. 공소제기 후 제한적 공개
　　Ⅳ. 불기소처분 사건의 예외적 공개 요건 및 범위
　　Ⅴ. 공개방법
　　Ⅵ. 수사업무종사자의 언론 접촉 금지
　　Ⅶ. 사건관계인 출석 정보 공개금지 및 수사과정 촬영 등 금지
　　Ⅷ. 초상권 보호조치

[5] 수사서류 등의 열람·복사 ··· 90
　　Ⅰ. 군사법원이 보관하고 있는 서류·증거물에 대한 열람
　　Ⅱ. 수사기관이 보관하고 있는 서류·증거물에 대한 열람·복사

# 제4장 수사의 개시

[1] 수사의 단서 ··· 94
　　Ⅰ. 수사단서의 의의 및 종류
　　Ⅱ. 현행범인의 발견
　　Ⅲ. 변사자의 검시
　　Ⅳ. 직무질문
　　Ⅴ. 여죄의 발견
　　Ⅵ. 고소
　　Ⅶ. 고발
　　Ⅷ. 피해신고
　　Ⅸ. 자수
　　Ⅹ. 보도·풍설·진정·익명의 신고

[2] 사건의 수리 ··· 110
　　Ⅰ. 의의
　　Ⅱ. 사건의 수리사유

# 제5장 임의수사

[1] 서설 ··· 114
　Ⅰ. 수사의 방법
　Ⅱ. 수사사항
　Ⅲ. 수사 시 유의사항

[2] 수사상 임의동행 ··· 117
　Ⅰ. 의의
　Ⅱ. 임의동행의 유형
　Ⅲ. 법적 성질
　Ⅳ. 적법요건

[3] 피의자신문 ··· 119
　Ⅰ. 의의
　Ⅱ. 신문 전 절차
　Ⅲ. 신문
　Ⅳ. 피의자신문조서의 작성
　Ⅴ. 피의자 진술의 영상녹화
　Ⅵ. 신문시간의 제한

[4] 참고인조사 ··· 159
　Ⅰ. 의의
　Ⅱ. 조사 전 절차
　Ⅲ. 범죄피해자 보호
　Ⅳ. 조사
　Ⅴ. 진술조서의 작성

[5] 기타 임의수사 방법 ··· 173
　Ⅰ. 임의제출물건의 압수
　Ⅱ. 수사관계사항의 조회
　Ⅲ. 통역·번역의 위촉
　Ⅳ. 감정의 위촉
　Ⅴ. 실황조사

Ⅵ. 수사촉탁

　　Ⅶ. 출국금지 및 출국정지

　　Ⅷ. 전과관련조회 등

　　Ⅸ. 거짓말탐지기검사(심리생리검사)

　　Ⅹ. 범인식별절차

　　Ⅺ. 지명수배 및 해제

　　Ⅻ. 수사보고서 작성

# 제6장 강제수사

[1] 강제수사의 의의 ··· 190

　　Ⅰ. 의의

　　Ⅱ. 임의수사 우선의 원칙과 강제수사 시 유의사항

[2] 피의자의 체포 ··· 192

　　Ⅰ. 체포제도의 의의

　　Ⅱ. 영장에 의한 체포

　　Ⅲ. 긴급체포

　　Ⅳ. 현행범인의 체포

[3] 피의자의 구속 ··· 215

　　Ⅰ. 의의

　　Ⅱ. 요건

　　Ⅲ. 구속영장의 신청

　　Ⅳ. 구속영장의 심사

　　Ⅴ. 구속영장신청에 대한 판단

　　Ⅵ. 구속영장의 집행 및 후속조치

　　Ⅶ. 접견금지 등

　　Ⅷ. 구속의 집행정지 및 구속의 취소

　　Ⅸ. 구속피의자의 석방 및 재구속의 제한

　　Ⅹ. 구속의 적부심사

[4] 압수·수색·검증　　　　　　　　　　　　　　　　　　　　　　… 237
 Ⅰ. 압수와 수색
 Ⅱ. 검증

[5] 전자정보의 압수·수색　　　　　　　　　　　　　　　　　　　… 255
 Ⅰ. 개념
 Ⅱ. 디지털 증거 압수·수색·검증 절차
 Ⅲ. 전자정보의 압수·수색 또는 검증 방법
 Ⅳ. 디지털 증거의 수집
 Ⅴ. 디지털 증거의 분석

[6] 통신수사　　　　　　　　　　　　　　　　　　　　　　　　　… 267
 Ⅰ. 통신제한조치
 Ⅱ. 통신사실 확인자료제공 요청
 Ⅲ. 통신자료 제공요청
 Ⅳ. 기타

[7] 그 밖의 강제수사 등　　　　　　　　　　　　　　　　　　　　… 278
 Ⅰ. 증거보전
 Ⅱ. 증인신문의 청구
 Ⅲ. 감정유치
 Ⅳ. 감정에 필요한 처분
 Ⅴ. 금융거래 추적

## 제7장 특칙

[1] 군무이탈사건에 관한 특칙　　　　　　　　　　　　　　　　　… 290
 Ⅰ. 수사관할 등
 Ⅱ. 지명수배 등

[2] 외국인 관련 범죄에 관한 특칙　　　　　　　　　　　　　　　… 293
 Ⅰ. 외국인 범죄 수사
 Ⅱ. 외교 사절에 관한 특칙
 Ⅲ. 외국인에 대한 조사

[3] 즉결심판에 관한 특칙 ... 229
   Ⅰ. 즉결심판의 개념과 조사
   Ⅱ. 즉결심판의 청구
   Ⅲ. 즉결심판청구사건의 심리
   Ⅳ. 즉결심판의 선고와 효력
   Ⅴ. 정식재판의 청구와 재판

[4] 전시·사변·국가비상사태 시의 특례 ... 307
   Ⅰ. 통칙

[5] 기타 ... 308
   Ⅰ. 성폭력사건에 관한 특칙
   Ⅱ. 군 테러사건에 관한 특칙
   Ⅲ. 가정폭력사건에 관한 특칙
   Ⅳ. 스토킹사건에 관한 특칙
   Ⅴ. 아동보호사건에 관한 특칙
   Ⅵ. 군용물 등 범죄에 관한 특칙

# 제8장 증거

[1] 증거의 의의와 종류 ... 320
   Ⅰ. 증거의 의의
   Ⅱ. 증거의 종류

[2] 증거능력과 증명력 ... 324
   Ⅰ. 증거능력
   Ⅱ. 증명력

[3] 증거의 수집 ... 326
   Ⅰ. 현장조사
   Ⅱ. 현장에서의 수사사항
   Ⅲ. 감식

# 제9장 죄명, 적용법조, 범죄사실 기재방법

[1] 죄명 ··· 330
    Ⅰ. 형법범
    Ⅱ. 군형법범
    Ⅲ. 특별법범
    Ⅳ. 미수·예비·음모
    Ⅴ. 공범
    Ⅵ. 죄명이 수개인 경우

[2] 적용법조 ··· 334
    Ⅰ. 구성요건 및 법정형을 표시하는 규정
    Ⅱ. 형의 가중·감경사유 등에 관한 규정
    Ⅲ. 기타 법조
    Ⅳ. 적용법조의 기재순서

[3] 범죄사실 기재방법 ··· 342
    Ⅰ. 범죄사실의 일반적 기재방법
    Ⅱ. 범죄의 주체
    Ⅲ. 범죄의 일시
    Ⅳ. 범죄의 장소
    Ⅴ. 범죄의 동기·원인
    Ⅵ. 범죄의 객체
    Ⅶ. 범죄의 수단·방법
    Ⅷ. 범죄행위와 그 결과
    Ⅸ. 고의·과실
    Ⅹ. 미수·예비·음모
    Ⅺ. 공범
    Ⅻ. 범죄사실이 수개인 경우
    Ⅷ. 양벌규정

# 제10장 수사의 종결

## [1] 수사종결의 의의와 종류 ··· 370
    Ⅰ. 수사종결의 의의
    Ⅱ. 군사법경찰관의 수사종결
    Ⅲ. 송치서류
    Ⅳ. 사건송치 시 작성하는 서류 등 예시

## [2] 장부와 비치서류 ··· 380
    Ⅰ. 장부와 비치서류
    Ⅱ. 장부 및 서류의 보존기간


주요 법령 ··· 383

# 머리말

2022년 7월 1일 개정된 「군사법원법」의 시행은 우리 군 사법 체계에 역사적인 전환점을 제시했습니다. 성폭력범죄, 사망 관련 범죄, 그리고 입대 전 범죄에 대한 재판권이 일반 법원으로 이관되고 항소심 또한 일반 법원에서 담당하게 되면서, 군 사법 제도의 투명성과 신뢰성을 향한 중대한 발걸음이 시작되었습니다.

이러한 변화는 군사경찰의 수사 환경에도 새로운 도전을 안겨 주었습니다. 과거 관행에 의존하던 수사 방식에서 벗어나, 법률과 규정에 기반한 원칙 중심의 수사를 통해 군 내 수사기관으로서의 정당성을 확보하고 나아가 국민의 신뢰를 얻는 것이 시대적 과제가 된 것입니다. 이에 발맞춰 군검사와의 협력 관계를 정립하는 대통령령인 「군검사와 군사법경찰관의 수사준칙에 관한 규정」과 수사 업무의 법제화를 위한 국방부령인 「군사법경찰 수사규칙」이 제정되었습니다.

국방부 조사본부 수사지도과장으로 재직하며 2020년 「군사경찰 범죄수사규칙」 제정 실무를 담당했고, 이후 개정된 법령들의 초안 작성과 제정 실무에 직접 참여하며 이 모든 변화의 과정을 현장에서 경험했습니다. 당시 상위 법령이 먼저 마련되지 않고 훈령이 시행된 후 대통령령과 국방부령이 뒤따르는 과정에서, 일선 군사경찰 수사관들이 겪어야 했던 혼란을 누구보다 깊이 통감하고 있었습니다.

군문을 떠나 변호사로서 새로운 길을 걷게 되었지만, 군사경찰 수사 분야의 발전에 기여하고 싶은 마음은 늘 한결같았습니다. 이러한 염원에서 뜻을 같이하는 선상훈 서기관님, 육군 김호 중령님과 함께 그 혼란을 바로잡고 수사관들이 실무에 곧바로 참고할 수 있는 지침서의 필요성을 절감했습니다.

이 책은 법률, 대통령령, 부령, 훈령으로 이어지는 법체계의 흐름에 따라 수사절차를 논리적으로 재구성했습니다. 특히, 군사경찰 실무 경험이 많은 선상훈 서기관님과 군사법 분야에 조예가 깊은 김호 중령님의 참여는 이 책의 내용을 더욱 깊이 있게 만드는 데 결정적인 역할을 했습니다.

지난 30년간 대한민국 해군과 국방부에서 쌓아온 소중한 경험을 바탕으로 「군사경찰 수사절차론」의 출간을 알리게 되어 감회가 새롭습니다. 비록 부족한 삶을 살았지만, 군사경찰 일원으로 살아온 내내 행복했고 자부심으로 가슴이 뜨거웠음을 기억합니다. 국방부 조사본부에서 2수사대장, 수사기획과장, 수사지도과장, 군사법제도개선TF 법제팀장으로 근무하면서 만들어간 소중한 인연들이 떠오릅니다.

아무쪼록 「군사경찰 수사절차론」이 군사경찰 수사의 전문성을 한 단계 끌어올리고, 모든 군사법경찰관이 법과 원칙에 따라 공정하고 신뢰받는 수사를 펼치는 데 든든한 길잡이가 되기를 소망합니다.

마지막으로, 바쁜 와중에도 원고의 교정과 편집에 헌신적인 도움을 준 국방부 조사본부 오지은 수사관님과 지난 30년간 대한민국 해군과 국방부 조사본부에서 함께한 군사경찰 병과원 모두에게 진심으로 감사의 인사를 전합니다.

2025년 8월
변호사 유영무

군사경찰은 군과 군 관련 각종 범죄에 대한 수사를 담당하는 사법경찰 활동뿐만 아니라, 장병의 안전 확보와 군 기강 확립을 위한 행정경찰 활동, 대테러 작전, 주요 인사 경호, 중요 군사시설 경비 등 다양한 임무를 수행하고 있습니다.

이처럼 폭넓은 역할을 수행하는 군사경찰의 법적 근거를 더욱 명확히 하기 위해, 군사경찰은 제도적 기반을 단계적으로 정비해 왔습니다. 2020년 12월 30일 국방부 훈령으로 「군사경찰 범죄수사규칙」을 제정한 데 이어, 2022년 7월 1일에는 군검찰과 군사경찰 간 수차례 협의를 거쳐 대통령령인 「군검사와 군사법경찰관의 수사준칙에 관한 규정」을 마련하였습니다. 나아가 2023년 6월 28일에는 국방부조사본부와 각 군(육군·해군·해병대·공군)의 군사경찰이 중심이 되어 국방부령인 「군사법경찰 수사규칙」을 제정함으로써, 군사법경찰 수사의 법령 체계를 더욱 정교하게 구축하게 되었습니다.

그러나 이러한 제정 순서가 일반적인 법령 체계인 대통령령-부령-훈령이 아닌, 훈령-대통령령-부령의 형태로 진행되다 보니, 일선에서 수사 실무를 담당하는 군사경찰 수사관들에게 혼란을 초래한 것도 사실입니다.

이에 해군 군사경찰 출신으로 오랜 기간 현장을 경험한 유영무 변호사님과 수사 실무를 담당한 국방부조사본부 선상훈 서기관은 이러한 혼란을 해소하고자 2023년 5월부터 틈틈이 시간을 쪼개어 이 책의 집필을 시작하게 되었습니다. 또한 군사경찰 관련 저서를 다수 집필한 육군 군사경찰 김호 중령님의 참여로 책의 내용은 한층 더 풍성해졌습니다.

이 책은 군사법경찰관리가 수사 실무에 직접 활용할 수 있도록, 법령의 체계를 법률-대통령령-부령-훈령의 순서로 구성하였습니다. 특히 초임 군사법경찰관리도 수사절차를 쉽게 이해할 수 있도록, 어려운 한자어나 법률용어는 쉬운 우리말로 풀이하여 가독성과 실용성을 높였습니다.

끝으로 이 책의 집필 과정에서 물심양면으로 아낌없는 응원과 격려를 보내 준 제 아내와 사랑하는 딸, 아들에게 깊은 감사를 전합니다. 또한 원고의 탈고와 편집에 많은 도움을 주신 국방부조사본부의 오지은 수사관께 진심으로 감사드립니다.

이 책이 군사법경찰관이 수사 절차를 보다 쉽게 이해하고, 실무 현장에서 자신감을 가지고 업무를 수행하는 데 실질적인 도움이 되기를 진심으로 바랍니다.

2025년 8월

수사군무서기관 선상훈

저자들은 군사경찰의 수사절차 실무 법령을 전반적으로 반영하여 분석함으로써 최신 군수사절차에 대한 이해를 돕고자 하였습니다.

일례로, 과거에는 군사법원법에만 의존하여 각 군 군사경찰이 각자 법률에 근거한 수사절차를 규율하는 지침에 따라 수사를 진행하였다면 현재는 법제 정비와 개선 등 시대 변화에 따라 신설된 각종 법령(「군검사와 군사법경찰관의 수사준칙에 관한 규정」, 「군사법경찰 수사규칙」, 「군사경찰 범죄수사규칙」, 「법원이 재판권을 가지는 군인 등의 범죄에 대한 수사절차 등에 관한 규정」 등)에 따라 전군 군사경찰이 통일된 법적 근거를 두고 수사에 임하고 있음에도 수사 실무 현장에서는 다양한 수사절차에 대한 통합된 책자가 마련되지 않아 한눈에 보기 어려웠습니다.

이에 유영무 변호사님, 선상훈 서기관님과 저를 비롯한 3명은 함께 국방부조사본부에 근무하면서 이와 같은 현 실태를 절감하고 한 권에 다양한 군사경찰 수사법령들을 살펴볼 수 있도록 하기 위하여 본 책자를 제작하게 되었습니다.

특히, 군인 등의 3대 범죄(범죄로 인한 군인 등 사망사건, 군인 등의 성폭력범죄, 입대 전 범죄)가 민간 수사기관으로의 이관됨에 따라 일부 군인 등 대상 군수사기관과 연계한 수사절차를 담당하게 되는 경찰과 검찰 수사직위자에게도 본 책자는 적지 않은 도움이 될 것으로 사료됩니다.

아무쪼록 군수사기관 종사자로서 현역 군인, 군무원 외에 3대 이관 범죄 수사를 담당하는 경찰, 검찰 및 군수사실무에 관심이 있는 각급 군사학과 학생, 교직원 그리고 군법에 관심이 있는 독자들에게 이번 책자가 길라잡이가 될 수 있기를 기대해 봅니다.

2025년 8월
군사법경찰관(법학박사) 김호 드림

제1장

# 서론

# [1] 序

　사람은 근본적으로 혼자서는 살아갈 수 없는 사회적 동물로서, 다양한 공동체 속에서 살아간다. 이러한 공동생활이 원활하게 유지되려면 구성원들이 따라야 할 일정한 준칙이 필요하다. 하지만 공동생활에서는 필연적으로 이해관계 충돌과 다툼이 발생하기 마련이다. 따라서 이러한 갈등을 조정하고 평화를 유지하기 위해 특정한 행위 규범이 반드시 존재해야 한다. 「사회가 있으면 법이 있다」라는 격언은 이러한 사실을 나타내고 있는 말이다.

　이러한 사회생활의 준칙은 사람의 자율성에 바탕을 두고 스스로를 규율하는 당위의 법칙이며, 이를 규범이라고도 부른다. 우리가 사회 공동생활에서 지켜야 할 당위의 법칙, 즉 사회규범에는 법을 비롯하여 도덕, 관습, 종교 등이 있다. 이 가운데 법은 국가권력에 의해 그 준수가 강제된다는 점에서 다른 사회규범과 차별화되는 특성을 가진다.

　국가권력에 의해 강제되는 법규범 중 형법은 어떤 행위가 범죄가 되고 그 범죄에 어떤 법률적 효력을 부과할 수 있는지를 규정한다. 형법은 형벌이라는 가장 강력한 국가제재 수단을 가지고 있으며, 형법에 규정된 범죄를 저지르면 국가 형벌권이 발생하게 된다. 따라서 형법은 다른 사회적·법적 통제 수단으로는 사회질서 유지가 불가능할 때 최후의 수단으로 적용되어야 한다.

　그러나 국가 형벌권의 실현은 필연적으로 개인의 기본적인 인권을 침해할 수밖에 없다. 그렇기 때문에 형벌권을 실현하는 과정에서 개인의 자유 침해를 억제하기 위해서는 형사절차를 법률로 명확히 규정할 필요가 있다.

헌법 제12조 제1항은 "누구든지 법률에 의하지 아니하고는 체포·구속·압수·수색 또는 심문을 받지 아니하며, 법률과 적법한 절차에 의하지 아니하고는 처벌·보안처분 또는 강제노역을 받지 아니한다."고 규정하여 형사절차법정주의를 선언하고 있다. 이러한 형사절차법정주의에 따라 형사절차를 규정하기 위해 제정된 법률이 바로 형사소송법이다.

한편, 이와는 별도로 헌법 제110조에 따라 군사재판을 위한 형사 절차를 규정하는 법률로 군사법원법을 제정하여 군사법제도를 운영하고 있다.

# [2] 군사법 제도

## Ⅰ. 군조직의 특수성과 군사법제도

### 1. 군조직의 특수성

군이란 외부의 침략으로부터 국가를 보존한다는 특수한 목적을 위해 존재하는 집단이기 때문에 군의 조직과 기능을 유지하기 위한 지휘명령체계의 확립 및 전투력 제고를 우선적으로 고려해야 한다.

구체적으로 군은 다음과 같은 특수성을 가진다. 전쟁의 수행은 물론 평화 시에도 실제 전쟁과 같은 극한 상황에서 훈련을 실시하고, 각종 무기들을 다루게 됨으로써 항시 위험에 노출되어 있다. 또한 과학기술이 발달한 오늘날의 전쟁은 초전의 대응능력이 매우 중요하므로 항시 대기하는 것이 필요할 뿐 아니라, 군인은 한·수해 등 천재지변, 명절 혹은 연휴 기간에도 대기해야 하고, 각종 야외훈련 및 야간훈련, 주·야간 작전수행, 빈번한 당직근무 등을 수행해야 하는 등 근무시간이 일정하지 않다. 더구나 집단적 병영생활을 할 뿐 아니라, 비상소집 응소의 제한을 받으며 근무지이탈금지는 군인의 지위 및 복무에 관한 기본법 및 군형법의 처벌규정에 의하여도 엄격히 규제되는 등 생활 공간적인 제약이 있다.

### 2. 군사법제도의 필요성

위에서 살펴본 군조직의 특수성으로 인하여 군의 규율과 사기를 강력하게 유지하여 군의 임무를 성공적으로 수행케 하는 것을 궁극적 목적으로 하는 군사법제도를 운영하고 있다.

## II. 군사법제도의 위헌여부

### 1. 재판청구권

헌법 제27조 제1항은 모든 국민은 헌법과 법률이 정한 법관에 의하여 법률에 의한 재판을 받을 권리를 가진다고 규정하여 재판청구권을 보장하고 있다. 재판청구권은 국가에 대하여 독립된 법원에 의하여 헌법과 법률이 정한 법관에 의한 재판을 받을 권리이다. 재판청구권은 재판이라는 국가적 행위를 청구할 수 있는 적극적 측면과 헌법과 법률이 정한 법관이 아닌 자에 의한 재판이나 법률에 의하지 아니한 재판을 받지 아니하는 소극적 측면을 아울러 가지고 있다(헌재 1998. 5. 28. 96헌바4).

### 2. 군사재판 제도의 위헌 여부

헌법 제27조 제1항의 '헌법과 법률이 정한 법관에 의하여' 재판을 받을 권리라 함은 헌법과 법률이 정한 자격과 절차에 의하여 임명되고, 물적 독립과 인적 독립이 보장된 법관에 의한 재판을 받을 권리를 의미한다(헌재 1993. 11. 25. 91헌바8).

위헌의 논란이 있을 수 있는 군사법원에 대하여 헌법은 제110조에서 '군사재판을 관할하기 위하여 특별법원으로서 군사법원을 둘 수 있고(제1항), 군사법원의 조직·권한 및 재판관의 자격은 법률로 정한다(제3항)' 규정하여 특별법원으로서 군사법원을 설치할 수 있는 근거를 두고 있다.

또한 헌법재판소는 군기의 유지와 군 지휘권 확립의 필요성, 평시에도 항상 대기하고 집단적 병영생활을 하는 군 임무의 특성상 언제 어디서나 신속히 군사재판을 할 필요성, 군사범죄를 정확히 심리하고 판단할 필요성 등을 들어, 평시에 군사법원을 설치하여 군인 또는 군무원에 대한 재판권을 행사하는 것을 합헌으로 판단하였다(헌재 1996. 10. 31. 93헌바25).

## III. 군사법원

### 1. 군사법원의 설치 및 관할

#### 가. 군사법원의 설치 및 관할구역

군사법원은 국방부장관 소속으로 하며, 중앙지역군사법원(서울특별시 및 해외 파병

지역)·제1지역군사법원(대전광역시, 광주광역시, 세종특별자치시, 충청북도, 충청남도, 전라북도, 전라남도 및 제주)·제2지역군사법원(인천광역시 및 경기도)·제3지역군사법원(강원도) 및 제4지역군사법원(대구광역시, 부산광역시, 울산광역시, 경상북도 및 경상남도)으로 구분하여 설치한다(법 제6조).

### 나. 군사법원장

군사법원에 군사법원장을 둔다. 군사법원장은 군판사로 한다(법 제7조 제1항, 제2항).

중앙지역군사법원장은 국방부장관의 명을 받아 군사법원의 사법행정사무를 총괄하고, 각 군사법원의 사법행정사무에 관하여 직원을 지휘·감독한다. 군사법원장은 그 군사법원의 사법행정사무를 관장하며, 소속 직원을 지휘·감독한다(법 제7조 제3항, 제4항).

### 다. 부의 설치

군사법원에 부(部)를 둔다. 부에 부장(部長)군판사를 둔다. 이 경우 군사법원장은 부장군판사를 겸할 수 있다(법 제8조 제1항, 제2항).

부장군판사는 그 부의 재판에서 재판장이 되며, 군사법원장의 지휘에 따라 그 부의 사무를 감독한다(법 제8조 제3항).

## 2. 군사법원의 심판사항

군사법원은 다음 각 호의 사건을 제1심으로 심판한다.

1. 제2조 또는 제3조에 따라 군사법원이 재판권을 가지는 사건
2. 그 밖에 다른 법률에 따라 군사법원의 권한에 속하는 사건

## 3. 군사법원의 관할

군사법원의 관할은 범죄지, 피고인의 근무지나 피고인이 소속된 부대 또는 기관[국방부, 국방부 직할부대, 각 군 본부나 편제상 장성급(將星級) 장교가 지휘하는 부대 또는

기관을 말한다. 이하 "부대"라 한다]의 소재지, 피고인의 현재지로 한다(법 제12조의4 제1항).

국외에 있는 대한민국 선박 내에서 범한 죄에 관하여는 제1항에서 규정한 관할 외에 선적지 또는 범죄 후의 선착지도 관할로 한다(법 제12조의4 제2항). 국외에 있는 대한민국 항공기 내에서 범한 죄에 관하여는 제2항을 준용한다(법 제12조의4 제3항).

중앙지역군사법원은 제1항에도 불구하고 장성급 장교가 피고인인 사건과 그 밖의 중요 사건을 심판할 수 있다(법 제12조의4 제4항).

계엄지역에서는 국방부장관이 지정하는 군사법원이 「계엄법」에 따른 재판권을 가진다[제12조(계엄지역의 관할)]. 계엄지역에서는 국방부장관이 지정하는 군사법원이 「계엄법」에 따른 재판권을 가진다(법 제12조).

## Ⅳ. 군검찰

### 1. 군검찰단

군검사의 사무를 관장하기 위하여 국방부장관과 각 군 참모총장 소속으로 검찰단을 설치한다(법 제36조 제1항).

국방부검찰단 및 각 군 검찰단에 각각 고등검찰부와 보통검찰부를 설치하고, 보통검찰부는 제6조에 따른 군사법원에 대응하여 둔다. 다만, 필요한 경우 보통검찰부를 통합하여 둘 수 있다(법 제36조 제2항).

고등검찰부의 관할은 보통검찰부의 관할사건에 대한 항소사건·항고사건 및 그 밖에 법률에 따라 고등검찰부의 권한에 속하는 사건으로 한다. 다만, 각 군 검찰단 고등검찰부는 필요한 경우 그 권한의 일부를 국방부검찰단 고등검찰부에 위탁할 수 있다(법 제36조 제4항).

### 2. 검찰단의 관할(법 제36조 제5항)

#### 가. 국방부검찰단

국방부 본부, 국방부 직할부대 소속의 군인 또는 군무원이 피의자인 사건. 다만, 국방부검찰단장은 필요한 경우 관할의 일부를 각 군 검찰단에 위임할 수 있다(제1호).

### 나. 각 군 검찰단: 다음 각 목의 사건(제2호)

각 군의 검찰단은 각 군 본부, 각 군 직할부대 소속의 군인, 군무원이 피의자인 사건, 각 군 부대의 작전지역·관할지역 또는 경비지역에 있는 자군(自軍)부대에 속하는 사람과 그 부대의 장의 감독을 받는 사람이 피의자인 사건, 각 군 부대의 작전지역·관할지역 또는 경비지역에 현존하는 사람과 그 지역에서 죄를 범한「군형법」제1조에 해당하는 사람이 피의자인 사건을 관할한다.

그럼에도 불구하고 국방부검찰단장은 범죄의 성질, 피의자의 지위 또는 소속 부대의 실정, 수사의 상황 및 그 밖의 사정으로 인하여 수사의 공정을 유지하기 어렵다고 판단되는 경우에는 직권으로 또는 각 군 검찰단 소속의 군검사의 신청에 의하여 국방부검찰단으로 그 사건의 관할을 이전할 수 있다(법 제36조 제6항).

또한 국방부검찰단은 장성급 장교가 피의자인 사건과 그 밖의 중요 사건을 관할 할 수 있다(법 제36조 제7항).

국방부검찰단 및 각 군 검찰단의 조직 및 운영 등에 필요한 사항은 대통령령으로 정한다(법 제36조 제8항).

## 3. 군검찰사무 지휘·감독

### 가. 국방부장관의 군검찰사무 지휘·감독

국방부장관은 군검찰사무의 최고감독자로서 일반적으로 군검사를 지휘·감독한다. 다만, 구체적 사건에 관하여는 각 군 참모총장과 국방부검찰단장만을 지휘·감독한다(법 제38조).

각 군 참모총장은 각 군 검찰사무의 지휘·감독자로서 일반적으로 소속 군검사를 지휘·감독한다. 다만, 구체적 사건에 관하여는 소속 검찰단장만을 지휘·감독한다(법 제39조).

### 나. 군검찰사무에 대한 지휘·감독

군검사는 군검찰사무에 관하여 소속 상급자의 지휘·감독에 따른다(법 제40조 제1항). 군검사는 구체적인 사건과 관련하여 제1항에 따른 지휘·감독의 적법성 또는 정당성 여부에 대하여 이견이 있는 때에는 이의를 제기할 수 있다(법 제40조 제2항).

# V. 군사경찰

## 1. 군사경찰의 조직

### 가. 국방부조사본부

국방부조사본부는 육군[1], 해군[2], 공군[3]의 합동부대[4]로 1953. 3. 24. 출범한 헌병총사령부를 모태로 하고 있다. 그 후 1960. 10. 10. 헌병총사령부가 해체되고 국방부 합동조사대가 창설되었고, 1970. 4. 9. 국방부 합동조사대가 해체되고 국방부 조사대가 창설되었다가 1990. 12. 31. 국방부 조사대로 개편 이후 국방부 합동조사단으로 개편되었다. 2006. 2. 2. 국방부과학수사연구소와 민원제기사망사고 특별조사단을 국방부 합동조사단에 통합하여 현재의 국방부조사본부가 창설되었다.

국방부장관은 군사경찰 직무의 최고 지휘자·감독자로서 군사경찰에 관한 정책을 총괄하기 위하여 국방부 소속으로 조사본부를 둔다(군사경찰의 직무수행에 관한 법률 제5조 제2항). 조사본부에는 참모부서로 법무실[5], 감찰실[6], 기획처[7], 안정정보처[8]를 두고, 소속 부대로 수사단[9], 과학수사연구소[10], 전사망민원조사단[11], 국군교도소[12]를 설치하

---

1) 육군이란 지상작전을 주임무로 하고 이를 위하여 편성되고 장비를 갖추며 필요한 교육·훈련을 하는 군의 조직이다. (국군조직법 제3조제1항)
2) 해군이란 상륙작전을 포함한 해상작전을 위하여 편성되고 장비를 갖추며 필요한 교육·훈련을 하는 군의 조직이다. (국군조직법 제3조제2항)
3) 공군은 항공작전을 주임무로 하고 이를 위하여 편성되고 장비를 갖추며 필요한 교육·훈련을 하는 군의 조직이다. (국군조직법 제3조제4항)
4) 합동부대란 군사상 필요한 때에 국방부장관의 지휘·감독하에 둘 수 있는 부대를 말한다. (국군조직법 제2조제3항)
5) 법무실은 국방부조사본부장의 법률적 보좌를 하는 부서이다.
6) 감찰실은 직무감찰과 공직기강, 반부패 청렴활동을 하는 부서이다. (국방부조사본부 부서대별 임무 및 사무분장 예규 제5조)
7) 기획처는 기획, 계획, 작전, 대국회, 군수품 단속, 국군교도소 운영, 대테러, 대통령 경호안전 등의 업무를 하는 부서이다. (국방부조사본부 부서대별 임무 및 사무분장 예규 제6조)
8) 안전정보처는 안전·정보업무, 사고예방·범죄정보·국방헬프콜, 국방관련 등 주요 언론 모니터링/대응, 유관기관(경찰, 각군 등) 협조체계 구축, 군 관련 범죄신고 보상금 심의, 사고예방 및 군 기강 확립 위원회 임무수행를 하는 부서이다. (국방부조사본부 부서대별 임무 및 사무분장 예규 제7조)
9) 수사단은 범죄의 수사와 예방활동을 시행하는 부서이다. (국방부조사본부 부서대별 임무 및 사무분장 예규 제8조)
10) 과학수사연구소는 군 관련 사건·사고에 대한 과학수사 지원, 국제공인시험기관(KOLAS) 경영업무, 과학수사기관과의 협조업무 수행하는 부서이다. (국방부조사본부 부서대별 임무 및 사무분장 예규 제9조)
11) 전사망민원조사단은 군내 사망사고민원을 조사하는 부서이다. (국방부조사본부 부서대별 임무 및 사무분장 예규 제10조)
12) 국군교도소는「군에서의 형의 집행 및 군수용자의 처우에 관한 법률」에 따른 군수용자 관리하는 부서이다. (국방부조사본부 부서대별 임무 및 사무분장 예규 제11조)

여 운용하고 있다.

### 나. 육군 군사경찰

육군 군사경찰은 1946년 조선국방경비대 예하 8개 연대에 설치하여 운용한 '군감대'를 효시로 1947. 3. 15. 조선경비대 총사령부에 군감대를 설치하여 운용하다가 그해 10월에 통위부[13](국내경비부)에 군기사령부를 설치하여 운용하였다. 그 후 1948. 3. 11. 통위부의 군기사령부를 해체함과 동시에, 조선경비대 '군기사령부'를 창설하였다. 1949. 3. 1. 군기사령부를 육군본부 '헌병감실'로 개편한 후 1953. 10. 6. 육군 헌병사령부 예하 범죄수사대를 창설하고, 1955년 육군헌병사령부를 헌병감실과 범죄수사단으로 분할하여 수사부대를 두었다.

1995. 3. 10. 육군 범죄수사단을 해체 후 헌병감실로 통합함으로써 수사부대를 해체하였다. 그 후 2006. 4. 1. 헌병감실을 해체하여 육군수사단과 육군인사사령부 헌병운영처로 분리하였다가 2013. 1. 1. 육군수사단과 육군인사사령부 헌병운영처를 해체하여 헌병실과 육군중앙수사단으로 분리하였다. 2022. 1. 1. 헌병실과 육군중앙수사단을 해체하고 육군군사경찰실[14]과 육군수사단으로 분리함으로써 수사와 작전을 분리하였다.

### 다. 해군/해병대 군사경찰

해군 군사경찰은 1946. 3. 3. 조선 해방병단의 군풍기 유지와 좌익침투 방지를 목적으로 해헌대를 설치한 것이 모태이다. 1949. 4. 1. 해군본부 헌병감실이 창설되었고, 2006. 1. 1. 해군본부 헌병감실을 해체하고 해군 헌병단을 창설하였다. 2007. 5. 10. 수사와 작전을 분리하기 위해서 해군 헌병단을 해체하고 해군본부 수사단과 해군본부 인사단 헌병운영처로 분리하였다가 2009. 1. 1. 작전과 수사를 통합하기 위해서 해군본부 수사단과 해군본부 인사단 헌병운영처를 해군 헌병단으로 통합하였고, 2022. 1. 1. 수사와 작전을 분리하기 위해서 해군 헌병단을 해체하고 해군군사경찰단과 해군수사단을 창설하여 운용하고 있다.

---

13) 1946년 3월 미 군정청 산하에 설립된 남한의 군사 담당부서로 대한민국 국방부의 전신 조직이다.
14) 육군군사경찰실은 육군참모총장 밑에 특별참모부로 두고 있다. (육군본부 직제 제3조제3항)

해병대 군사경찰은 1949. 4. 15. 해병대 창설과 함께 해병대 군풍기 유지를 위해 1949. 5. 5. 해병대사령부 헌병파견대를 설치한 것이 모태이다. 1950. 8. 1. 헌병대로 개편, 1950. 9. 1. 해병대사령부 헌병감실로 개편하였으나 1973. 10. 10. 해병대사령부가 해군으로 흡수되면서 해병대 헌병이 해군헌병으로 흡수·통합되었다.

  1987. 11. 1. 해군 내에 해병대사령부가 재창설한 이후 1992. 12. 2. 해병헌병병과를 승인받았고, 1994. 5. 1. 해병대사령부 헌병대 재창설, 1999. 1. 4. 헌병참모실 신편 및 본부대대 헌병대를 창설하였다. 2006. 4. 1. 해병대 헌병참모실을 해체하고 해병헌병단을 창설하여 계속 유지하다가 2022. 1. 1. 수사와 작전을 분리하기 위해서 해병대 군사경찰단과 해병대 수사단을 창설하여 운용하고 있다.

### 라. 공군 군사경찰

  공군 군사경찰은 1950. 1. 5. 육군 헌병사령부에서 독립하여 공군본부 직할 헌병대를 창설하였다. 1953. 3. 1. 공군본부 직할 헌병대를 해체하고 공군본부 헌병감실을 창설하였다.

  1954. 4. 1. 수사와 작전을 분리하기 위해서 헌병감실에서 수사기능을 분리하여 26특별수사대를 창설하였다가 1979. 10. 11. 수사와 작전을 통합하기 위해서 26특별수사대를 해체하고 공군본부 헌병감실을 창설하였다. 2006. 1. 1. 공군본부 헌병감실을 해체하고 공군 헌병단을 창설하였다가 2021. 10. 1. 수사와 작전을 분리하기 위해서 공군 헌병단을 해체하고 공군군사경찰단과 공군수사단을 창설하여 운용하고 있다.

## 2. 군사경찰의 직무범위

  군사경찰은 군사상 주요 인사와 시설에 대한 경호·경비 및 테러 대응, 군사상 교통·운항·항행 질서의 유지 및 위해의 방지,「군사법원법」제44조제1호에 규정된 범죄의 정보수집·예방·제지 및 수사,「군에서의 형의 집행 및 군수용자의 처우에 관한 법률」에 따른 군수용자 관리, 군 범죄 피해자 보호, 경찰, 검찰, 그 밖의 수사 기관과 상호 협력, 주한미군 및 외국군 군사경찰과 국제 협력, 그 밖에 군 기강 확립·질서 유지를 위한 활동의 직무를 수행한다(군사경찰의 직무수행에 관한 법률 제5조 제1항).

## 3. 입법론

조직법은 절차법과 긴밀한 관련이 있다. 형사절차법이 범죄인에 대한 조사절차를 법으로 정하고 있는 경우에도 수사 기관의 조직에 대한 법적 토대가 마련되어 있지 않으면 형사절차법은 제대로 실현될 수 없다.

형벌권을 실현하는 조직의 구성과 운영에 불법과 부정의(不正義)가 개입되는 때에는 형사사법의 정의는 실현될 수 없다.

수사 조직은 정치권이나 군 지휘부의 영향을 받지 않고 수사 업무를 공정하게 수행하기 위해 정치적 중립성, 독립성 확보가 무엇보다 중요하다.

즉, 형사절차의 구현은 수사 조직의 정치적 중립성, 독립성 확보된 정도에서 의미를 가지므로, 범죄를 수사하는 조직은 법률로써 설치 규정을 두어야 한다. 따라서 군사경찰법을 제정하는 것이 바람직하다고 보여진다.(가칭,「군사경찰법」은 군사경찰의 관리 및 운영과 효율적인 임무수행을 위해서 군사경찰의 조직, 직무 범위 및 그 밖에 필요한 사항을 규정함을 목적으로 하며 군사경찰의 직무, 권한남용의 금지, 직무수행, 직무수행의 전문성 확보, 군사경찰의 관할, 국방부장관 등의 군사경찰사무 지휘·감독, 각 군 참모총장의 군사경찰사무 지휘·감독 등의 내용을 포함하는 것이 타당할 것으로 판단된다.)

# [3] 형사소송의 이념과 기본구조

## I. 형사소송의 이념

### 1. 실체적 진실주의

형사절차는 범죄사실과 범인을 밝혀내어 국가형벌권을 행사하는 절차이므로 형사소송의 최고이념은 실체적 진실의 발견에 있다.

실체적 진실주의(実体的 真実主義)란 형사절차의 기초가 되는 사실에 관하여 객관적 진실을 발견하여 사안의 진상을 명백히 밝힐 것을 요구하는 원칙을 말한다. 이는 형사소송의 최고의 목표이며, 형사절차 전체를 지배하는 지도이념이 된다. 형사소송은 피고인과 피해자 사이의 개인적 문제가 아니라 국가형벌권의 범위와 한계를 확정하여 형벌권을 실현하는 절차이기 때문이다.

### 2. 적정절차와 신속한 재판의 원칙

실체적 진실을 발견하기 위한 수사기관과 심판기관의 활동으로부터 시민의 부담과 불이익을 최소화하기 위하여 신체적 진실의 발견은 적정절차에 의하여 신속하게 이루어져야 한다.

적정절차(適正節次: due process of law)의 원칙이란 인간의 존엄과 가치를 인정하고 피의자·피고인의 기본적 인권을 보장하는 공정한 절차에 의하여 국가의 형벌권을 실현해야 한다는 원칙을 말한다.

신속(迅速)한 재판의 원칙이란 공판절차는 신속하게 진행되어야 하며, 재판을 지연시켜서는 안 된다는 원칙을 말한다.

따라서 적정절차의 원칙과 신속한 재판의 원칙도 형사소송의 이념이 된다.

## 3. 이념 상호간의 관계

실체적 진실주의를 강조한 때에는 개인의 인권보장 사상을 배경으로 하는 적정절차와 신속한 재판의 이념은 후퇴하게 되고, 반대로 적정절차와 신속한 재판을 강조하면 실체적 진실의 발견이 제한된다. 이와 같이 적정절차의 원칙과 신속한 재판의 원칙은 실체적 진실주의와 갈등 관계에 있다.

# II. 형사소송의 기본구조

형사소송구조론(刑事訴訟構造論)이란 형사소송의 주체가 누구이고, 소송주체 사이의 관계를 어떻게 구성할 것인가에 대한 이론을 말한다. 형사소송구조론은 형사소송의 이념인 실체적 진실주의와 적정절차 및 신속한 재판의 원칙을 달성하기 위한 방법론에 해당한다.

## 1. 규문주의

규문주의(糾問主義)란 법원이 스스로 절차를 개시하여 심리·재판함으로써, 심리개시와 재판의 권한이 법관에게 집중되어 있는 주의를 말한다.

규문주의에서는 소추기관이 따로 없고, 검찰이 기소하지 않은 것에 대해서는 법원이 심리하지 않는다는 불고불리의 원칙도 인정되지 않는다. 따라서 형사절차는 소송의 구조를 갖지 아니하므로 피고인은 단순한 심리의 객체일 뿐 당사자로서의 지위를 인정하지 않는다.

## 2. 탄핵주의

탄핵주의(彈劾主義)란 재판기관과 소추기관을 분리하여 소추기관의 공소제기에 의해서 재판기관이 비로소 재판절차를 개시하는 주의를 말한다(소추주의).

탄핵주의에서는 소추기관이 따로 존재하고, 법원은 공소 제기된 사건에 대해서만 심판할 수 있다는 불고불리의 원칙이 적용된다. 따라서 형사절차는 소송의 구조를 취하게 되고, 피고인도 소송주체인 당사자로서의 지위를 갖게 된다.

현행 군사법원법은 "공소는 군검사가 제기하여 수행한다"(법 제289조)라고 규정함으로써 국가소추주의에 의한 탄핵주의 소송구조를 채택하고 있다.

## III. 수사의 구조와 피의자의 지위

### 1. 수사의 구조

수사절차는 공판의 전(前) 절차이지 공판절차가 아니므로 공판절차를 중심으로 하는 탄핵주의나 소송구조가 적용될 수는 없다. 따라서 수사절차는 본질적으로 규문적이라고 해야 한다. 즉 수사는 수사기관과 그 상대방인 피의자의 불평등 수직관계로 구성된 규문적 구조이다.

### 2. 수사절차상 피의자의 지위

#### 가. 피의자의 의의

1) 피의자와 피혐의자

피의자란 수사기관에 의하여 범죄혐의가 인정되어 수사의 대상으로 되어 있는 자를 말한다. 한편 피혐의자란 범죄혐의가 인정되기 전에 범죄혐의의 유무를 확인하기 위한 수사기관의 조사활동 대상자를 말한다.

2) 피의자와 피혐의자의 구별 실익

수사의 대상자는 피의자로서 헌법 및 군사법원법상의 각종 권리를 행사할 수 있다. 그러나 입건 전 조사의 대상자인 피혐의자는 단순한 용의자(容疑者)에 불과하므로 원칙적으로 피의자가 가지는 권리를 주장할 수 없다. 따라서 피혐의자는 증거보전을 청구할 수 없고, 입건 전 조사 종결 처분에 대해서 고소인은 재정신청(군사법원법 제301조)이나 헌법소원을 제기할 수 없다. 그러나 변호인과의 접견교통권은 제한되지 않는다. (대판 96모18)

#### 나. 피의자의 시기와 종기

1) 피의자의 시기

피의자의 지위는 수사기관이 범죄혐의를 인정하여 수사를 개시한 시점부터 발생한다.

가) 범죄인지

수사기관이 범죄를 직접 인지한 경우에는 인지를 한 시점부터 피의자가 된다. 범죄인지는 원칙적으로 수사기관 내부의 사건수리절차를 거쳤을 때 인정되지만, 그 이전이라도 범죄혐의가 있다고 보아 수사를 개시하는 행위를 한 때에는 그 때에 범죄를 인지한 것이 된다.

따라서 군사법경찰관이 1. 피혐의자의 군 수사기관 출석조사, 2. 피의자신문조서의 작성, 3. 긴급체포, 4. 체포·구속영장의 신청, 5. 사람의 신체, 주거, 관리하는 건조물, 자동차, 선박, 항공기 또는 점유하는 방실에 대한 압수·수색 또는 검증영장(부검을 위한 검증영장은 제외한다)의 신청의 어느 하나에 해당하는 행위에 착수한 때에는 수사를 개시한 것으로 본다. 이 경우 군사법경찰관은 해당 사건을 즉시 입건해야 한다(군검사와 군사법경찰관의 수사준칙에 관한 규정 제11조 제1항).

### 나) 기타

고소·고발의 경우에는 고소장·고발장이 군수사기관에 제출된 때 피의자가 된다. 그러나 구두(口頭)의 고소·고발의 경우에는 군수사기관이 조서를 작성했을 때 피의자가 된다.

군수사기관이 인지하기 전에 범인이 자수한 때에는 자수한 시점부터 피의자가 된다.

### 2) 피의자의 종기

### 가) 공소제기

피의자는 군검사의 공소제기 또는 군사경찰부대장의 즉결심판청구에 의하여 피고인으로 그 지위가 변경된다.

### 나) 불기소처분

피의자의 지위는 군검사의 불기소처분에 의하여 소멸된다. 그러나 고소인·고발인이 재정신청(법 제301조), 헌법소원(헌법재판소법 제68조)을 제기한 경우에는 그 절차가 종결되기 전까지는 피의자의 지위가 유지된다.

### 다. 피의자의 지위와 권리

### 1) 피의자의 지위

### 가) 수사의 대상

피의자는 군수사기관의 수사대상이므로 군사법경찰관은 수사에 필요한 때에는 피의자의 출석을 요구하여 진술을 들을 수 있다(법 제232조). 그러나 피의자에게는 출석할 의무가 없으므로 출석요구를 거부할 수 있고, 출석요구에 응한 경우에도 신문을 받는 장소에서 언제든지 퇴거할 수 있다.

### 나) 인권의 보장

군사법경찰관리와 그 밖에 직무상 수사와 관계있는 사람은 피의자의 인권을 존중하여야 한다(법 제229조 제2항).

## 2) 피의자의 권리

### 가) 일반 피의자의 권리

무죄추정의 권리(헌법 제27조 제4항), 고문을 당하지 않을 권리(헌법 제12조 제2항), 변호인의 조력을 받을 권리(헌법 제12조 제4항, 법 제59조 제1항, 제235조의2), 신속한 재판을 받을 권리(헌법 제27조 제3항), 진술거부권(헌법 제12조 제2항, 법 제236조의3), 피의자신문조서의 열람·증감·변경청구권(법 제236조 제2항), 수사서류 등의 열람·복사권(준칙 제41조), 압수·수색·검증 참여권(법 제258조, 제162조, 제186조), 증거보전청구권(법 제226조) 등이 있다.

### 나) 체포·구속된 피의자의 권리

체포·구속사유 및 변호인선임권을 고지받을 권리(법 제232조의5, 제238조의2 제10항, 제246조, 제250조), 체포·구속시 가족에 대한 통지요구권(법 제232조의6, 제238조의2 제10항, 제246조, 제250조, 제127조), 접견교통권(법 제232조의6, 제238조의2 제10항, 제129조, 제131조), 체포·구속적부심사청구권(법 제252조), 체포·구속영장피청구시 자료제출권, 체포·구속 취소청구권(법 제232조의6, 제246조, 제133조), 체포·구속영장등본교부청구권, 긴급체포 후 석방시 관련 서류에 대한 열람·등사권(법 제232조의4 제5항) 등이 있다.

# [4] 군인 등의 범죄에 대한 재판권 및 수사 관할

## Ⅰ. 군인 등의 범죄에 대한 재판권

### 1. 군사법원의 재판권

군형법은 대한민국 군인, 군무원 및 준군인에 대하여 적용되는 것이 원칙이다. 다만, 특정한 범죄에 관하여는 군인, 군무원이 아닌 내·외국인에게도 적용된다(군형법 제1조 제1항 내지 제4항). 군사법원은 군형법 제1조 제1항부터 제4항까지에 규정된 사람 및 국군부대가 관리하고 있는 포로가 범한 죄에 대하여 재판권을 가진다(법 제2조 제1항). 그 밖에 군사법원은 계엄법에 따른 재판권을 가지고, 군사기밀보호법 제13조의 죄와 그 미수범에 대하여 재판권을 가진다(법 제3조).

#### 가. 신분적 재판권

군사법원은 「군형법」 제1조 제1항부터 제4항까지에 규정된 사람(법 제2조 제1항 제1호)이 범한 죄에 대하여 재판권을 가진다(법 제2조 제1항).

1) 군인·준군인

"군인"이란 현역에 복무하는 장교, 준사관, 부사관 및 병(兵)을 말한다. 다만, 전환복무 중인 병은 제외한다(군형법 제1조 제2항).

그 외에 다음 어느 하나에 해당하는 사람에 대하여는 군인에 준한다(군형법 제1조 제3항). 군무원, 군적을 가진 군의 학교의 학생·생도와 사관후보생·부사관후보생 및 「병역법」 제57조에 따른 군적을 가지는 재영 중인 학생, 소집되어 복무하고 있는 예비역·보충역 및 전시근로역인 군인, 앞에서 나열한 사람이 군복무 중이나 재학 또는 재영 중에 이 법에서 정한 죄를 범한 경우에는 전역·소집해제·퇴직 또는 퇴교나 퇴영 후에도 이 군형법에(군형법 제1조 제5항) 따라 군인에 준한다.

### 2) 일정한 경우의 민간인

다음의 어느 하나에 해당하는 죄를 범한 내국인·외국인에 대하여도 군인에 준하여 이 군형법을 적용(군형법 제1조 제4항) 받아 군사재판을 받는다. 간첩죄(군형법 제13조 제2항 및 제3항), 유해물공급죄(군형법 제42조), 초병에 관한 죄(군형법 제54조부터 제56조까지, 제58조, 제58조의2부터 제58조의6까지 및 제59조), 군용물에 관한 죄(군형법 제66조부터 제71조까지의 죄, 제75조 제1항 제1호, 제77조), 초소침범죄(군형법 제78조), 포로에 관한 죄(제87조부터 제90조까지), 간첩죄(군형법 제13조 제2항 및 제3항)의 미수범, 초병에 관한 죄(군형법 제58조의2부터 제58조의4까지)의 미수범, 초병살해죄(군형법 제59조제1항)의 미수범, 군용물에 관한 죄(군형법 제66조부터 제70조까지 및 제71조제1항·제2항)의 미수범, 포로에 관한 죄(군형법 제87조부터 제90조까지)의 미수범 등이다.

또한, 군사법원은 국군부대가 관리하고 있는 포로(법 제2조 제1항 제2호)가 범한 죄에 대하여 재판권을 가진다(법 제2조 제1항).

## 나. 그 밖의 재판권

### 1) 군사법원의 재판권

군사법원은 「계엄법」에 따른 재판권을 가진다(법 제3조 제1항). 비상계엄은 대통령이 전시·사변 또는 이에 준하는 국가비상사태 시 적과 교전(교전) 상태에 있거나 사회질서가 극도로 교란(교란)되어 행정 및 사법(사법) 기능의 수행이 현저히 곤란한 경우에 군사상 필요에 따르거나 공공의 안녕질서를 유지하기 위하여 선포한다(계엄법 제2조 제2항). 비상계엄지역에서 거짓이나 그 밖의 부정한 방법으로 이 법에 따른 보상금을 받은 자 또는 그 사실을 알면서 보상금을 지급한 자, 계엄사령관의 지시나 계엄사령관의 조치에 따르지 아니하거나 이를 위반한 자의 재판은 군사법원이 한다.

또한, 다음의 어느 하나에 해당하는 죄를 범한 사람에 대한 재판은 군사법원이 한다. 다만, 계엄사령관은 필요한 경우에는 해당 관할법원이 재판하게 할 수 있다. 내란의 죄,

외환의 죄, 국교에 관한 죄, 공안을 해치는 죄, 폭발물에 관한 죄, 공무방해에 관한 죄, 방화의 죄, 통화에 관한 죄, 살인의 죄, 강도의 죄, 「국가보안법」에 규정된 죄, 「총포·도검·화약류 등의 안전관리에 관한 법률」에 규정된 죄, 군사상 필요에 의하여 제정한 법령에 규정된 죄 등이다. 비상계엄지역에 법원이 없거나 해당 관할법원과의 교통이 차단된 경우에는 제1항에도 불구하고 모든 형사사건에 대한 재판은 군사법원이 한다.

다만, 계엄이 해제된 날부터 모든 행정사무와 사법사무는 평상상태로 복귀한다. 비상계엄 시행 중 계엄법 제10조에 따라 군사법원에 계속 중인 재판사건의 관할은 비상계엄 해제와 동시에 일반법원에 속한다. 다만, 대통령이 필요하다고 인정할 때에는 군사법원의 재판권을 1개월의 범위에서 연기할 수 있다. 계엄 시행 중 국회의원은 현행범인인 경우를 제외하고는 체포 또는 구금되지 아니한다.

### 다. 국방부장관의 군사법원 기소 결정 사건의 재판권

국방부장관은 국가안전보장, 군사기밀보호, 그 밖에 이에 준하는 사정이 있는 때에는 해당 사건을 군사법원에 기소하도록 결정할 수 있다. 다만, 해당 사건이 법원에 기소된 이후에는 그러하지 아니하다(계엄법 제2조 제4항).

## 2. 일반 법원의 재판권

### 가. 민간인의 일부 군형법 위반 범죄

「군형법」 제1조 제4항에 규정된 사람 중 다음 어느 하나에 해당하는 내국인·외국인은 제외한다(군형법 법 제2조 제1항 제1호 단서). 군의 공장, 전투용으로 공하는 시설, 교량 또는 군용에 공하는 물건을 저장하는 창고에 대하여 「군형법」 제66조의 죄를 범한 내국인·외국인, 군의 공장, 전투용으로 공하는 시설, 교량 또는 군용에 공하는 물건을 저장하는 창고에 대하여 「군형법」 제68조의 죄를 범한 내국인·외국인, 군의 공장, 전투용으로 공하는 시설, 교량, 군용에 공하는 물건을 저장하는 창고, 군용에 공하는 철도, 전선 또는 그 밖의 시설에 대하여 「군형법」 제69조의 죄를 범한 내국인·외국인, 앞에서 나열한 죄의 미수범인 내국인·외국인, 국군과 공동작전에 종사하고 있는 외국군의 군용시설에 대하여 앞에서 나열한 규정에 따른 죄를 범한 내국인·외국인 등이다.

**나. 군인 등의 성폭력 범죄, 사망의 원인이 된 범죄, 입대 전 범죄 및 그 경합범**

국회는 2021. 5. 21 공군에서 조직문화에 대해 비판하고 부당함을 알리고자 스스로 생을 마감한 여군 중사 사건을 계기로, 2021. 9. 24. 군 사법(司法)제도에 대한 국민적 신뢰를 회복하고 피해자의 인권보장과 사법정의의 실현이라는 헌법적 가치를 구현하기 위하여 성폭력범죄, 군인 등의 사망사건 관련 범죄 및 군인 등이 그 신분취득 전에 저지른 범죄에 대해서는 군사법원의 재판권에서 제외하여 일반 법원이 재판권을 행사하도록 개정하였다. 이때 개정한 내용은 다음과 같다.

일반 법원은 다음 각 호에 해당하는 범죄 및 그 경합범 관계에 있는 죄에 대하여 재판권을 가진다. 다만, 전시·사변 또는 이에 준하는 국가비상사태 시에는 그러하지 아니하다(법 제2조 제2항).「군형법」제1조 제1항부터 제3항까지에 규정된 사람이 범한「성폭력범죄의 처벌 등에 관한 특례법」제2조의 성폭력범죄 및 같은 법 제15조의2의 죄,「아동·청소년의 성보호에 관한 법률」제2조 제2호의 죄,「군형법」제1조 제1항부터 제3항까지에 규정된 사람이 사망하거나 사망에 이른 경우 그 원인이 되는 범죄,「군형법」제1조 제1항부터 제3항까지에 규정된 사람이 그 신분취득 전에 범한 죄 등이다.

## II. 군인 등의 범죄에 대한 수사 관할

### 1. 군사법원이 재판권을 가지는 범죄의 수사 관할

군사법원 관할사건은 군사법경찰관이 군사법원법에 따라 수사(재판권이 군사법원에 있지 아니한 범죄를 인지하여 이첩하는 과정을 포함한다)한다(군사법원법 제44조).

군사법경찰관이 수사절차 상 준수해야 하는 법령으로는 군검사와 군사법경찰관의 수사준칙에 관한 규정(대통령령), 군사법원의 소송절차에 관한 규칙(대통령령), 군사법경찰 수사규칙(국방부령), 군사경찰의 범죄수사에 관한 훈령(국방부 훈령), 군 수사기관의 디지털포렌식 수사에 관한 훈령(국방부 훈령), 군 수사절차상 인권보호 등에 관한 훈령(국방부 훈령, 이하 "인권훈령"이라 한다.) 등이 있다.

### 2. 일반 법원이 재판권을 가지는 범죄의 수사 관할

일반 법원이 재판권을 가지는 군인 등의 범죄에 대하여는 사법경찰관이 형사소송법에 따라 수사한다.

### 가. 법원이 재판권을 가지는 군인 등의 범죄에 대한 수사절차

「군사법원법」 제2조 제2항 본문에 따라 법원이 재판권을 가지는 군인 등의 범죄를 수사하기 위한 절차 및 방법과 상호협력 등에 관한 사항을 규정한 대통령령으로 법원이 재판권을 가지는 군인 등의 범죄에 대한 수사절차 등에 관한 규정을 제정하였다. 이 영은 군인 등의 인권을 보호하고, 수사절차의 투명성과 수사의 효율성을 보장함을 목적으로 한다(동 규정 제1조).

법원이 재판권을 가지는 범죄의 수사절차와 이를 위한 군검사, 군사법경찰관, 검사 및 사법경찰관 간의 상호협력 등에 관하여는 다른 법령에 특별한 규정이 있는 경우를 제외하고는 이 영에서 정하는 바에 따른다(동 규정 제2조).

### 나. 협력

1) 상호협력의 원칙

군검사, 군사법경찰관, 검사 및 사법경찰관은 법원이 재판권을 가지는 범죄의 수사, 공소제기 및 공소유지와 관련하여 협력해야 한다(동 규정 제3조 제1항).

군검사, 군사법경찰관, 검사 및 사법경찰관은 법원이 재판권을 가지는 범죄의 수사, 공소제기 및 공소유지를 위하여 필요한 경우 수사, 기소 또는 재판 관련 자료의 제공을 서로 요청할 수 있다(동 규정 제3조 제2항).

군검사, 군사법경찰관, 검사 및 사법경찰관의 협의는 신속히 이루어져야 하며, 협의의 지연 등으로 수사 또는 관련 절차가 지연되지 않도록 해야 한다(동 규정 제3조 제3항).

2) 부대장 등의 수사협조

다음 각 호의 사람(이하 "부대장등"이라 한다)은 검사 또는 사법경찰관이 법원이 재판권을 가지는 범죄의 수사와 관련하여 요청하는 군사기지 및 군사시설 등에의 출입, 피의자와 그 밖의 피해자·참고인 등(이하 "사건관계인"이라 한다)의 출석이나 「형사소송법」 제199조제2항에 따른 보고 등(이하 이 조에서 "출입 등"이라 한다)에 관하여 지체 없이 협조해야 한다(동 규정 제4조 제1항).

1. 피의자 또는 사건관계인이 소속된 각급 부대·기관의 장
2. 「군사기지 및 군사시설 보호법」에 따른 관할부대장·관리부대장(같은 법 제9조제1항제1호의 경우에는 주둔지부대장을 포함한다)

부대장 등은 국가안전보장, 군사기밀보호나 그 밖에 이에 준하는 사정으로 제1항의 요청에 즉시 협조하기 어려운 경우에는 다음 각 호의 사항을 검사 또는 사법경찰관과 신속히 협의하여 수사가 원활히 진행되도록 해야 한다(동 규정 제4조 제2항).

1. 부대 일정 등을 고려한 출입등 일정의 조정
2. 사전 보안조치 및 보안교육 등 출입등에 필요한 행정사항
3. 그 밖에 원활한 수사를 위하여 필요한 조치

부대장 등은 검사 또는 사법경찰관이 법원이 재판권을 가지는 범죄를 신속하게 수사할 필요가 있거나 이와 관련된 신고를 받아 긴급하게 군사기지 및 군사시설 등에 출입을 요청하는 경우 국방부장관이 정하는 간이한 절차를 통하여 해당 기지 및 시설 등에 출입하게 할 수 있다(동 규정 제4조 제3항).

### 3) 수사협의회

국방부, 대검찰청, 고위공직자범죄수사처, 경찰청 또는 해양경찰청은 법원이 재판권을 가지는 범죄의 수사 절차와 방법 등에 관하여 협의 또는 조정이 필요한 경우 기관 상호 간 수사협의회의 개최를 요청할 수 있다(동 규정 제5조 제1항).

제1항에 따른 요청을 받은 기관은 특별한 사정이 없으면 그 요청에 따라야 한다(동 규정 제5조 제2항).

### 4) 국방부장관의 기소 결정 등

국방부장관은 법 제2조제4항 본문에 따라 해당 사건을 군사법원에 기소하도록 결정한 경우에는 검찰총장 및 고소권자에게 그 취지와 이유를 서면으로 통보해야 한다(동 규정 제6조 제1항).

국방부장관은 제1항의 결정 전에 검찰총장의 의견을 들을 수 있다(동 규정 제6조 제2항).

검찰총장은 제2항에 따라 의견을 제시하거나 법 제2조제5항에 따라 국방부장관의 기소 결정에 대하여 대법원에 취소를 구하는 신청을 하는 경우 고위공직자범죄수사처장, 경찰청장 또는 해양경찰청장의 의견을 들을 수 있다(동 규정 제6조 제3항).

### 5) 사건 이첩

군검사 또는 군사법경찰관은 법원이 재판권을 가지는 범죄에 대한 고소·고발·진정·신고 등을 접수하거나 해당 범죄가 발생했다고 의심할 만한 정황을 발견하는 등 범죄를 인지한 경우 법 제228조의3(2025.8.1.부 시행)에 따라서 지체 없이 대검찰청, 고위공직자범죄수사처 또는 경찰청이나 해양경찰청에 사건을 이첩해야 한다(법 제228조의3 제1항).

대검찰청, 고위공직자범죄수사처, 경찰청 또는 해양경찰청은 각 수사기관이 관할하는 사건으로서 재판권이 군사법원에 있지 아니한 범죄를 인지한 경우 그 사건의 이첩을 군검사 또는 군사법경찰관에게 요구할 수 있고 군검사나 군사법경찰관은 지체없이 이에 따라야 한다.(동 법률 제228조의3 제2항).

이때, 이첩 범죄수사의 범위에는 재판권이 군사법원에 있지 아니한 범죄를 인지하여 이첩하는 과정이 수사의 범위에 포함된다는 점에 주의하여야 한다. (동 법률 제37조 제1항 제1호 및 제44조)

### 다. 성폭력범죄 피해자 보호

부대장등은 그 부대 또는 기관에서 법 제2조제2항제1호의 범죄(이하 이 조에서 "성폭력범죄"라 한다)가 발생한 경우 지체 없이 다음 각 호의 조치를 해야 한다(법원이 재판권을 가지는 군인 등의 범죄에 대한 수사절차 등에 관한 규정 제8조 제1항).

1. 현장 출입 통제 또는 현장 보존 등 현장에서 필요한 조치
2. 피해자 구조·구급 조치
3. 가해자와 피해자 분리 조치
4. 그 밖에 피해자를 위한 보호 조치

군검사 또는 군사법경찰관은 제7조제1항에 따라 성폭력범죄 사건을 이첩하는 과정에서 피해자가 성적 불쾌감 또는 공포감을 느끼게 해서는 안 되며, 피해자에게 추가 피해가 발생하지 않도록 다음 각 호의 사항을 준수해야 한다(동 규정 제8조 제2항).

1. 피해자를 특정할 수 있는 인적 사항 등이 공개되거나 타인에게 누설되지 않도록 할 것
2. 해당 성폭력범죄와 무관한 피해자의 사생활 등을 질문하거나 진술이 이루어지지 않도록 할 것

### 라. 변사사건 처리 절차

1) 변사사건의 통보 등

군검사 또는 군사법경찰관은 변사자나 변사한 것으로 의심되는 사체를 발견한 때에는 검사 및 사법경찰관에게 변사사건 발생 사실을 지체 없이 통보해야 한다(동 규정 제9조 제1항).

군검사 또는 군사법경찰관은 법 제264조에 따른 검시 또는 검증을 하는 경우 검사 및 사법경찰관에게 일정을 미리 통보하고 참여하게 할 수 있다(동 규정 제9조 제2항).

군검사 또는 군사법경찰관은 제2항에 따라 통보한 검시 일정 전에 변사자 등의 위치와 상태 등이 변경되지 않도록 현장을 보존해야 한다. 다만, 증거가 유실될 우려가 있는 등 긴급한 경우에는 최소한의 범위에서 그에 필요한 조치를 할 수 있다(동 규정 제9조 제3항).

제2항에 따라 검시 또는 검증에 참여한 검사 또는 사법경찰관은 필요한 경우 의견을 제시할 수 있다(동 규정 제9조 제4항).

2) 변사사건 처리

군검사는 변사자 등을 검시 또는 검증한 결과 법 제2조제2항제2호의 범죄 혐의가 있다고 생각하는 경우 제9조제4항에 따라 제시받은 의견을 고려하여 검사 또는 사법경찰관에게 해당 변사사건을 인계할 수 있다(동 규정 제10조).

**마. 체포·구속**

1) 체포·구속영장 집행

검사 또는 사법경찰관은 「군형법」 제1조제1항부터 제3항까지에 해당하는 군인 등(이하 "군인 등"이라 한다)이 병영이나 그 밖의 군사용 청사·함선에 있는 경우 그 군인 등에 대하여 체포영장 또는 구속영장을 집행할 때에는 부대장 등이나 부대장 등을 대리하는 사람에게 체포영장 또는 구속영장 집행 사실을 고지하고 그 군인 등의 인도 등 영장 집행을 위한 협조를 요청할 수 있다(동 규정 제11조 제1항).

검사 또는 사법경찰관은 병영이나 군사용 청사·함선 밖에서 근무하고 있는 군인 등에 대하여 체포영장 또는 구속영장을 집행할 때에도 제1항과 같이 협조를 요청할 수 있다(동 규정 제11조 제2항).

제1항이나 제2항에 따른 요청을 받은 사람은 지체 없이 이에 협조해야 한다(동 규정 제11조 제3항).

2) 체포·구속 통지

검사 또는 사법경찰관은 군인 등을 체포하거나 구속한 경우 군인 등이 소속된 부대·기관의 장에게 지체 없이 체포 또는 구속의 일시와 장소를 통지해야 한다(동 규정 제12조 제1항).

제1항에 따른 통지는 문서, 전화, 팩스, 전자우편이나 그 밖의 방법으로 할 수 있다. 다만, 문서 외의 방법으로 통지한 경우에는 사후에 지체 없이 문서로 통지해야 한다(동 규정 제12조 제2항).

3) 석방 통지

검사 또는 사법경찰관은 체포 또는 구속한 군인 등을 석방하는 경우 군인 등이 소속된 부대·기관의 장에게 지체 없이 석방 사실을 통지해야 한다(동 규정 제13조).

### 바. 수사 등 촉탁

검사 또는 사법경찰관은 법 제228조의3 제3항(2025.1.3. 개정, 2025.8.1.부 시행)에 따라 촉탁을 하는 경우에는 수사절차의 신뢰성, 수사의 효율성, 사건관계인의 편의 등을 고려하여 필요한 최소한의 범위에서 해야 한다(동 규정 제14조 제1항).

제1항에 따른 촉탁은 문서로 해야 한다. 다만, 긴급한 경우에는 전화, 팩스, 전자우편이나 그 밖의 방법으로 먼저 통지하고, 가능한 가장 빠른 일자에 해당 문서를 송부해야 한다(동 규정 제14조 제2항).

제1항의 촉탁을 받은 군검사 또는 군사법경찰관은 지체 없이 촉탁받은 사항을 이행하고 그 결과를 관계 서류 및 증거물과 함께 서면으로 검사 또는 사법경찰관에게 송부해야 한다(동 규정 제14조 제3항).

# 제2장

# 총칙

# [1] 수사의 의의와 이념

## I. 수사의 의의

### 1. 개념

수사라 함은 범죄의 혐의가 있다고 생각되는 경우에 공소제기 여부를 결정하거나 공소를 제기하고 이를 유지하기 위한 준비로서 범죄사실의 조사, 범인의 발견 확보 및 증거의 발견·수집·보전을 위한 수사기관의 활동을 말하며, 수사 활동이 연속적으로 진행되는 일련의 과정을 수사절차라고 부른다.

수사는 수사기관의 활동이라는 점에서 사인(私人)에 의한 범인의 발견 확보 및 증거의 발견·수집·보전 활동이나 행정기관에 의한 조사 활동과 구별된다. 예를 들어 사인에 의한 현행범인의 체포, 피의자나 변호인이 행하는 각종 증거수집활동이나 행정관청이 특정한 행정처분을 하기 위한 준비로서 각종 법령위반사실을 조사하는 것은 수사가 아니다.

수사는 주로 공소제기 이전에 행하여지는 것이나 공소의 유지를 위하여 필요한 경우에는 공소제기 이후에 행하여지기도 한다.

수사는 궁극적으로 국가형벌권의 유효·적절한 행사를 위한 것이므로 공소제기 및 그 유지에 필요한 범죄사실의 존부나 범인의 발견에 만족하여서는 아니 되고 더 나아가 국가형벌권 행사의 기초자료로서 밝혀져야 할 모든 사항을 철저히 규명하여야 하며 범행의 동기, 피해상황 및 그 회복 여부, 범인의 소행·경력·전과 등은 물론이고 소추 요건, 처벌가치, 형의 가중·감경·면제사유 유무, 사회에 미치는 영향 등에 대하여도 수사하여야 한다.

### 2. 수사의 성격

수사절차는 형벌법규의 구체적 실현을 목적으로 하는 형사소송절차의 일부를 이루고 있으나 원칙적으로 공소제기 전 수사기관의 활동으로서 합목적성의 요소가 강하고 엄격한 의미에서의 소송절차는 아니다. 즉 수사는 범죄에 의하여 침해된 공공의 질서를 조속히 회복하기 위하여 범죄의 진상발견을 당면목표로 하고 있기 때문에 신속하고 능률적으로 행하여져야 할 뿐만 아니라 범인 피해자 등의 명예를 보호하고 증거인멸을 예방하기 위하여 비밀스럽게 행하여져야 한다(搜査密行의 原則). 수사는 수사기관이 재량을 가지고 법에 명문으로 금지되어 있지 아니한 이상 모든 방법을 이용하여 할 수 있다(법 제231조).

수사절차에서의 피의자는 소송절차에서의 피고인과 달리 소송주체가 아닌 조사의 대상이다. 그러나 수사는 공소의 제기 수행을 준비하기 위하여 행하는 절차로서 형사소송의 전 단계를 이루고 있으므로 적법절차의 원칙을 벗어날 수 없고, 피의자는 잠재적 피고인이므로 수사절차에서도 이 점을 유의하여야 한다.

군사법원법도 수사기관이 수사를 함에 있어 피의자 또는 다른 사람의 인권을 존중하고 수사과정에서 취득한 비밀을 엄수하여야 한다는 등 준수사항을 규정(법 제229조 제2항)함과 아울러 피의자에게도 피고인에 준하는 방어적 지위를 인정하여 진술거부권(법 제236조의3 제1항) 등 여러 권리를 부여하고 있다.

## II. 수사절차의 기본이념

### 1. 실체적 진실의 발견

실체적 진실의 발견은 기본적 인권의 보장과 함께 비단 수사절차에서 뿐만 아니라 형사소송절차 전체를 일관하는 기본이념이라 할 수 있다.

실체적 진실(발견)주의는 형식적 진실(발견)주의에 대칭되는 개념으로서 당사자의 주장, 인부 또는 입증에 구속되지 아니하고 객관적인 사실의 진상을 규명하려는 절차법상의 이념이다. 형사절차는 국가형벌권의 실현을 목적으로 하는 점에서 민사절차와는 달리 당사자의 자유로운 처분에 맡길 수 없고, 따라서 실체적 진실의 발견은 가장 기본적인 이념이 된다.

그러나 실체적 진실의 발견에는 여러 가지의 측면에서 일정한 한계가 있다.

첫째는 인간능력의 한계와 제도로서의 제약에서 오는 한계이다. 개개 사건의 진실발견을 위하여 무한한 비용·시간과 노력을 들일 수는 없으며 객관적 진실을 완전히 재현함은 불가능하므로 가능한 범위 안에서 객관적 진실에 접근하려는 것이 실체적 진실발견의 이념이라 할 수 있다.

둘째는 실체적 진실발견의 이념이 다른 중요한 이익과 충돌하여 제한을 받는 경우가 있다. 예컨대 군사상의 비밀, 공무상의 비밀 또는 업무상의 비밀에 속하는 사항·장소 또는 물건에 대하여는 압수나 수색 또는 증인신문 등이 일정한 제한을 받는 것과 같은 경우이다(법 제150조 내지 제152조, 제188조, 제190조). 셋째는 인권보장의 측면에서 가하여지는 절차상의 제약이다.

## 2. 기본적 인권의 보장

형사절차 중에서도 종래 자주 문제가 되었던 것은 수사단계에서의 인권침해의 가능성이었으므로 수사절차에 관한 형사소송법의 규정은 대부분 수사기관의 수사활동에 대한 제약규정으로 이루어져 있고, 이러한 제약규정에 위반한 불법적 수사활동에 의하여 얻어진 증거자료는 공판단계에서 증거능력을 배제하는 등 인권보장에 만전을 기하고 있다.

인권보장의 관점에서 보면 모든 범죄사실을 밝혀 범죄자를 하나도 놓치지 않고 처벌하여야겠다는 적극적인 측면(적극적 진실주의)보다는 죄 없는 사람을 하나라도 잘못 처벌하는 일이 있어서는 안 된다는 소극적인 측면(소극적 진실주의)이 부각된다. "열 사람의 죄인을 놓치더라도 한 사람의 죄 없는 자를 벌하여서는 아니 된다."는 격언은 이러한 사상을 단적으로 나타내고 있다. 수사에서 인권보장을 위한 적법절차의 준수는 수사의 목적을 위해서도 필수불가결의 전제라 할 것이다.

# [2] 수사의 조건

## I. 의의

수사는 일반적으로 범죄혐의의 발견에서 시작하여 공소제기 또는 불기소처분 등의 수사종결처분에 의하여 종료한다. 이와 같은 일련의 과정을 수사절차로 파악할 때 수사절차의 개시와 그 진행, 유지에 필요한 조건을 수사조건이라고 한다. 수사조건의 개념은 공소제기 이후 공판절차의 개시와 진행, 유지에 필요한 조건인 소송조건의 개념에 대응한다고 할 것이다.

수사의 조건으로서는 통상 범죄의 혐의, 수사의 필요성, 수사의 상당성이 논의되고 있다.

## II. 범죄의 혐의

수사기관은 「범죄의 혐의 있다고 생각될 때」(법 제228조 제1항)에 수사를 개시할 수 있다. 따라서 범죄의 혐의가 없는 것이 명백한 사건에 대해서는 수사가 허용되지 않는다.

수사개시를 위한 범죄혐의는 수사기관의 주관적 혐의를 의미하며 아직 객관적 혐의로 발전함을 요하지는 않는다. 그러나 수사기관의 주관적 혐의는 수사기관의 자의적 혐의를 허용하는 것이 아니다.

범죄의 혐의유무를 수사기관이 주관적으로 판단한다고 하더라도 주위의 사정을 합리적으로 고려하여 그 유무를 판단하여야 할 것이고 어느 정도 구체적인 사실에 근거를 두어야 할 것이다.

## III. 수사의 필요성

### 1. 의의

수사기관은 수사에 관하여 그 목적을 달성하기 위하여 필요한 조사를 할 수 있다(법

제231조 제1항 본문). 이때 「필요한 조사」란 수사의 목적을 달성함에 필요한 경우로 한정되는 조사를 의미한다. 군사법원법은 특히 피의자신문을 위한 출석요구(법 제232조), 참고인진술을 듣기 위한 출석요구(법 제260조 제1항), 감정 통역 번역 위촉(법 제260조 제2항)의 경우에 수사의 필요성을 명문으로 재확인하고 있다.

한편 수사기관이 아무리 수사의 필요성을 인정한다고 하더라도 강제처분은 군사법원법 기타 다른 법률에 특별한 규정이 없으면 하지 못한다(법 제231조 제1항 단서, 통신비밀보호법 제3조 제1항 등).

수사기관은 수사의 필요성을 합리적으로 판단하여야 한다. 이때 합리성의 판단은 합리적인 평균인을 기준으로 하여야 할 것이다.

## 2. 소송조건의 결여와 수사의 필요성 유무

### 가. 일반적 소송조건

수사의 처음부터 당해사건에 대하여 법원이 적법하게 심리와 재판을 행하기 위한 조건인 소송조건이 결여된 경우에도 수사의 필요성을 인정할 수 있는가 하는 문제가 생긴다.

수사절차를 공판절차와 분리된 독립의 절차라고 보면 수사조건은 수사절차의 개시와 진행을 위한 조건이지 소송조건은 아니므로 소송조건이 결여되더라도 범죄의 혐의가 인정되는 이상 수사의 필요성은 인정될 수 있다고 생각할 여지가 있다. 그러나 수사는 공소제기의 前 절차로서 독립된 절차는 아니라고 보는 견해에서는 소송조건이 결여되어 있으면 공소제기가 불가능하므로 수사의 필요성도 인정하기 어렵다고 볼 여지가 있을 것이다.

### 나. 친고죄의 고소 등

친고죄에서 고소가 없는 경우에도 수사의 필요성을 인정하여 수사를 할 수 있는가 하는 문제가 있다.

국가형벌권의 실현이라는 형사절차의 목적에 비추어 볼 때 사인의 고소에 대한 법적인 효력의 부여는 제한된 범위에 그쳐야 한다고 할 곳이다. 따라서 친고죄의 경우에 고소가 없더라도 원칙적으로 수사는 가능하다고 할 것이다.

판례는 "친고죄나 세무공무원 등의 고발이 있어야 논할 수 있는 죄에 있어서 고소 또는 고발은 이른바 소추요건에 불과하고 당해범죄의 성립요건이나 수사의 조건은 아니므로 위와 같은 범죄에 관하여 고소나 고발이 있기 전에 수사를 하였다고 하더라도 그 수사가 장차 고소나 고발이 있을 가능성이 없는 상태 하에서 행하여졌다는 등의 특단의 사정이 없는 한 고소나 고발이 있기 전에 수사를 하였다는 이유만으로 그 수사가 위법하다고 볼 수 없고 따라서 수사당시 작성된 피의자신문조서 등의 증거능력도 부정할 수 없다."고 판시하고 있다(대법원 1995. 2. 24. 선고 94도252 판결).

그러나 고소기간이 경과하는 등의 사유로 고소권이 소멸하여 공소제기가 불가능한 경우에는 수사가 허용되지 않고 특히 사자명예훼손 등 피해자의 명예보호를 위하여 친고죄로 규정한 경우에는 피해자의 의사에 반하여 수사할 수 없다고 봄이 상당하다. 이 점은 반의사불벌죄에서 처벌불원의 의사표시가 명시된 경우에도 마찬가지로 보아야 한다.

## IV. 수사의 상당성

### 1. 의의

수사기관은 수사의 목적을 달성하기 위하여 강제처분을 제외하고 원칙적으로 수사상 필요한 한도 내에서 어떠한 형태의 조사활동도 행할 수 있지만 그 수사활동은 다 상당하다고 인정되는 방법으로 하여야 한다.

### 2. 함정수사

수사기관이 함정수사의 방법으로 수사를 행하는 것은 수사의 상당성을 결여하는 것이 아닌가 하는 문제가 생긴다.

함정수사란 수사기관이 특정인에게 범죄를 교사하거나 범죄를 범할 기회를 제공한 후 범죄의 실행을 기다렸다가 동인을 체포하는 수사방법이다. 함정수사의 특징은 수사기관이 적극적으로 특정인에게 구체적인 범죄동기를 부여하고 범행기회를 제공하며 범죄의 실행에 나아가도록 유인한다는 점에 있다.

함정수사는 이미 범죄의사를 가지고 있는 사람에 대하여 범죄를 범할 기회를 부여하는 기회제공형 함정수사와 전혀 범죄의사가 없는 사람에게 새로운 범죄의사를 유발하는 범의유발형 함정수사로 나누어 볼 수 있다.

이 가운데 기회제공형 함정수사는 수사의 상당성을 충족하여 적법하다는 점에 별다른 이론이 없다.

판례도 "소위 함정수사라 함은 본래 범의를 가지지 아니한 자에 대하여 수사기관이 사술이나 계략 등을 써서 범죄를 유발하게 하여 범죄인을 검거하는 수사방법을 말하는 것이므로 범의를 가진 자에 대하여 범행의 기회를 주거나 범행을 용이하게 한 것에 불과한 경우에는 함정수사라고 말할 수 없다."고 하여 이를 인정하고 있다(대법원 2007. 5. 31. 선고 2007도1908 판결, 대법원 1994. 4. 12. 선고 98도2535 판결).

판례는 범의유발형 함정수사로 인하여 기소된 피고인에 대하여 함정수사에 기초한 공소제기는 법률의 규정에 위반하여 무효인 때에 해당하므로 공소기각 판결을 하여야 한다는 입장을 취하고 있다(대법원 2008. 10. 23. 선고 2008도7362 판결).

# [3] 수사절차의 개요

## Ⅰ. 입건 전 조사

### 1. 의의

입건 전 조사란 입건 전에 범죄를 의심할 만한 정황이 있어 수사 개시 여부를 결정하기 위한 사실관계 확인 등 필요한 조사를 말한다(준칙 제11조 제3항).

즉, 범죄에 관한 보도 풍설·진정 탄원 투서·익명의 신고 등이 있을 때 수사의 대상이 될 범죄의 존재 여부를 확인하기 위한 수사기관의 활동이다.

### 2. 입건 전 조사의 기본

군사법경찰관리는 피조사자와 그 밖의 피해자·참고인 등에 대한 입건 전 조사를 실시하는 경우 관계인의 인권보호에 유의하여야 한다. 군사법경찰관리는 신속·공정하게 조사를 진행하여야 하며, 관련 혐의 및 관계인의 정보가 정당한 사유 없이 외부로 유출되거나 공개되는 일이 없도록 하여야 한다. 조사는 임의적인 방법으로 하는 것을 원칙으로 하고, 대물적 강제 조치를 실시하는 경우에는 법률에서 정한 바에 따라 필요 최소한의 범위에서 남용되지 않도록 유의하여야 한다.

### 3. 입건 전 조사의 착수

#### 가. 조사의 착수

군사법경찰관은 입건 전 조사를 할 때에는 적법절차를 준수하고 사건관계인의 인권을 존중하며, 조사가 부당하게 장기화되지 않도록 신속하게 진행해야 한다(준칙 제11조 제3항). 입건 전에 범죄를 의심할 만한 정황이 있어 수사 개시 여부를 결정하기 위한 사실관계의 확인 등 필요한 조사에 착수하려는 경우에는 소속 부대 또는 기관의 장의 지휘를

받아야 한다. (부령 제13조 제1항)

### 나. 조사의 분류

조사사건은 1. 진정사건: 범죄와 관련하여 진정·탄원 또는 투서 등 서면으로 접수된 사건, 2. 신고사건: 범죄와 관련하여 방문신고 등 서면이 아닌 방법으로 접수된 사건, 3. 첩보사건: 군사법경찰관리가 「군사경찰의 직무수행에 관한 법률」 제5조 제1항 제3호에 따라 작성한 범죄정보에 대한 범죄혐의의 확인이 필요한 사건, 4. 기타 조사사건: 제1호부터 제3호까지를 제외한 언론보도, 풍문 등에서 범죄를 의심할 만한 정황이 있는 사건으로 분류한다.

### 다. 조사사건의 수리

조사사건에 대해 수사의 단서로서 조사할 가치가 있다고 인정되는 경우에는 이를 수리하고, 소속 수사부대(서)의 장에게 보고하여야 한다.

### 라. 첩보사건의 착수

군사법경찰관리는 첩보사건의 조사를 착수하고자 할 때에는 입건 전 조사 착수 보고서에 따라 보고하고, 소속 수사부대(서)의 장은 입건 전 조사 지휘서에 따라 지휘할 수 있다. 수사부대(서)의 장은 수사 단서로서 조사할 가치가 있다고 판단하는 사건·첩보 등에 대하여 소속 군사법경찰관리에게 입건 전 조사 착수지휘서에 의하여 조사의 착수를 지휘할 수 있다.

## 4. 조사 사건의 이송·통보

군사법경찰관리는 관할이 없거나 범죄 특성 등을 고려하여 소속 수사부대(서)에서 조사하는 것이 적당하지 않은 사건을 다른 수사부대(서) 또는 수사기관에 이송 또는 통보할 수 있다.

## 5. 입건 전 조사의 진행

### 가. 조사의 보고·지휘·방식 등

조사의 보고·지휘, 출석요구, 진정·신고사건의 진행상황의 통지, 각종 조서작성, 압수·수색·검증을 포함한 강제처분 등 구체적인 조사 방법 및 세부 절차에 대해서는 그 성질이 반하지 않는 한 「군사법경찰 수사규칙」, 이 규칙의 수사절차를 준용한다. 이 경우 '수사'를 '조사'로 본다. 군사법경찰관리는 조사 기간이 6개월을 초과하는 경우 입건 전 조사진행상황보고서를 작성하여 소속 수사부대(서)의 장에게 보고하여야 한다.

### 나. 조사 진행상황의 통지

신고·진정·탄원에 대해 입건 전 조사를 개시한 경우, 군사법경찰관리는 1. 신고·진정·탄원에 따라 조사에 착수한 날, 2. 제1호에 따라 조사에 착수한 날부터 매 2개월이 지난 날부터 7일 이내에 진정인·탄원인·피해자 또는 그 법정대리인(피해자가 사망한 경우에는 그 배우자·직계친족·형제자매를 포함한다. 이하 "진정인등"이라 한다)에게 조사 진행상황을 통지해야 한다. 다만, 진정인 등의 연락처를 모르거나 소재가 확인되지 않으면 연락처나 소재를 알게 된 날로부터 7일 이내에 조사 진행상황을 통지해야 한다.

## 6. 입건 전 조사의 종결 등

### 가. 입건 전 조사 사건의 처리

군사법경찰관은 입건전조사한 사건을 다음 각 호의 구분에 따라 처리해야 한다. (부령 제13조 제2항) 1. 입건: 범죄의 혐의가 있어 수사를 개시하는 경우, 2. 입건전조사 종결: 혐의 없음, 죄가안됨 또는 공소권 없음에 해당하여 수사를 개시할 필요가 없는 경우, 3. 입건전조사 중지: 피혐의자 또는 참고인 등의 소재가 불분명하여 입건전조사를 계속할 수 없는 경우, 4. 이송: 관할이 없거나 범죄특성 및 병합처리 등을 고려하여 다른 경찰관서·수사부대 또는 기관(해당 관서·수사부대·기관과 협의된 경우로 한정한다)에서 입건전조사를 할 필요가 있는 경우, 5. 공람 후 종결: 진정·탄원·투서 등 서면으로 접수된 신고가 다음 어느 하나에 해당하는 경우로 같은 내용으로 3회 이상 반복하여 접수되고 2회 이상 그 처리 결과를 통지한 신고와 같은 내용인 경우, 무기명 또는 가명으로 접수된 경우, 단순한 풍문이나 인신공격적인 내용인 경우, 완결된 사건 또는 재판에 불복하는 내용인 경우, 민사소송 또는 행정소송에 관한 사항인 경우다.

### 나. 수사절차로의 전환

군사법경찰관리는 조사 과정에서 범죄혐의가 있다고 판단될 때에는 지체 없이 범죄인지서를 작성하여 소속 수사부대(서)의 장의 지휘를 받아 수사를 개시하여야 한다.

### 다. 불입건 결정 지휘

수사부대(서)의 장은 조사에 착수한 후 6개월 이내에 수사절차로 전환하지 않은 사건에 대하여「군사법경찰 수사규칙」제13조 제2항 제2호부터 제5호까지의 사유에 따라 불입건 결정 지휘를 하여야 한다. 다만, 다수의 관계인 조사, 관련자료 추가확보·분석, 외부 전문기관 감정 등 계속 조사가 필요한 사유가 소명된 경우에는 6개월의 범위 내에서 조사기간을 연장할 수 있다.

### 라. 불입건 결정 통지

군사법경찰관은 조사 결과 입건하지 않는 결정을 한 때에는 피해자에 대한 보복범죄나 2차 피해가 우려되는 경우 등을 제외하고는 결정 내용을 피혐의자와 사건관계인에게 통지해야 한다(준칙 제11조 제4항).

군사법경찰관은 수사준칙 제11조제4항에 따라 피혐의자(제13조제2항제2호에 따라 입건전조사 종결을 한 경우만 해당한다)와 진정인·탄원인·피해자 또는 그 법정대리인(피해자가 사망한 경우에는 그 배우자·직계친족·형제자매를 포함한다. 이하 "진정인 등"이라 한다)에게 입건하지 않는 결정을 통지할 때에는 그 결정을 한 날부터 7일 이내에 통지해야 한다. 다만, 피혐의자나 진정인등의 연락처를 모르거나 소재가 확인되지 않으면 연락처나 소재를 알게 된 날부터 7일 이내에 통지해야 한다. (부령 제14조 제1항) 통지는 서면, 전화, 팩스, 전자우편, 문자메시지 등 피혐의자 또는 진정인등이 요청한 방법으로 할 수 있으며, 별도로 요청한 방법이 없는 경우에는 서면 또는 문자메시지로 한다. 이 경우 서면으로 하는 통지는 불입건 결정 통지서에 따른다. (부령 제14조 제2항) 군사법경찰관은 서면으로 통지한 경우에는 그 사본을, 그 밖의 방법으로 통지한 경우에는 그 취지를 적은 서면을 사건기록에 편철해야 한다.(부령 제14조 제3항) 군사법경찰관은 보복범죄 또는 2차 피해 등이 우려되는 다음 각 호의 경우에는 불입건 결정을 통지하지 않을 수 있다. 혐의내용 및 동기, 진정인 또는 피해자와의 관계 등에 비추어 통지로 인하여 진정인 또는 피해자의 생명·신체·명예 등에 위해(危害) 또는 불이익이 우려되는 경우와 사안의 경중 및 경위, 진정인 또는 피해자의 의사, 피진정인·피혐의자와의 관계, 분쟁의 종국적 해결에 미치는 영향 등을 고려하여 통지하지 않는 것이 타당하다고 인정되는 경우다. 이 경우 그 사실을 입건전조사 보고서로 작성하여 사건기록에 편철해야 한다.(부령 제14조 제4항)

### 마. 기록의 관리

수사절차 전환에 따라 수사를 개시한 조사 사건의 기록은 해당 수사기록에 합쳐 편철한다. 다만, 조사 사건 중 일부에 대해서만 수사를 개시한 경우에는 그 일부 기록만을 수사기록에 합쳐 편철하고 나머지 기록은 분리하여 보존할 수 있으며 필요한 경우 사본으로 보존할 수 있다. 「군사법경찰 수사규칙」제13조에 따른 입건 전 조사종결, 입건 전 조사중지, 공람종결 결정은 불입건 편철서, 기록목록, 불입건 결정서의 서식에 따른다. 이송하는 경우에는 사건이송서를 작성하여야 한다.

### 바. 입건 전 조사 서류 등의 열람·복사

입건 전 조사와 관련한 서류 등의 열람 및 복사에 관하여는 준칙 제41조제1항·제3항·제5항(같은 조 제1항 및 제3항에 따라 열람·복사를 신청하는 부분으로 한정한다. 이하 이 항에서 같다) 및 제6항(같은 조 제1항·제3항 및 제5항에 따른 신청을 받은 경우로 한정한다)을 준용한다(준칙 제11조 제5항). 즉 사건 관계인이나 그 변호인은 본인의 진술이 기재된 부분 및 본인이 제출한 서류의 전부 또는 일부에 대해 열람·복사를 신청할 수 있고, 고소장, 고발장의 열람·복사를 신청할 수 있다. 이 경우 열람·복사의 대상은 피의자에 대한 혐의사실 부분으로 한정하고, 그 밖에 사건관계인에 관한 사실이나 개인정보, 증거방법 또는 고소장등에 첨부된 서류 등은 제외한다. 군사법경찰관은 해당 서류의 공개로 사건관계인의 개인정보나 영업비밀이 침해될 우려가 있거나 범인의 증거 인멸·도주를 용이하게 할 우려가 있는 경우 등 정당한 사유가 있는 경우를 제외하고는 열람·복사를 허용해야 한다.

## II. 수사의 개시

### 1. 개념

수사기관이 형사사건을 최초로 수리하여 수사를 개시하는 것을 입건(立件)이라 하며, 입건 이후에는 혐의자가 피의자로 된다.

군사법경찰관이 수사를 개시하는 원인에는 입건의 사유인 범죄의 인지, 고소·고발의 접수 외에 다른 사법경찰관으로부터 이송되는 사건의 수리 등이 있다.

군사법경찰관이 피혐의자의 군 수사기관 출석조사, 피의자신문조서 작성, 긴급체포, 체포·구속영장 청구 또는 신청, 사람의 신체, 주거, 관리하는 건조물, 자동차, 선박, 항공기 또는 점유하는 방실(房室)에 대한 압수·수색 또는 검증영장(부검을 위한 검증영장은 제외한다)의 청구 또는 신청의 행위에 착수한 때에는 수사를 개시한 것으로 본다. 이 경우 군사법경찰관은 해당 사건을 즉시 입건해야 한다(준칙 제11조 제1항).

군사법경찰관이 군사법원법 제228조 제1항에 따라 범죄의 혐의가 있다고 생각될 때에는 수사를 개시하고 지체 없이 범죄인지서를 작성하여 수사기록에 편철하여야 한다(부령 제12조 제1항), 위 범죄인지서에는 피의자의 성명, 주민등록번호, 계급, 주거, 소속, 등록기준지, 범죄경력, 죄명, 범죄사실의 요지, 적용법조 및 수사의 단서와 범죄 인지경위를 적어야 한다(부령 제12조 제2항).

군사법경찰관은 수사 중인 사건의 범죄 혐의를 밝히기 위해 관련 없는 사건의 수사를 개시하거나 수사기간을 부당하게 연장해서는 안 된다(준칙 제11조 제2항).

### 2. 수사의 시기 또는 방법 결정

군사법경찰관리는 수사를 개시할 때에는 범죄의 경중과 정상, 범인의 성격, 사건의 파급성과 모방성, 수사의 완급 등 제반 사정을 고려하여 수사의 시기 또는 방법을 신중하게 결정하여야 한다.

## 3. 군사법경찰관리의 비위사실 통보

군사법경찰관리는 비위사실이 범죄에 해당한다고 보기 어렵다고 판단될 정도로 죄질이 매우 경미하고, 피해 회복 및 피해자의 처벌의사 등을 종합적으로 고려하여 불입건하고 「군인징계령」제7조(징계의결 등의 요구 등), 「군무원인사법 시행령」제111조(징계의결 등의 요구 등)에 따라서 비위통보를 할 수 있다. 군사법경찰관리는 이와 같은 조치를 할 때에는 공정하고 투명하게 하여야 하고 반드시 그 이유와 근거를 기록에 남겨야 한다.

## 4. 공무원 등에 대한 수사개시 등의 통보

군사법경찰관리가 군인 또는 군무원, 그 외 공무원에 대하여 수사를 개시한 경우에는 「국가공무원법」 제83조 제3항 및 「군인사법」 제59조의3 제1항의 규정에 따라 군인·공무원 등 범죄 수사개시 통보서를 작성하여 해당 군인, 군무원 또는 공무원 등의 소속부대 또는 기관의 장 등에게 통지하여야 하며, 군검찰에 사건을 송치한 경우에도 군인·공무원범죄 수사상황(처리결과) 통보서를 작성하여 그 결과를 통지하여야 한다.

# III. 수사의 실행

## 1. 군 수사기관의 인권보호 책무

군사법경찰관은 모든 수사과정에서 헌법과 법률에 따라 보장되는 피의자와 그 밖의 피해자·참고인 등(이하 "사건관계인"이라 한다)의 인권을 보호해야 할 책임이 있다(준칙 제2조 제1항).

수사는 군사법원법, 수사준칙, 수사규칙, 범죄수사규칙 등 법령에 규정된 권한의 범위 내에서 자율적으로 행한다. 그러나 군사법경찰관은 범죄 수사에 관하여 수사부대(서)의 장 등 직무상 상관의 명령에 복종하여야 한다(법 제46조).

군사법경찰관리가 수사를 할 때에는 합리적 이유 없이 피의자와 그 밖의 피해자·참고인 등(이하 "사건관계인"이라 한다)을 그 성별, 종교, 나이, 장애, 사회적 신분, 출신지역, 인종, 국적, 외모 등 신체조건, 병력(病歷), 혼인 여부, 정치적 의견 및 성적(性的) 지향 등을 이유로 차별해서는 안 된다(부령 제2조 제1항).

## 2. 적법절차의 준수

군사법경찰관리는 「군사법원법」(이하 "법"이라 한다) 및 「군검사와 군사법경찰관의 수사준칙에 관한 규정」(이하 "수사준칙"이라 한다) 등 관계 법령을 준수하고 적법한 절차와 방식에 따라 수사해야 한다(부령 제2조 제2항).

군사법경찰관은 예단이나 편견 없이 적법한 절차에 따라 신속하게 수사해야 하고, 주어진 권한을 자의적으로 행사하거나 남용해서는 안 된다(준칙 제2조 제2항).

군사법경찰관은 다른 사건의 수사를 통해 확보된 증거 또는 자료를 내세워 관련이 없는 사건에 대한 자백이나 진술을 강요해서는 안 된다(준칙 제2조 제3항).

국군방첩사령관, 국방부조사본부장, 각 군 및 해병대 수사단장은 수사의 책임성과 적법성 등을 확보하기 위하여 예하 수사업무 담당 부대(이하 "수사부대"라 한다)의 수사에 관한 적법성·타당성 심사 및 수사 전반에 대한 점검 등의 업무를 수행하는 심사관을 둘 수 있다(부령 제11조).

## 3. 불이익 금지

군사법경찰관은 피의자나 사건관계인이 인권침해 신고나 그 밖에 인권 구제를 위한 신고, 진정, 고소, 고발 등의 행위를 하였다는 이유로 부당한 대우를 하거나 불이익을 주어서는 안 된다(준칙 제3조).

# IV. 수사의 종결(송치)

## 1. 수사의 종결

사건에 관하여 사안의 진상을 파악하고 법령을 적용하여 송치 여부를 결정할 수 있을 정도가 된 때에는 수사를 종결한다.

## 2. 사건 송치

군사법경찰관은 수사를 종결하였을 때에는 사건을 군검사에게 다음 각 호(1. 기소의견 송치, 2. 불기소의견 송치 가. 혐의없음 나. 공소권없음 다. 죄가안됨 라. 각하 마. 기소중지 바. 참고인중지)의 구분에 따라 송치해야 한다(부령 제64조 제1항). 군사법경찰관은 관계 법령에 따라 군검사에게 사건을 송치할 때에는 1. 송치의 이유와 범위를 적은 송치 의견서, 2. 압수물 총목록, 기록목록, 범죄경력 조회 회보서, 수사경력 조회 회보서 등 관계서류, 3. 증거물 등을 함께 송부해야 한다(준칙 제38조 제1항).

군사법경찰관은 피의자 또는 사건관계인에 대한 조사과정을 영상녹화한 경우에는 해당 영상녹화물을 봉인한 후 군검사에게 사건을 송치할 때 봉인된 영상녹화물의 종류와 개수를 표시하여 사건기록과 함께 송부해야 한다(준칙 제38조 제2항).

군사법경찰관은 사건을 송치한 후에 새로운 증거물, 서류 또는 그 밖의 자료를 추가로 송부할 때에는 이전에 송치한 사건명, 송치 연월일, 피의자의 성명과 추가로 송부하는 서류 및 증거물 등을 적은 추가송부서를 첨부해야 한다(준칙 제38조 제3항).

즉결심판 대상사건은 군사경찰부대의 장이 관할 군사법원에 청구한다(부령 제64조 제2항).

「군용물 등 범죄에 관한 특별조치법」 위반 사건 중 「군형법」의 적용대상자가 아닌 자의 경우에는 관할 지방검찰청 검사에게 송치해야 한다(부령 제64조 제3항).

# [4] 수사기관의 종류와 상호관계

## Ⅰ. 수사기관의 종류

### 1. 군사법경찰관리 및 직무범위

군사법경찰관은 범죄의 혐의가 있다고 인식하는 때에는 범인, 범죄사실과 증거에 관하여 수사를 개시 진행하여야 한다(법 제228조 제1항, 제43조). 군사법경찰리는 군사법경찰관의 명령을 받아 수사를 보조한다(법 제46조).

#### 가. 군사경찰부대 소속 군사법경찰관리

1) 군사법경찰관

「군인사법」 제5조제2항에 따른 기본병과 중 수사 및 교정업무 등을 주로 담당하는 병과(이하 "군사경찰과"라 한다)의 장교, 준사관 및 부사관과 법령에 따라 범죄수사업무를 관장하는 부대에 소속된 군무원 중 국방부장관 또는 각 군 참모총장이 군사법경찰관으로 임명하는 사람(법 제43조 제1호)이다.

2) 군사법경찰리

군사경찰과의 부사관과 법령에 따라 범죄수사업무를 관장하는 부대에 소속된 군무원 중 국방부장관 또는 각 군 참모총장이 군사법경찰리로 임명하는 사람(법 제46조 제1호)이다.

3) 직무범위

「형법」 제2편 제1장 및 제2장의 죄, 「군형법」 제2편 제1장 및 제2장의 죄, 「군형법」 제80조 및 제81조의 죄와 「국가보안법」, 「군사기밀보호법」, 「남북교류협력에 관한 법률」 및 「집회 및 시위에 관한 법률」(「국가보안법」에 규정된 죄를 범한 사람이 「집회 및 시위에 관한 법률」에 규정된 죄를 범한 경우만 해당된다)에 규정된 죄 외의 죄(법 제44조 제1호)이다.

### 나. 국군방첩사령부 소속 군사법경찰관리

1) 군사법경찰관

「국군조직법」 제2조 제3항에 따라 설치된 부대 중 군사보안 업무 등을 수행하는 부대로서 국군조직 관련 법령으로 정하는 부대(이하 "국군방첩부대"라 한다)에 소속된 장교, 준사관 및 부사관과 군무원 중 국방부장관이 군사법경찰관으로 임명하는 사람(법 제43조 제2호)이다.

2) 군사법경찰리

국군방첩사령부에 소속된 부사관과 군무원 중 국방부장관이 군사법경찰리로 임명하는 사람(법 제46조 제2호)이다.

3) 직무범위

「형법」 제2편 제1장 및 제2장의 죄, 「군형법」 제2편 제1장 및 제2장의 죄, 「군형법」 제80조 및 제81조의 죄와 「국가보안법」, 「군사기밀보호법」, 「남북교류협력에 관한 법률」 및 「집회 및 시위에 관한 법률」(「국가보안법」에 규정된 죄를 범한 사람이 「집회 및 시위에 관한 법률」에 규정된 죄를 범한 경우만 해당된다)에 규정된 죄(법 제44조 제2호)이다.

### 다. 군검찰단 소속 군사법경찰관리

군검찰단에 검찰수사관(법 제43조 제4호)과 검찰서기를 둔다(법 제47조 제1항).

검찰수사관 및 검찰서기는 각 군 참모총장이 소속 장교, 준사관, 부사관 및 군무원 중에서 임명한다. 다만, 국방부검찰단의 검찰수사관 및 검찰서기는 국방부장관이 임명한다(법 제47조 제2항).

검찰수사관은 군검사를 보좌하며, 군검사의 지휘를 받아 범죄를 수사한다(법 제47조 제3항).

검찰서기는 군검사의 명령을 받아 1. 수사에 관한 사무, 2. 형사기록의 작성과 보존, 3. 재판집행에 관한 사무, 4. 그 밖의 검찰행정에 관한 사무에 종사한다(법 제47조 제4항).

## 2. 군검사 및 직무범위

군검사는 ① 범죄 수사와 공소제기 및 그 유지에 필요한 행위, ② 군사법원 및 고등법원에 대한 법령의 정당한 적용 청구, ③ 군사법원 및 고등법원 재판집행의 지휘·감독, ④ 다른 법령에 따라 그 권한에 속하는 사항을 그 직무와 권한으로 한다(법 제37조 제1항).

# II. 수사기관 상호간의 관계

## 1. 군사법경찰관리 상호간의 관계

### 가. 군사법경찰관과 군사법경찰리

군사법경찰관은 자신의 명의와 권한으로 수사를 할 수 있으나, 군사법경찰리는 군사법경찰관의 수사를 보조할 뿐 그 독자의 수사는 할 수 없다. 따라서 각종 조서도 군사법경찰관이 작성하여야 한다(법 제233조, 제234조, 제365조). 군사법경찰리는 그 작성권한이 없으며, 다만 그 작성에 참여할 수 있을 뿐이다(법 제235조). 그러나 실무에서는 군사법경찰리가 군사법경찰관사무취급의 명목으로 각종 조서를 작성하고 있고, 판례도 사법경찰리 작성의 조서는 사법경찰리가 검사의 지휘를 받고 수사사무를 보조하기 위하여 작성한 것으로서 그 유효성을 인정하고 있다(대법원 1999. 10. 22. 선고 99도3273 판결).

### 나. 대등한 군사법경찰관리 상호간

군사법경찰관리는 직무를 수행할 때 군사법경찰관리 상호간에 성실하게 협조하여야 한다.

따라서 군사법경찰관리는 원칙적으로 소속 관서의 관할구역 내에서 수사를 하여야 하나, 그 관할구역 외에서의 수사가 필요한 경우 다른 군사법경찰관리에게 수사촉탁의 방법으로 피의자 체포·출석요구 조사, 장물 기타 증거물의 수배, 압수수색 또는 검증, 참고인의 출석요구·조사, 기타 필요한 조치 등에 관하여 협조를 받을 수 있고, 관할구역 내의 사건과 관련성이 있는 사건을 발견하기 위해 직접 출장수사를 하는 경우에도 다른 군사법경찰관리의 협조를 받을 수 있다.

군사법경찰관리는 수사에 필요한 경우에는 다른 군사법경찰관리에게 피의자의 체포·출석요구·조사·호송, 압수·수색·검증, 참고인의 출석요구·조사 등 그 밖에 필요한 조치에 대한 협력을 요청할 수 있다. 이 경우 요청을 받은 군사법경찰관리는 정당한 이유가 없으면 이에 적극 협조해야 한다(부령 제3조).

## 2. 군사법경찰관리와 군검사의 관계

### 가. 군사법경찰관

군사법경찰관은 범죄 혐의가 있다고 생각될 때에는 범인, 범죄사실 및 증거를 수사하여야 한다(법 제228조 제1항).

군사법경찰관이 수사를 시작하여 입건하였거나 입건된 사건을 이첩받은 경우에는 정당한 사유가 없으면 48시간 이내에 관할 검찰단에 통보하여야 한다(법 제288조 제2항).

군검사와 군사법경찰관은 군사법경찰관이 「군사법원법」 제228조제2항에 따라 통보한 때부터 법 제283조제1항에 따라 군검사에게 사건을 송치하기 전까지 수사와 관련하여 서로 의견을 제시·교환할 수 있다(준칙 제12조).

군사법경찰관은 군검사에게 수사와 관련하여 의견의 제시·교환을 요청할 때에는 의견 요청서에 따르고 군검사로부터 수사와 관련하여 의견의 제시·교환 요청을 받아 의견을 제시·교환할 때에는 의견서에 따른다(부령 제27조).

군사법경찰관은 수사를 하였을 때에는 서류와 증거물을 첨부하여 군검사에게 사건을 송치하여야 한다(법 제283조 제1항).

### 나. 군검사

1) 군검사의 수사권

군검사는 범죄 혐의가 있다고 생각될 때에는 범인, 범죄사실 및 증거를 수사하여야 한다(법 제228조 제1항).

2) 보완수사요구권

### 가) 의의

군검사가 송치사건의 공소제기 여부 결정 또는 공소의 유지에 관하여 필요한 경우나 군사법경찰관이 신청한 영장의 청구 여부 결정에 관하여 필요한 경우에 군사법경찰관에게 보완수사를 요구할 수 있는 권한을 보완수사 요구권이라 말한다.(법 제283조 제2항). 이 요구를 받은 군사법경찰관은 정당한 사유가 없으면 지체 없이 이를 이행하고, 그 결과를 군검사에게 통보하도록 규정되어 있다(법 제283조 제3항).

### 나) 보완수사요구의 대상과 범위

군검사는 법 제283조제2항제1호에 따라 군사법경찰관에게 송치사건 및 관련사건(법 제16조에 따른 관련사건 및 법 제245조제2항에 따라 간주되는 같은 범죄사실에 관한 사건을 말하되, 법 제16조제1호의 경우는 수사기록에 명백히 드러나 있는 사건으로 한정한다)에 대해 1. 범인에 관한 사항, 2. 증거 또는 범죄사실 증명에 관한 사항, 3. 소송조건 또는 처벌조건에 관한 사항, 4. 양형 자료에 관한 사항, 5. 죄명 및 범죄사실의 구성에 관한 사항, 6. 그 밖에 송치받은 사건의 공소제기 여부를 결정하는 데 필요하거나 공소유지와 관련하여 필요한 사항에 관한 보완수사를 요구할 수 있다(준칙 제39조 제1항).

군검사는 군사법경찰관이 신청한 영장(「통신비밀보호법」 제6조 및 제8조에 따른 통신제한조치허가서 및 같은 법 제13조에 따른 통신사실 확인자료 제공 요청 허가서를 포함한다)의 청구 여부를 결정하기 위해 필요한 경우 법 제283조제2항제2호에 따라 군사법경찰관에게 보완수사를 요구할 수 있다. 이 경우 보완수사를 요구할 수 있는 범위는 1. 범인에 관한 사항, 2. 증거 또는 범죄사실 소명에 관한 사항, 3. 소송조건 또는 처벌조건에 관한 사항, 4. 해당 영장이 필요한 사유에 관한 사항, 5. 죄명 및 범죄사실의 구성에 관한 사항, 6. 법 제16조(같은 조 제1호의 경우는 수사기록에 명백히 드러나 있는 사건으로 한정한다)와 관련된 사항, 7. 그 밖에 군사법경찰관이 신청한 영장의 청구 여부를 결정하기 위해 필요한 사항와 같다(준칙 제39조 제2항).

### 다) 보완수사요구의 방법과 절차

군검사는 법 제283조제2항에 따라 보완수사를 요구할 때에는 그 이유와 내용 등을 구체적으로 적은 서면으로 해야 한다.

군사법경찰관은 법 제283조제3항에 따른 보완수사요구에 대한 이행 결과를 군검사에게 서면으로 통보해야 한다(준칙 제40조 제2항).

한편, 군사법경찰관은 제1항에 따른 보완수사요구의 내용과 방법에 의견이 있는 경우 군검사에게 서면으로 이를 제시할 수 있다(준칙 제40조 제3항).

### 라) 보완수사요구의 결과 통보 등

군사법경찰관은 법 제283조제3항에 따라 보완수사 이행 결과를 통보할 때에는 보완수사 결과 통보서에 따른다. 다만, 수사준칙 제39조에 따른 보완수사요구의 대상이 아니거나 그 범위를 벗어난 경우 등 정당한 이유가 있어 보완수사를 이행하지 않은 경우에는 그 내용과 사유를 보완수사 결과 통보서에 적어 군검사에게 통보해야 한다(부령 제66조 제1항). 군사법경찰관은 법 제283조제2항제1호에 따른 보완수사요구에 대한 이행 결과를 통보하면서 새로운 증거물, 서류 및 그 밖의 자료를 군검사에게 송부할 때에는 수사준칙 제38조제3항에 따른다.(부령 제66조 제2항). 군사법경찰관은 법 제283조제2항제2호에 따른 보완수사요구를 이행한 경우 기존의 영장 신청을 유지한다면 보완수사 결과 통보서를 작성하여 관계 서류와 증거물과 함께 군검사에게 송부하고 기존의 영장 신청을 철회하는 경우는 보완수사 결과 통보서에 그 내용과 이유를 적어 군검사에게 통보한다(부령 제66조 제3항).

### 3) 적절한 조치 요청권

각 군 검찰부대·기관의 장은 군사법경찰관이 정당한 이유 없이 제1항에 따른 보완수사요구를 이행하지 않는 경우 해당 군사법경찰관의 소속 부대·기관의 장에게 보완수사의 이행을 요구할 수 있으며, 해당 군사법경찰관에 대하여 「군인사법」 또는 「군무원인사법」에 따른 적절한 조치를 요청할 수 있다(준칙 제40조 제4항).

위 요구 또는 요청을 받은 소속 부대·기관의 장은 그 요구 또는 요청의 처리결과와 이유를 제4항에 따른 요구 또는 요청을 한 검찰부대·기관의 장에게 통보해야 한다(준칙 제40조 제5항).

### 4) 영장청구권

영장은 반드시 군검사가 청구하도록 되어 있으므로(헌법 제12조 제3항), 군사법경찰관은 검사에게 신청하여 군검사의 청구로 영장을 발부받아야 한다(법 제232조2 제1항 등).

### 5) 긴급체포 승인권

군사법경찰관은 피의자를 긴급체포한 경우에는 즉시 군검사의 승인을 받아야 한다(법 제232조의3 제2항). 군검사는 군사법경찰관의 긴급체포 승인 요청이 이유 없다고 인정하는 경우에는 지체 없이 군사법경찰관에게 불승인 통보를 해야 한다. 이 경우 군사법경찰관은 긴급체포된 피의자를 즉시 석방하고 그 석방 일시와 사유 등을 군검사에게 보고해야 한다(준칙 제21조 제3항).

## 다. 상호협력관계

### 1) 군사법경찰관과 군검사의 협조 의무

군검사와 군사법경찰관은 구체적 사건의 범죄수사 및 공소유지를 위하여 상호 간에 성실히 협력하여야 한다(법 제228조의2 제1항).

군검사와 군사법경찰관의 협조 의무에 관한 구체적인 사항은 대통령령으로 정한다(법 제228조의2 제2항).

### 2) 군검사와의 협의 등

군사법경찰관리는 군검사와의 협의를 요청하려는 경우에는 요청 사항과 그 사유를 적어 군검사에게 통보해야 할 것이다. 군사법경찰관리는 해당 군검사와의 협의에도 불구하고 이견이 해소되지 않으면 이를 즉시 소속된 수사부대(서)의 장에게 보고해야 한다. 위 보고를 받은 수사부대(서)의 장은 협의가 필요하다고 판단하면 요청 사항과 그 사유를 적어 해당 군검사가 소속된 검찰단의 장에게 통보해야 할 것이다. 군사법경찰관리 또는 수사부대(서)의 장은 군검사 또는 검찰단의 장과 협의한 사항이 있으면 그 협의사항을 성실하게 이행하도록 노력해야 한다.

### 3) 수사기관협의회

국방부 및 각 군 검찰단과 국방부조사본부 및 각 군 수사단 간에 수사에 관한 제도 개선 방안 등을 논의하고, 수사기관 간 협조가 필요한 사항에 대해 서로 의견을 협의·조정하기 위해 국방부장관과 각 군 참모총장 직속의 수사기관협의회를 두는 것을 검토할 필요가 있다.

이 수사기관협의회는 1. 수사의 신속성·효율성 등을 위한 제도 개선 및 정책 제안, 2. 형사입건 기준 등 수사기관에 공통적으로 적용되는 지침 정비, 3. 법 제228조의2의 상호 협조의무 이행을 위해 필요한 사항, 4. 중요사건 처리 등 수사 현안 관련 토의, 5. 그 밖에 제1항의 어느 한 기관이 수사기관협의회의 협의 또는 조정이 필요하다고 요구한 사항에 대해 협의·조정할 수 있을 것이다.

수사기관협의회는 반기마다 정기적으로 개최하거나, 어느 한 기관이 요청하면 수시로 개최할 수 있도록 해야 한다. 각 기관은 수사기관협의회에서 협의·조정된 사항의 세부 추진계획을 수립·시행하도록 해야 할 것이다.

여기서 중요사건의 범위는 1. 다수 인원 피해가 발생하거나 연루된 사건, 2. 주요 무기체계 및 방위산업기술 관련 사건, 3. 기타 국민적 관심 및 의혹이 제기된 사건 정도를 선정하면 될 것이다.

## III. 협력

### 1. 수사단 등 설치와 상호협력

국방부장관은 수사 업무를 관장하기 위해 국방부조사본부에 수사단 및 그 예하 부대를 조직하고, 수사 업무를 위해 국방부와 그 직할부대 및 직할기관, 합동참모본부, 국방부장관 소속 청에 사무 시설을 둘 수 있도록 해야 한다.

각 군 참모총장은 수사 업무를 관장하기 위해 수사단 및 그 예하 부대를 조직하고, 수사 업무를 위해 각 군 소속 부대와 기관에 사무 시설을 둘 수 있도록 해야 한다.

군사법경찰관리는 수사에 필요한 경우에는 법 제228조 제4항에 따라 검사 또는 사법경찰관과 긴밀히 협력해야 한다. 이 경우 협력의 구체적인 내용·범위 및 방법 등은 상호 협의하여 정하면 될 것이다.

### 2. 수사심의위원회

국방부조사본부, 각 군 수사단에 군사경찰 수사의 절차 및 결과에 대한 국민의 신뢰를 제고하기 위하여 '군사경찰 수사심의위원회'를 둘 수 있도록 해야 한다. 위원회는 국민적 의혹이 제기되거나 사회적 이목이 집중되는 사건에 관하여 1. 수사 계속 여부, 2. 구속영장 청구 및 재청구 여부, 3. 기타 국방부조사본부장, 각 군 수사단장이 위원회에 부의(附議)하는 사항을 심의하도록 해야 할 것이다.

### 3. 다른 수사기관과의 관계

#### 가. 재판권이 군사법원에 있지 아니한 범죄의 인지 통보

「군사법원법」 제2조 제2항 본문에 따라 법원이 재판권을 가지는 범죄의 수사는 「법원이 재판권을 가지는 군인 등의 범죄에 대한 수사절차 등에 관한 규정」에서 정하는 바에 따른다.

군사법경찰관리는 법원이 재판권을 가지는 범죄에 대한 고소·고발·진정·신고 등을 접수하거나 해당 범죄가 발생했다고 의심할 만한 정황을 발견하는 등 범죄를 인지한 경우 「법원이 재판권을 가지는 군인 등의 범죄에 대한 수사절차 등에 관한 규정」 제7조에 따라 지체 없이 대검찰청, 고위공직자범죄수사처 또는 경찰청에 사건을 이첩해야 한다. 이 경우 「군사법원법」 제44조에 따라 재판권이 군사법원에 있지 아니한 범죄를 인지하여 이첩하는 과정도 수사로 본다.

#### 나. 군사법경찰관리의 직무범위를 벗어난 범죄를 발견한 경우

군사법경찰관리는 수사과정에서 사법경찰관리 또는 특별사법경찰관리의 직무범위에 속하는 범죄를 먼저 알게 되었을 때에는 그 수사를 중지하고 수사부대(서)의 장의 지휘를 받아 해당 사법경찰관리 또는 특별사법경찰관리에게 이첩하여야 한다.

### 다. 장관 기소결정 사건의 수사

군사법경찰관리는 「군사법원법」 제2조 제4항에 따라 국방부장관이 국가안전보장, 군사기밀보호, 그 밖에 이에 준하는 사정으로 군사법원에 기소하도록 결정한 해당 사건을 수사하여야 한다.

### 라. 이첩 및 인계받는 경우

군사법경찰관리는 사법경찰관리 또는 특별사법경찰관리에게 사건을 인계하고자 할 때에는 필요한 조치를 한 후 관련 수사자료와 함께 신속하게 인계하여야 한다.

군사법경찰관리는 사법경찰관리 또는 특별사법경찰관리가 그 직무범위에 해당하는 범죄를 수사하는 과정에서 군사법경찰관리의 직무범위에 해당한다는 이유로 인계하는 경우에는 사건을 인수하여야 하며, 수사를 종결한 후에는 수사결과를 통보하여야 한다. 필요한 때에는 해당 사법경찰관리 또는 특별사법경찰관리에게 증거물의 인도 그 밖의 수사를 위한 협력을 요구하여야 한다.

### 마. 수사가 경합되는 경우

군사법경찰관리는 수사 중인 사안에 대하여 사법경찰관리 또는 특별사법경찰관리가 수사 중임을 알게 된 경우에는 소속 수사부대(서)의 장의 지휘를 받아 해당 사법경찰관리 또는 특별사법경찰관리와 그 수사에 관하여 필요한 사항을 협의하여야 한다.

# 제3장
## 수사 일반

# [1] 수사의 기본원칙

## Ⅰ. 제척

군사법경찰관리는 1. 군사법경찰관리 본인이 피해자인 때, 2. 군사법경찰관리 본인이 피의자 또는 피해자의 친족이거나 친족이었던 사람인 때, 3. 군사법경찰관리 본인이 피의자 또는 피해자의 법정대리인이거나 후견감독인인 때의 어느 하나에 해당하는 경우 수사직무(조사 등 직접적인 수사 및 수사지휘를 포함한다)의 집행에서 제척된다.

## Ⅱ. 기피

### 1. 기피 원인과 신청권자

피의자, 피해자와 그 변호인은 1. 군사법경찰관리가 제척 사유에 해당되는 때, 2. 군사법경찰관리가 불공정한 수사를 하였거나 그러한 염려가 있다고 볼만한 객관적·구체적 사정이 있는 때에는 군사법경찰관리에 대해 기피를 신청할 수 있다. 다만, 변호인은 피의자, 피해자의 명시한 의사에 반하지 아니하는 때에 한하여 기피를 신청할 수 있다. 기피 신청은 수사부대(서)에 접수된 고소·고발·진정·탄원·신고 사건에 한하여 신청할 수 있다.

### 2. 기피 신청 방법과 대상

기피 신청을 하려는 사람은 기피신청서를 작성하여 기피 신청 대상 군사법경찰관리가 소속된 수사부대(서)의 장에게 제출하여야 한다. 기피 신청을 하려는 사람은 기피 신청을 한 날부터 3일 이내에 기피사유를 서면으로 소명하여야 한다.

### 3. 기피 신청의 처리

기피 신청을 접수한 수사부대(서)의 장은 1. 대상 사건이 종결된 경우, 2. 동일한 사유로 이미 기피 신청이 있었던 경우, 3. 기피사유에 대한 소명이 없는 경우, 4. 제10조 제1항 후단 또는 제10조 제2항에 위배되어 기피 신청이 이루어진 경우, 5. 기피 신청이 수사의 지연 또는 방해만을 목적으로 하는 것이 명백한 경우의 어느 하나에 해당하는 경우 해당신청을 수리하지 않을 수 있다. 기피 신청을 접수한 수사부대(서)의 장은 기피 또는 신청이 이유 있다고 인정하는 때에는 사건 담당 군사법경찰관을 재지정하여야 하고, 그 이유가 없다고 판단되는 때에는 지체 없이 의견서를 작성하여 상급 수사부대(서)의 장에게 통보하여야 한다.

상급 수사부대(서)의 장은 의견서를 통보받은 경우 관련 내용을 검토하여 신속히 기피 신청의 수용 여부를 결정하여야 한다. 기피 신청 접수일부터 수용 여부 결정일까지 해당 사건의 수사는 중지된다. 다만, 공소시효 만료, 증거인멸 방지 등 신속한 수사의 필요성이 있는 경우에는 그러하지 아니하다.

## III. 회피

### 1. 의의

군검사 또는 군사법경찰관리는 피의자나 사건관계인과 친족관계 또는 이에 준하는 관계가 있거나 그 밖에 수사의 공정성을 의심 받을 염려가 있는 사건에 대해서는 소속 검찰단장 또는 해당 군사법경찰관리의 소속 부대·기관의 장의 허가를 받아 그 수사를 회피해야 한다(준칙 제6조).

### 2. 회피 신청

군사법경찰관리는 수사준칙 제6조에 따라 수사를 회피하려는 경우에는 회피신청서를 소속 부대 또는 기관의 장에게 제출해야 한다(부령 제4조).

### 3. 회피 허가 및 재지정

소속 수사부대(서)의 장이 「군검사와 군사법경찰관의 수사준칙에 관한 규정」(이하 "수사준칙"이라 한다) 제6조에 따른 회피 신청을 허가한 때에는 사건 담당 군사법경찰관리를 재지정하여야 한다.

## Ⅳ. 관할구역

### 1. 사건의 관할

국방부조사본부장 또는 각 군 수사단장은 원활한 수사사무를 위해서 사건의 관할을 결정하도록 해야 한다. 각 군 사건의 관할이 불분명하거나 경합할 때에는 국방부조사본부장이 결정하게 하여야 한다.

### 2. 직무 관할

군사법경찰관리는 소속된 수사부대(서)의 관할구역에서 직무를 수행한다. 다만, 1. 관할구역의 사건과 관련성이 있는 사실을 발견하기 위한 경우, 2. 관할구역이 불분명한 경우, 3. 긴급을 요하는 등 수사에 필요한 경우에는 관할구역이 아닌 곳에서도 그 직무를 수행할 수 있어야 한다.

## Ⅴ. 사건의 단위

법 제13조에 따른 관련사건은 1건으로 처리한다. 다만, 분리수사를 하는 경우에는 그렇지 않다(부령 제10조).

「군사법원법」 제16조의 관련사건 또는 1. 판사가 청구기각 결정을 한 즉결심판 청구 사건, 2. 피고인으로부터 정식재판 청구가 있는 즉결심판 청구 사건에 해당하는 범죄사건은 1건으로 처리한다. 다만, 분리수사를 하는 경우에는 그러하지 아니하다.

# [2] 수사의 조직

## Ⅰ. 운영 및 임무

### 1. 수사의 조직적 운영

군사법경찰관리가 수사를 함에는 군사법경찰관리 상호 간의 긴밀한 협력과 적정한 통제를 도모하고, 수사담당 수사부대(서) 이외의 다른 수사부대(서)나 기타 관계 있는 다른 수사기관(군검찰, 검찰, 경찰 등)과 유기적으로 긴밀히 연락하여, 조직적 기능을 최고도로 발휘할 수 있도록 하여야 한다.

### 2. 군사법경찰관리의 소속부대(서)·기관의 장의 임무

국방부 직할부대 또는 기관, 각 군 참모총장 직속의 부대 또는 기관으로 구성된 군사법경찰관리의 소속부대(서)·기관의 장(이하 "수사부대(서)의 장"이라 한다)은 합리적이고 공정한 수사를 위하여 범죄수사에 대해 전반적인 지휘·감독을 하며, 체계적인 수사인력·장비·시설·예산 운영 및 지도·교양 등을 통해 그 책임을 다하여야 한다.

### 3. 수사본부

국방부직할부대, 각 군 참모총장 직속의 직할부대 또는 기관으로 구성된 수사부서(대)의 장은 「부대관리훈령」의 사고속보 규정 또는 이에 준하는 중요사건이 발생하여 종합적인 수사를 통해 해결할 필요가 있다고 인정할 때에는 수사본부를 설치할 수 있다.

## Ⅱ. 보고 관계

### 1. 사건의 지휘와 수사보고 요구

수사부서(대)의 장은 소속 군사법경찰관리가 담당하는 사건의 수사진행 사항에 대하여 명시적인 이유를 근거로 구체적으로 지휘를 하여야 하며, 필요한 경우 수사진행에 관하여 소속 군사법경찰관리에게 수사보고를 요구할 수 있다. 요구를 받은 군사법경찰관리는 이에 따라야 한다.

## 2. 수사에 관한 보고

군사법경찰관리가 범죄와 관계가 있다고 인정되는 사항과 수사상 참고가 될 만한 사항을 인지한 때에는 수사부서(대)의 장에게 보고하여야 한다. 군사법경찰관리가 보고해야 할 내용은 「부대관리훈령」의 사고속보 규정을 따른다.

# III. 수사지휘

## 1. 수사지휘 방법

수사지휘를 할 경우에는 명시적인 이유를 근거로 구체적으로 하여야 한다. 1. 범죄인지 및 입건에 관한 사항, 2. 체포·구속에 관한 사항, 3. 영장에 의한 압수·수색·검증에 관한 사항, 4. 송치 의견에 관한 사항, 5. 법원 허가에 의한 통신수사에 관한 사항, 6. 사건 이첩 등 책임수사부대(서) 변경에 관한 사항, 7. 그 밖에 수사에 관하여 지휘가 필요하다고 인정되는 사항에 대하여 수사지휘를 할 경우에는 수사지휘서를 작성하거나 수사서류의 결재·지휘란에 기재하여 서면으로 하는 것을 원칙으로 한다.

군사법경찰관리는 앞의 이유로 작성된 수사지휘서 등 수사지휘의 내용이 기재된 서면을 사건기록에 편철하여야 한다.

수사의 긴급 등 불가피한 사유로 인하여 구두로 수사지휘를 받은 경우에는 관련사항을 수사보고서에 관련사항을 기재하여 사건기록에 편철하여야 한다.

## 2. 수사부대(서) 내 이의제기

군사법경찰관리는 구체적 수사와 관련된 소속 수사부대(서)장의 지휘·감독의 적법성 또는 정당성에 이견이 있는 경우에는 해당 상관에게 수사지휘에 대한 이의제기서를 작성하여 이의를 제기할 수 있다. 이의제기를 받은 상관은 신속하게 이의제기에 대해 검토한 후 그 사유를 적시하여 수사지휘서에 따라 재지휘를 하여야 한다.

## 3. 불이익 금지 등

이의제기를 하는 군사법경찰관리는 정확한 사실에 기초하여 신속하고 성실하게 자신의 의견을 표시하여야 한다. 이의제기를 한 군사법경찰관리는 그 이의제기를 이유로 인사상, 직무상 불이익한 조치를 받아서는 아니 된다.

# [3] 수사서류

## I. 수사서류의 작성

### 1. 작성방법

군사법경찰관리가 수사서류를 작성할 때에는 1. 일상용어로 평이한 문구를 사용, 2. 복잡한 사항은 항목을 나누어 적음, 3. 사투리, 약어, 은어 등을 사용하는 경우에는 그대로 적은 다음에 괄호를 하고 적당한 설명을 붙임, 4. 외국어 또는 학술용어에는 그 다음에 괄호를 하고 간단한 설명을 붙임, 5. 지명, 인명의 경우 읽기 어렵거나 특이한 칭호가 있을 때에는 그 다음에 괄호를 하고 음을 적음에 주의하여야 한다.

### 2. 군형사사법정보시스템의 이용

군사법경찰관리는 군형사사법업무와 관련된 문서를 작성할 경우 형사사법정보시스템을 이용할 수 있으며, 작성한 문서는 형사사법정보시스템에 저장·보관할 수 있다(현재 군형사사법정보시스템 구축 사업 진행 중임).

다만, 군형사사법정보시스템을 이용하는 것이 곤란한 1. 피의자, 피해자, 참고인 등 사건관계인이 직접 작성하는 문서, 2. 군형사사법정보시스템에 작성 기능이 구현되어 있지 아니한 문서, 3. 군형사사법정보시스템을 이용할 수 없는 경우에 불가피하게 작성해야 하는 문서의 경우에는 예외로 한다.

### 3. 기명날인 또는 서명 등

수사서류에는 작성연월일, 군사법경찰관리의 소속 관서와 계급을 적고 기명날인 또는 서명하여야 한다. 날인은 문자 등 형태를 알아볼 수 있도록 하여야 한다. 수사서류에는 매장마다 간인한다. 다만, 전자문서 출력물의 간인은 면수 및 총면수를 표시하는 방법으로 한다. 수사서류의 여백이나 공백에는 사선을 긋고 날인한다. 피의자신문조서와 진술조서는 진술자로 하여금 간인한 후 기명날인 또는 서명하게 한다. 다만, 진술자가 기명날인 또는 서명을 할 수 없거나 이를 거부할 경우, 그 사유를 조서말미에 적어야 한다. 인장이 없으면 날인 대신 무인하게 할 수 있다.

## II. 통역과 번역

군사법경찰관리는 수사상 필요에 의하여 통역인을 위촉하여 그 협조를 얻어서 조사하였을 때에는 피의자신문조서나 진술조서에 그 사실과 통역을 통하여 열람하게 하거나 읽어 주었다는 사실을 적고 통역인의 기명날인 또는 서명을 받아야 한다. 군사법경찰관리는 수사상 필요에 의하여 번역인에게 피의자 그 밖의 관계자가 제출한 서면 그 밖의 수사자료인 서면을 번역하게 하였을 때에는 그 번역문을 기재한 서면에 번역한 사실을 적고 번역인의 기명날인을 받아야 한다.

## III. 서류의 접수 등

### 1. 대서

군사법경찰관리는 진술자의 문맹 등 부득이한 이유로 서류를 대신 작성하였을 경우에는 대신 작성한 내용이 본인의 의사와 다름이 없는가를 확인한 후 그 확인한 사실과 대신 작성한 이유를 적고 본인과 함께 기명날인 또는 서명하여야 한다.

### 2. 문자의 삽입·삭제

군사법경찰관리는 수사서류를 작성할 때에는 임의로 문자를 고쳐서는 아니 되며, 1. 문자를 삭제할 때에는 삭제할 문자에 두 줄의 선을 긋고 날인하며 그 왼쪽 여백에 "몇 자 삭제"라고 적되 삭제한 부분을 해독할 수 있도록 자체를 존치하여야 함, 2. 문자를 삽입할 때에는 행의 상부에 삽입할 문자를 기입하고 그 부분에 날인하여야 하며 그 왼쪽 여백에 "몇 자 추가"라고 적음, 3. 1행 중에 두 곳 이상 문자를 삭제 또는 삽입하였을 때에는 각 자수를 합하여 "몇 자 삭제" 또는 "몇 자 추가"라고 기재, 4. 여백에 기재할 때에는 기재한 곳에 날인하고 "몇 자 추가"라고 적음과 같이 고친 내용을 알 수 있도록 하여야 한다. 피의자신문조서와 진술조서의 경우 문자를 삽입 또는 삭제하였을 때에는 "몇 자 추가" 또는 "몇 자 삭제"라고 적고 그곳에 진술자로 하여금 날인 또는 무인하게 하여야 한다.

## 3. 서류의 접수

군사법경찰관리는 수사서류를 접수하였을 때에는 즉시 여백 또는 그 밖의 적당한 곳에 접수연월일을 기입하고 특히 필요하다고 인정되는 서류에 대하여는 접수 시각을 기입해 두어야 한다.

# [4] 형사사건의 공개

## Ⅰ. 형사사건의 공개금지 원칙

### 1. 공개금지의 원칙

군사법경찰관은 공소제기 전의 형사사건에 관한 내용을 공개해서는 안 된다(준칙 제4조 제1항).

제1항에도 불구하고 국방부장관은 무죄추정의 원칙과 국민의 알권리 등을 종합적으로 고려하여 형사사건 공개에 관한 준칙을 정할 수 있다(준칙 제4조 제3항).

따라서 형사사건에 관하여는 법령 또는 군 수사절차상 인권보호 등에 관한 훈령(이하 "인권훈령"이라 한다)에 따라 공개가 허용되는 경우를 제외하고는 그 내용을 공개해서는 안 된다(인권훈령 제75조 제1항).

### 2. 공개금지의 대상 및 공개금지 정보

여기에서 "형사사건"은 1. 수사 또는 내사 중이거나 이를 종결한 범죄사건 및 공소가 제기되어 재판 진행 중인 사건(수사 또는 내사를 착수한 때부터 재판이 확정될 때까지의 사건으로 한정한다), 2. 수사 또는 내사 착수 전이라도 그 공개 또는 언론보도와 관련하여 사건관계인의 명예, 사생활 등 인권을 침해할 우려가 있는 사건으로 한다(인권훈령 제75조 제2항).

형사사건에 관한 1. 피의자등 사건관계인의 인격 및 사생활, 2. 피의자등 사건관계인의 범죄전력, 3. 피의자등 사건관계인의 주장 및 진술·증언 내용, 진술·증언 거부 사실 및 신빙성에 관련된 사항, 4. 검증·감정, 심리생리검사 등의 시행 및 거부 사실과 그 결과, 5. 증거의 내용 및 증거가치 등 증거관계, 6. 범행 충동을 일으키거나 모방 범죄의 우려가 있는 특수한 범행수단·방법, 7. 그 밖에 법령에 의하여 공개가 금지된 사항은 이를 공개해서는 안 된다(인권훈령 제78조).

## Ⅱ. 공소제기 전 공개금지

### 1. 원칙

공소제기 전의 형사사건에 대하여는 혐의사실 및 수사상황을 비롯하여 그 내용 일체를 공개해서는 안 된다(인권훈령 제76조 제1항).

수사 또는 내사가 종결되어, 불기소하거나 입건 이외의 내사종결의 종국처분을 한 사건(이하 "불기소처분 사건"이라 한다)은 공소제기 전의 형사사건으로 본다(인권훈령 제76조 제2항).

### 2. 공소제기 전 예외적 공개 요건 및 범위

제76조의 규정에도 불구하고 다음 각 호의 어느 하나에 해당하는 경우에는 공소제기 전이라도 제2항 내지 제4항이 규정하는 범위 내에서 형사사건에 관한 정보를 공개할 수 있다(인권훈령 제80조 제1항).

1. 피의자등 사건관계인, 수사업무종사자의 명예, 사생활 등 인권을 침해하는 등의 오보가 실제로 존재하거나 발생할 것이 명백하여 신속하게 그 진상을 바로잡는 것이 필요한 경우에는 해당 보도 등의 내용에 대응하여 그 진위 여부를 밝히는 범위 내에서 수사경위, 수사상황 등 형사사건에 관한 정보(인권훈령 제80조 제2항).
2. 범죄로 인한 피해의 급속한 확산 또는 동종 범죄의 발생이 심각하게 우려되는 경우.
3. 공공의 안전에 대한 급박한 위협이나 그 대응조치에 관하여 국민들이 즉시 알 필요가 있는 경우에는 가. 형사사건과 관련이 있는 기관 또는 기업의 실명, 나. 이미 발생하였거나 예상되는 범죄피해 또는 위협의 내용, 다. 범죄 또는 피해의 확산을 방지하거나 공공의 안전에 대한 위협을 제거하기 위한 대응조치의 내용(압수·수색, 체포·구속, 위험물의 폐기 등을 포함한다), 라. 다목의 목적을 달성하기 위하여 공개가 필요한 범위 내의 혐의사실, 범행수단, 증거물.
4. 범인의 검거 또는 중요한 증거 발견을 위하여 정보 제공 등 국민들의 협조가 필수적인

경우에는 가. 피의자의 실명, 얼굴 및 신체의 특징, 나. 범인의 검거 또는 중요한 증거 발견을 위하여 공개가 필요한 범위 내의 혐의사실, 범행수단, 증거물, 지명수배 사실.
5. 수사에 착수된 중요사건으로서 언론의 요청이 있는 등 국민들에게 알릴 필요가 있어 공보담당부서(국방부 대변인실, 각 군 본부 및 해병대사령부 공보정훈실 등 공보전담부서가 설치되어 있거나 담당관이 지정되어 공보업무를 수행하는 부서를 말한다. 이하 같다)와 협의한 경우에는 수사의 착수 또는 사건의 접수사실(사건 송치를 포함한다), 대상자, 죄명(죄명이 특정되지 않은 경우 죄명에 준하는 범위 내의 혐의사실 요지), 수사기관의 명칭, 수사상황 등이다.

## III. 공소제기 후 제한적 공개

공소제기 후의 형사사건에 대하여는 국민들에게 알릴 필요가 있는 경우 공개할 수 있다. 다만, 피고인의 공정한 재판을 받을 권리를 침해하지 않도록 유의해야 한다(인권훈령 제77조).

## IV. 불기소처분 사건의 예외적 공개 요건 및 범위

불기소처분 사건이 다음에 해당하는 경우에는 혐의사실과 불기소이유, 공개금지정보를 제외한 피의자, 처분일시, 죄명, 처분주문, 수사경위, 수사상황 등 형사사건 정보의 범위 내에서 형사사건에 관한 정보를 공개할 수 있다(인권훈령 제81조 제1항).

1. 피의자등 사건관계인, 수사업무종사자의 명예, 사생활 등 인권을 침해하는 등의 오보가 실제로 존재하거나 발생할 것이 명백하여 신속하게 그 진상을 바로잡는 것이 필요한 경우
2. 종국처분 전에 사건 내용이 언론에 공개되어 대중에게 널리 알려진 경우
3. 관련사건을 공소제기하면서 수사결과를 발표하는 경우

## V. 공개방법

정보를 공개하는 경우에 국민의 알권리 보장 등 공익상의 필요성, 사건관계인의 명예

나 사생활 보호, 공정한 재판을 받을 권리 보호, 수사의 효율적 수행 등이 조화를 이룰 수 있도록 노력하여야 한다.

수사상황 등의 공개는 공보담당부서를 통하여 하며, 미리 소속 부대 또는 기관의 장의 승인을 받아 작성한 공보자료에 의하여야 한다. 다만, 긴급을 요하거나 기타 부득이한 사유가 있는 경우에는 그러하지 아니하다(인권훈령 제85조).

## Ⅵ. 수사업무종사자의 언론 접촉 금지

수사업무종사자는 담당하고 있는 형사사건과 관련하여 기자 등 언론기관 종사자와 개별적으로 접촉할 수 없으며, 기자 등 언론기관 종사자로 하여금 조사실을 출입하게 해서는 안 된다(인권훈령 제86조 제1항).

수사업무종사자가 전화나 그 밖의 방법으로 기자 등 언론기관 종사자로부터 형사사건의 내용에 대한 질문을 받은 경우 "저는 그 사건에 대하여 답변할 수 있는 위치에 있지 않으며, 공보업무 담당자에게 문의하시기 바랍니다."라는 취지로 답변해야 하며, 형사사건의 내용에 대하여 언급해서는 안 된다(인권훈령 제86조 제2항).

## Ⅶ. 사건관계인 출석 정보 공개금지 및 수사과정 촬영 등 금지

피의자등 사건관계인의 출석 일시, 귀가 시간 등 출석 정보를 공개해서는 안 된다(인권훈령 제88조 제1항).

피의자등 사건관계인의 출석, 조사, 압수·수색, 체포·구속 등 일체의 수사과정에 대하여 언론이나 그 밖의 제3자의 촬영·녹화·중계방송을 허용해서는 안 된다(인권훈령 제88조 제2항).

피의자등 사건관계인이 원하지 않는 경우에는 언론이나 그 밖의 제3자와 면담 등 접촉을 하게 해서는 안 되며, 언론 등과의 접촉을 권유하거나 유도해서는 안 된다(인권훈령 제88조 제3항).

## Ⅷ. 초상권 보호조치

국방부 및 각 군 수사기관의 장은 1. 수사기관에서 수사 과정에 있는 사건관계인의 촬영·녹화·중계방송 제한, 2. 수사기관 내 포토라인(집중촬영을 위한 정지선을 말한다)의 설치 제한 조치를 취할 수 있다(인권훈령 제89조).

군교도소, 군교도소 지소의 장 및 군미결수용실이 설치된 부대의 장은 체포·구속영장의 집행, 체포·구속적부심 및 수사기관·법원의 소환에 따른 계호 과정에서 피의자 및 피고인이 촬영·녹화·중계방송을 통하여 언론에 노출되지 않도록 적절한 조치를 취해야 한다(인권훈령 제90조).

# [5] 수사서류 등의 열람·복사

## Ⅰ. 군사법원이 보관하고 있는 서류·증거물에 대한 열람

### 1. 구속영장실질심사의 경우

피의자 심문에 참여할 변호인은 군판사에게 제출된 구속영장청구서 및 그에 첨부된 고소·고발장, 피의자의 진술을 기재한 서류와 피의자가 제출한 서류를 열람할 수 있다(군사법원의 소송절차에 관한 규칙 제100조의 21 제1항).

군검사는 증거인멸 또는 피의자나 공범 관계에 있는 자가 도망할 염려가 있는 등 수사에 방해가 될 염려가 있는 때에는 군판사에게 제1항에 규정된 서류(구속영장청구서는 제외한다)의 열람 제한에 관한 의견을 제출할 수 있고, 군판사는 군검사의 의견이 상당하다고 인정하는 때에는 제1항에 규정된 서류의 전부 또는 일부의 열람을 제한할 수 있다(군사법원의 소송절차에 관한 규칙 제100조의 21 제2항). 군판사는 제1항의 열람에 관하여 그 일시, 장소를 지정할 수 있다(군사법원의 소송절차에 관한 규칙 제100조의 21 제3항).

### 2. 체포·구속적부심사의 경우

위의 규정은 체포·구속의 적부심사를 청구한 피의자의 변호인에게 이를 준용한다(군사법원의 소송절차에 관한 규칙 제106조의 4).

## Ⅱ. 수사기관이 보관하고 있는 서류·증거물에 대한 열람·복사

공소제기 이전의 수사서류에 대해서는 원칙적으로 열람·복사권이 인정되지 않는다. 정보 유출로 인한 수사방해의 염려가 있기 때문이다. 다만, 다음과 같은 경우에는 일정 범위의 수사서류에 대한 열람·복사 등이 가능하다.

## 1. 구속영장이 청구되거나 체포·구속된 경우

구속영장이 청구되거나, 체포 또는 구속된 피의자, 그 변호인, 법정대리인, 배우자, 직계친족, 형제자매나 동거인 또는 고용주는 긴급체포서, 현행범인체포서, 체포영장, 구속영장 또는 그 청구서를 보관하고 있는 군검사, 군사법경찰관 또는 군사법원 서기에게 그 등본의 교부를 청구할 수 있다(군사법원의 소송절차에 관한 규칙 제105조).

## 2. 정보공개청구를 통한 열람·복사

고소장·피의자신문조서 등 수사절차상의 서류도 공개될 경우 수사에 관한 직무수행을 현저히 곤란하게 하지 않는다면 변호인은 공공기관의 정보공개에 관한 법률상의 '정보공개청구'를 통하여 열람이 가능하다. 변호인의 피구속자를 조력할 권리 및 알 권리를 근거로 인정되는 것이다.

## 3. 수사준칙에 의한 열람·복사

### 가. 열람·복사

피의자, 사건관계인이나 그 변호인은 군검사 또는 군사법경찰관이 수사 중인 사건의 경우 본인의 진술이 기재된 부분 및 본인이 제출한 서류의 전부 또는 일부에 대해 열람·복사를 신청할 수 있다(준칙 제41조 제1항).

피의자, 사건관계인이나 그 변호인은 군검사가 불기소처분을 한 사건에 관한 기록의 전부 또는 일부에 대해 열람·복사를 신청할 수 있다(준칙 제41조 제2항).

피의자 또는 그 변호인은 필요한 사유를 소명하고 고소장, 고발장, 이의신청서, 항고장, 재항고장(이하 이 항에서 "고소장등"이라 한다)의 열람·복사를 신청할 수 있다. 이 경우 열람·복사의 대상은 피의자에 대한 혐의사실 부분으로 한정하고, 그 밖에 사건관계인에 관한 사실이나 개인정보, 증거방법 또는 고소장등에 첨부된 서류 등은 제외한다(준칙 제41조 제3항).

체포·구속된 피의자 또는 그 변호인은 현행범인체포서, 긴급체포서, 체포영장, 구속영장의 열람·복사를 신청할 수 있다(준칙 제41조 제4항).

피의자 또는 사건관계인의 법정대리인, 배우자, 직계친족, 형제자매로서 피의자 또는 사건관계인의 위임장 및 신분관계를 증명하는 문서를 제출한 사람도 열람·복사를 신청할 수 있다(준칙 제41조 제5항).

군검사 또는 군사법경찰관은 열람·복사의 신청을 받은 경우에는 해당 서류의 공개로 사건관계인의 개인정보나 영업비밀이 침해될 우려가 있거나 범인의 증거인멸·도주를 용이하게 할 우려가 있는 경우 등 정당한 사유가 있는 경우를 제외하고는 열람·복사를 허용해야 한다(준칙 제41조 제6항).

### 나. 수사서류 열람·복사 절차

① 수사준칙 제41조에 따른 수사서류 열람·복사 신청은 해당 수사서류를 보유·관리하는 수사부대(서)의 장에게 해야 한다(부령 제62조 제1항).

② 제1항의 신청을 받은 수사부대(서)의 장은 신청을 받은 날부터 10일 이내에 다음 각 호의 어느 하나에 해당하는 결정을 해야 한다(부령 제62조 제2항). 1. 공개 결정: 신청한 서류 내용 전부의 열람·복사를 허용 2. 부분공개 결정: 신청한 서류 내용 중 일부의 열람·복사를 허용 3. 비공개 결정: 신청한 서류 내용의 열람·복사를 불허용

③ 수사부대(서)의 장은 제2항에도 불구하고 피의자 및 사건관계인, 그 변호인이 조사 당일 본인의 진술이 기재된 조서에 대해 열람·복사를 신청하는 경우에는 공개 여부에 대해 지체 없이 검토한 후 제공 여부를 결정해야 한다(부령 제62조 제3항).

④ 수사부대(서)의 장은 해당 관서에서 보유·관리하지 않는 수사서류에 대해 열람·복사 신청을 접수한 경우에는 그 신청을 해당 수사서류를 보유·관리하는 기관으로 이송하거나 신청인에게 부존재 통지를 해야 한다(부령 제62조 제4항).

⑤ 수사부대(서)의 장은 제2항 제1호 또는 제2호에 따라 수사서류를 제공하는 경우에는 사건관계인의 개인정보가 공개되지 않도록 비실명처리 등 보호조치를 해야 한다(부령 제62조 제5항).

⑥ 제1항부터 제5항까지에서 규정한 사항 외에 수사서류 열람·복사에 필요한 세부사항은 국방부장관이 따로 정한다(부령 제62조 제6항).

제4장

# 수사의 개시

# [1] 수사의 단서

## I. 수사단서의 의의 및 종류

### 1. 의의

수사기관은 범죄 혐의가 있다고 생각될 때에는 범인, 범죄사실 및 증거를 수사하여야 한다(법 제228조 제1항). 이때 수사기관이 범죄혐의가 있다고 판단하게 되는 원인을 수사의 단서라고 한다.

수사의 단서는 수사개시의 시발점이 된다. 따라서 수사의 단서가 있을 경우 수사기관은 지체 없이 수사를 개시하여야 한다.

### 2. 종류

수사의 단서는 대체로 현행범인의 발견(법 제248조), 변사체의 검시(법 제264조), 불심검문(경찰관직무집행법 제3조), 신문·방송 그 밖의 보도매체의 기사, 풍문, 타사건 수사중 범죄발견(여죄발견), 고소(법 제265조), 고발(법 제276조), 자수(형법 제52조, 법 제282조). 진정·탄원·투서·익명의 신고, 피해신고와 같은 사유를 열거할 수 있으나 수사의 단서가 이에 한정된다는 뜻은 아니며 어떠한 사회현상이든 범죄와 관계있는 것으로 인정되는 이상 이를 수사의 단서로 삼을 수 있다.

## II. 현행범인의 발견

현행범인이라 함은 범죄의 실행중이거나 실행의 즉후(卽後)인 자를 말한다(법 제247조 제1항). 범죄의 실행중이란 범죄의 실행에 착수하여 이를 수행하고 있는 도중을 뜻하고, 실행의 즉후란 실행행위가 종료된 후 극히 근접한 시간 안에 있는 것을 의미한다.

다만 어느 정도까지가 근접한 시간 내인지에 대하여서는 구체적인 사건에 따라서 판단하여야 할 것이나 현행범인으로 취급되는 경우 행위자에게는 불이익이 따르게 되므로 제한적으로 해석함이 타당할 것이다.

판례는 '범죄의 실행의 즉후인 자'라 함은 범죄의 실행행위를 종료한 직후의 범인이라는 것이 체포자의 입장에서 볼 때 명백한 경우를 일컫는 것으로서, 범죄의 실행을 종료한 직후라고 함은 범죄행위를 실행하여 끝마친 순간 또는 이에 아주 접착된 시간적 단계를 의미하는 것으로 해석되므로 시간적으로나 장소적으로 보아 체포를 당하는 자에게 방금 범죄를 실행한 범인이라는 점에 관한 죄증이 명백히 존재하는 것으로 인정되는 경우에만 현행범인으로 볼 수 있다고 판시하고 있다(대법원 2007. 4. 13. 선고 2007도1249 판결).

한편 범인으로 호창되어 추적되고 있을 때, 장물이나 범죄에 사용되었다고 인정함에 충분한 흉기 기타의 물건을 소지하고 있을 때, 신체 또는 의복류에 현저한 증적이 있을 때, 누구임을 물음에 대하여 도망하려 하는 때에는 준현행범인으로서 현행범인으로 간주하고 있다(같은 조 제2항).

## III. 변사자의 검시

### 1. 개념

변사자 또는 변사한 것으로 의심되는 사체가 군사법원법 제2조에 해당하는 사람의 사체일 때에는 군검사가 검시(檢視)하여야 한다(법 제264조 제1항).

변사자 또는 변사한 것으로 의심되는 사체가 제2조에 해당하지 아니하는 사람의 사체일지라도 병영이나 그 밖의 군사용 청사, 차량, 함선 또는 항공기에서 발견되었을 때에는 군검사가 검시하여야 한다(법 제264조 제2항).

군사법경찰관리는 변사자 또는 변사한 것으로 의심되는 사체가 있으면 군검사에게 통보하고, 통보를 받은 군검사는 원칙적으로 직접 검시를 하며(법 제264조 제1항), 필요한 경우에는 군검사는 군사법경찰관이나 사법경찰관에게 검시 및 검증의 처분을 하게 할 수 있다(법 제264조 제4항).

여기서 변사자라 함은 노쇠사·병사 등의 자연사가 아닌 부자연사로서 범죄로 인한 사망이 아닌가 의심이 있는 사체를 말하고, 변사의 의심이 있는 사체라 함은 자연사인지

부자연사인지 불명한 사체로서 부자연사의 의심이 있고 또한 범죄로 인한 것인지 여부가 불명한 사체를 지칭한다.

또한 검시는 사망이 범죄로 인한 것인가를 판단하기 위하여 오관의 작용으로 사체의 상황을 검사하는 처분으로서 그 목적을 달성하기 위하여 필요한 최소한도 내에서 일정한 처분이 허용된다. 따라서 검시를 위하여 변사체가 있는 장소에 들어가고, 변사체의 신체검사와 지문채취를 행하거나 의사로 하여금 검안하게 하며, 소지품이나 유류품 등을 검사하는 정도의 처분은 검시처분으로서 허용된다.

검시에는 사체에 관한 의학적 지식이 필요한데 군사법경찰관리를 비롯한 수사기관은 사체에 관한 전문지식을 갖추지 못하고 있기 때문에 필요한 경우 검시에 법의학 전문가를 참여시킬 수 있다.

검시 결과 범죄의 혐의가 있다고 인정한 때에는 수사를 개시하고, 주거의 수색, 물건의 압수, 사체의 해부 등 강제처분을 할 수 있다. 그러나 이러한 처분은 수사 전의 처분인 검시처분이 아니라 수사처분인 압수·수색·검증에 해당하므로 영장이 있어야 한다. 다만, 검시로 범죄의 혐의가 인정되고 긴급할 때에는 영장주의의 예외로서 영장없이 검증할 수 있다(법 제264조 제3항).

## 2. 발생보고 및 통보

### 가. 변사사건 발생보고

군사법경찰관리는 변사자 또는 변사로 의심되는 시체를 발견하거나 시체가 있다는 신고를 받았을 때에는 즉시 소속 수사부대(서)의 장에게 보고하여야 한다.

### 나. 변사사건의 통보 등

군검사 또는 군사법경찰관은 변사자나 변사한 것으로 의심되는 사체를 발견한 때에는 검사 및 사법경찰관에게 변사사건 발생 사실을 지체 없이 통보해야 한다(법원이 재판권을 가지는 군인 등의 범죄에 대한 수사절차 등에 관한 규정 제9조 제1항).

군검사 또는 군사법경찰관은 법 제264조에 따른 검시 또는 검증을 하는 경우 검사 및 사법경찰관에게 일정을 미리 통보하고 참여하게 할 수 있다(법원이 재판권을 가지는 군인 등의 범죄에 대한 수사절차 등에 관한 규정 제9조 제2항).

군검사 또는 군사법경찰관은 제2항에 따라 통보한 검시 일정 전에 변사자 등의 위치와 상태 등이 변경되지 않도록 현장을 보존해야 한다. 다만, 증거가 유실될 우려가 있는 등 긴급한 경우에는 최소한의 범위에서 그에 필요한 조치를 할 수 있다(법원이 재판권을 가지는 군인 등의 범죄에 대한 수사절차 등에 관한 규정 제9조 제3항).

검시 또는 검증에 참여한 검사 또는 사법경찰관은 필요한 경우 의견을 제시할 수 있다(법원이 재판권을 가지는 군인 등의 범죄에 대한 수사절차 등에 관한 규정 제9조 제4항).

### 다. 변사사건 발생사실 통보

군사법경찰관은 변사사건 발생사실을 군검사, 검사 및 사법경찰관에게 통보하는 경우에는 변사사건 발생 통보서에 따른다(법원이 재판권을 가지는 군인 등의 범죄에 대한 수사절차 등에 관한 훈령 제8조 제1항). 군사법경찰관은 긴급한 상황 등 앞의 방식으로 통보하는 것이 불가능하거나 현저히 곤란한 경우에는 구두·전화·팩스·전자우편 등 간편한 방식으로 통보할 수 있다. 이 경우 사후에 지체 없이 서면으로 변사사건 발생사실을 통보해야 한다(법원이 재판권을 가지는 군인 등의 범죄에 대한 수사절차 등에 관한 훈령 제8조 제2항).

## 3. 검시

### 가. 성질

검시 결과 범죄혐의가 인정되면 수사가 개시되므로 변사자의 검시는 수사가 아니라 수사의 단서에 지나지 않는다. 검시는 수사 전의 처분이라는 점에서 범죄혐의가 인정된 후의 수사처분인 검증과 구별된다.

### 나. 검시의 주의사항

군사법경찰관리는 검시할 때에는 다음 각 호의 사항에 주의해야 한다(부령 제23조).
1. 검시에 착수하기 전에 변사자의 위치, 상태 등이 변하지 않도록 현장을 보존하고, 변사자 발견 당시 변사자의 주변 환경을 조사할 것 2. 변사자의 소지품이나 그 밖에 변사

자가 남겨 놓은 물건이 수사에 필요하다고 인정되는 경우에는 이를 보존하는 데 유의할 것 3. 검시하는 경우에는 잠재지문 및 변사자의 지문 채취에 유의할 것 4. 자살자나 자살로 의심되는 사체를 검시하는 경우에는 교사자 또는 방조자의 유무와 유서가 있는 경우 그 진위를 조사할 것 5. 등록된 지문이 확인되지 않거나 부패 등으로 신원확인이 곤란한 경우에는 디엔에이(DNA) 감정을 의뢰하고, 입양자로 확인된 경우에는 입양기관 탐문 등 신원확인을 위한 보강 조사를 할 것 6. 신속하게 절차를 진행하여 유족의 장례 절차에 불필요하게 지장을 초래하지 않도록 할 것

### 다. 검시의 요령 등

군사법경찰관리는 검시할 때에는 1. 변사자의 등록기준지 또는 국적, 성명, 소속, 계급, 군번, 직책, 연령과 성별, 2. 변사장소 주위의 지형과 사물의 상황, 3. 변사체의 위치, 자세, 인상, 치아, 전신의 형상, 상처, 문신 그 밖의 특징, 4. 사망의 추정연월일, 5. 사인(특히 범죄행위에 기인 여부), 6. 흉기 그 밖의 범죄행위에 사용되었다고 의심되는 물건, 7. 발견일시와 발견자의 성명, 소속, 계급, 군번, 직책, 연령과 성별, 8. 의사의 검안과 관계인의 진술, 9. 소지금품 및 유류품, 10. 착의 및 휴대품, 11. 참여인, 12. 중독사의 의심이 있을 때에는 증상, 독물의 종류와 중독에 이른 경우 등을 면밀히 조사하여야 한다. 군사법경찰관리는 변사자에 관하여 검시, 검증, 해부, 조사 등을 하였을 때에는 특히 인상·전신의 형상·착의 그 밖의 특징 있는 소지품의 촬영, 지문의 채취 등을 하여 향후의 수사 또는 신원조사에 지장을 초래하지 않도록 하여야 한다.

### 라. 검시와 참여자

군사법경찰관리는 검시에 특별한 지장이 없다고 인정하면 변사자의 가족·친족, 소속 부대원, 그 밖에 필요하다고 인정하는 사람을 검시에 참여시킬 수 있다(부령 제24조).

### 마. 변사자의 검시·검증

군사법경찰관은 법 제264조 제4항에 따라 검시를 하는 경우에는 군의관 또는 의사를 참여시켜야 하며, 그 군의관 또는 의사로 하여금 검안서를 작성하게 해야 한다(부령 제

21조). 군사법경찰관은 법 제264조에 따른 검시 또는 검증 결과 사망의 원인이 범죄로 인한 것으로 판단하는 경우에는 「법원이 재판권을 가지는 군인 등의 범죄에 대한 수사 절차 등에 관한 규정」 제10조에 따라 사법경찰관에게 해당 변사사건을 인계할 수 있다.

### 바. 검시·검증조서 등

법 제264조 제1항, 제2항, 제4항에 따른 검시조서는 별지 제8호 서식에 따르고, 검증영장이나 같은 조 제3항 및 제4항에 따라 검증을 했을 경우의 검증조서는 별지 제9호 서식에 따른다(부령 제22조 제1항). 군사법경찰관은 군검사에게 검시조서 또는 검증조서를 송부하는 경우에는 군의관 또는 의사의 검안서, 감정서 및 촬영한 사진 등 관련 자료를 첨부해야 한다(부령 제22조 제2항).

군사법경찰관리는 「군사법원법」 제264조 제1항, 제2항 및 제4항에 따라 검시를 한 때에는 군의관 또는 의사의 검안서, 촬영한 사진 등을 검시조서에 첨부하여야 하며, 변사자의 가족, 친족, 이웃사람, 관계자 등의 진술조서를 작성한 때에는 그 조서도 첨부하여야 한다.

### 4. 사체의 인도

군사법경찰관은 변사자에 대한 검시 또는 검증이 종료된 때에는 사체를 소지품 등과 함께 신속히 유족 등에게 인도한다(부령 제25조 제1항). 검시 또는 검증이 종료된 때는 다음 각 호의 구분에 따른 때를 말한다(부령 제25조 제2항). 1. 검시가 종료된 때: 법 제264조 제1항에 따라 군검사가 검시 후 군사법경찰관에게 검시조서를 송부한 때 또는 법 제264조에 따라 군사법경찰관이 군검사에게 검시조서를 송부한 이후 군검사가 의견을 제시한 때 2. 검증이 종료된 때: 부검이 종료된 때 군사법경찰관은 사체를 인도한 경우에는 인수자로부터 사체 및 소지품 인수서를 받아야 한다(부령 제25조 제3항). 시체를 인도하였을 때에는 인수자에게 검시필증을 교부해야 한다.

### 5. 국선변호사 선정의 고지 등
#### 가. 사망 장병의 유족을 위한 국선변호사 선정의 고지

군사법경찰관리는 군 장병 사망사고가 발생한 경우에는 「군인의 지위 및 복무에 관한 기본법」 제45조의2에 따라 사망자의 유족(군인연금법 제3조 제1항 제4호에 해당하는 사람을 말한다. 이하 "유족"이라 한다) 중 1인에 대하여 사망 장병 유족을 위한 국선변호사 선정을 신청할 수 있음을 고지하여야 한다.

군사법경찰관리는 유족이 국선변호사 선정을 신청하는 경우에는 신청의사 확인서를 제출받아야 하며, 즉시 관할 보통검찰부 군검사에게 국선변호사 선정을 요청하여야 한다.

군사법경찰관리는 유족이 국선변호사 선정을 신청하지 않는 경우에는 미신청 확인서를 제출받아 사건기록에 편철하여야 한다.

### 나. 국선변호사 참관 및 참여

군사법경찰관리는 선정된 국선변호사가 사망자 검시에 참관을 요구하는 경우에는 특별한 사정이 없는 한 이를 거부할 수 없다.

군사법경찰관리는 국선변호사가 유족조사에 참여하여 의견을 진술하기를 희망하는 경우에는 그 기회를 보장하여야 한다.

군사법경찰관리는 국선변호사가 사망자 검시의 참관 또는 유족 조사의 참여를 위하여 변사사건 기록 열람을 요청하는 경우에는 필요한 범위 내에서 이를 허가할 수 있다.

## Ⅳ. 직무질문

직무질문은 수사기관이 적극적인 직무수행을 통해 수사단서를 확보하는 방법의 하나이다.

직무질문은 군사경찰이 수상한 행동이나 그 밖의 주위의 사정을 합리적으로 판단하여 볼 때 어떠한 죄를 범하였거나 또는 범하려 하고 있다고 의심할 만한 상당한 이유가 있는 사람 또는 이미 행하여진 범죄나 행하여지려고 하는 범죄행위에 관한 사실을 안다고 인정되는 사람을 정지시켜 질문하는 것을 말하는 것으로서(군사경찰의 직무수행에 관한 법률 제7조 제1항) 범죄의 예방과 제지를 그 직무내용으로 하는 같은 법 제5조 제3호에 따라 군사경찰의 고유한 권한이다.

직무질문의 결과 혐의가 있다고 사료되면 수사가 개시되겠으나 직무질문 그 자체는 수사가 아니며 직무질문의 권한만으로 상대방을 구속하거나 그 의사에 반하여 동행이나 답변을 강요할 수 없다(같은 법 제7조 제2항, 제7항).

그러나 직무질문의 목적을 달성하기 위해서는 어느 정도의 실력행사가 수반될 것이 예상된다. 예컨대 흉기의 소지여부를 조사하기 위하여 소지품검사를 하는 것(같은 법 제7조 제3항) 등이 바로 그것이다. 이와 같이 직무질문의 직무수행을 위하여 필요한 최소한도 내의 실력행사(같은 법 제2조 제2항)는 허용된다고 할 것이다.

## V. 여죄의 발견

어느 특정사건을 수사하던 중 그것이 단서가 되어 다른 사건의 수사가 개시되는 경우가 있다. 예컨대, 회사의 임원에 대한 재산범죄의 고소·고발사건을 수사하던 중 회사의 비밀장부를 발견하여 이른바 비자금의 행방을 추궁함으로써 증·수뢰죄 등으로 발전하는 것과 같다.

이러한 경우에 새로운 범죄사실을 인지하여 수사하게 되는 데 새로 인지한 범죄사실에 대하여도 고발이 소추요건인 경우에는 고발을 의뢰하거나 또는 소속관서에 대한 통보 등 반드시 필요한 절차를 밟아야 한다.

## VI. 고소

### 1. 의의

고소란 범죄의 피해자 또는 그와 일정한 관계에 있는 고소권자(법 제267조 내지 제269조)가 수사기관에 대하여 범죄사실을 신고하여 범인의 처벌을 희망하는 의사표시이다.

고소는 피해자 등 고소권자가 행하는 점에서 일반인이 행하는 고발과 구별되고 처벌을 희망하는 의사표시를 핵심요소로 한다는 점에서 단순한 범죄사실의 신고와 다르다.

고소는 일반적으로 수사개시의 단서가 된다는 것 외에 특별한 소송법적인 의미는 없다. 그러나 친고죄에 있어서는 소송조건이 된다.

### 2. 방식·고소기간

고소는 대리인으로 하여금 하게 할 수 있고(법 제278조), 서면에 의하여서 뿐만 아니라 구술로서도 할 수 있으나 반드시 검사 또는 사법경찰관에게 하여야 하며(같은 법 제279조 제1항), 위 수사기관이 구술에 의한 고소를 받은 때에는 조서를 작성하여야 한다(같은 조 제2항).

친고죄에 대하여는 범인을 알게 된 날로부터 6월을 경과하면 고소하지 못한다(법 제272조). 국가형벌권의 행사를 사인의 의사에 맡겨 장기간 불확정한 상태에 두는 것을 방지하기 위한 것이다. 그러나 비친고죄의 경우에는 고소기간에 제한이 없다.

### 3. 고소·고발의 수리

군사법경찰관리는 진정인·탄원인 등 민원인이 제출하는 서류가 고소·고발의 요건을 갖추었다고 판단하는 경우 이를 고소·고발로 수리한다(부령 제15조 제1항).

군사법경찰관리는 고소·고발은 관할 여부를 불문하고 접수하여야 한다. 다만, 관할권이 없어 계속 수사가 어려운 경우에는 책임수사가 가능한 관할 수사부대(서) 또는 경찰관서로 이송하여야 한다.

군사법경찰관리는 고소장 또는 고발장의 명칭으로 제출된 서류가 1. 고소인 또는 고발인의 진술이나 고소장 또는 고발장에 따른 내용이 불분명하거나 구체적 사실이 적시되어 있지 않은 경우, 2. 피고소인 또는 피고발인에 대한 처벌을 희망하는 의사표시가 없거나 처벌을 희망하는 의사표시가 취소된 경우에는 이를 진정(陳情)으로 처리할 수 있다(부령 제15조 제2항).

진정·탄원·투서 등 서면으로 접수된 신고가 다음 어느 하나에 해당하는 경우 즉, 같은 내용으로 3회 이상 반복하여 접수되고 2회 이상 그 처리 결과를 통지한 신고와 같은 내용인 경우, 무기명 또는 가명으로 접수된 경우, 단순한 풍문이나 인신공격적인 내용인 경우, 완결된 사건 또는 재판에 불복하는 내용인 경우, 민사소송 또는 행정소송에 관한 사항인 경우에는 공람 후 종결 처리한다(부령 제13조제2항제5호).

### 4. 고소·고발의 반려

군사법경찰관리는 접수한 고소·고발이 다음의 어느 하나에 해당하는 경우 고소인 또는 고발인의 동의를 받아 이를 수리하지 않고 반려할 수 있다. 1. 고소·고발 사실이 범죄를 구성하지 않을 경우 2. 공소시효가 완성된 사건인 경우 3. 동일 또는 유사한 사안에 대하여 이미 법원의 판결이나 수사기관의 처분이 존재하여 다시 수사할 가치가 없다고 인정되는 사건. 다만, 고소·고발인이 새로운 증거가 발견된 사실을 소명한 때에는 예외로 함 4. 피의자가 사망하였음에도 고소·고발된 사건인 경우 5. 반의사불벌죄의 경우, 처벌을 희망하지 않는 의사표시가 있거나 처벌을 희망하는 의사가 철회되었음에도 고소·고발된 사건인 경우 6. 「군사법원법」 제265조 및 제267조에 따라 고소 권한이 없는 사람이 고소한 사건인 경우. 다만, 고발로 수리할 수 있는 사건은 제외한다. 7. 「군사법원법」 제266조, 제274조, 제277조에 의한 고소 제한규정에 위반하여 고소·고발된 사건인 경우. 이때 「군사법원법」 제274조는 친고죄 및 반의사불벌죄에 한한다.

### 5. 고소인·고발인 진술조서 등

군사법경찰관리는 구술로 제출된 고소·고발을 수리한 경우에는 진술조서를 작성해야 하며 서면으로 제출된 고소·고발을 수리했으나 추가 진술이 필요하다고 판단하는 경우 고소인·고발인으로부터 보충 서면을 제출받거나 추가로 진술을 들어야 한다. 또한 자수하는 경우 진술조서의 작성 및 추가 진술에 관하여는 제1항 및 제2항을 준용한다(부령 제16조 제3항).

### 6. 고소의 대리 등

군사법경찰관리는 법 제278조에 따라 대리인으로부터 고소를 수리하는 경우에는 고소인 본인의 위임장을 제출받아야 하며 법 제267조부터 제270조까지의 규정에 따른 고소권자로부터 고소를 수리하는 경우에는 그 자격을 증명하는 서면을 제출받아야 한다. 그리고 군사법경찰관리는 제2항에 따른 고소권자의 대리인으로부터 고소를 수리하는 경우에는 제1항 및 제2항에 따른 위임장 및 자격을 증명하는 서면을 함께 제출받아야 한다. 고소의 취소에 관하여는 제1항부터 제3항까지의 규정을 준용한다(부령 제17조 제4항).

### 7. 고소의 제한

자기 또는 배우자의 직계존속을 고소하지 못한다(법 제266조). 다만 성폭력범죄에 대하여는 자기 또는 배우자의 직계존속을 고소할 수 있다(성폭력범죄의 처벌등에 관한 특례법 제18조). 가정폭력행위자가 자기 또는 배우자의 직계존속인 경우에도 고소할 수 있다(가정폭력범죄의 처벌 등에 관한 특례법 제6조 제2항).

### 8. 고소의 취소

친고죄의 고소는 제1심 판결선고 전까지 취소할 수 있다(법 제274조 제1항). 이때 고소취소권자는 원칙적으로 고소를 한 본인이다. 고소권자는 대리인을 통하여 고소를 취소하게 할 수 있다(법 제281조).

고소취소의 방법은 고소의 경우와 동일하다(법 제281조). 따라서 서면이나 구술로 공소제기 전에는 수사기관에, 공소제기 후에는 법원에 하여야 한다.

고소를 취소한 자는 다시 고소하지 못한다(법 제274조 제2항). 그리고 친고죄의 경우 고소의 취소에 대하여는 고소불가분의 원칙이 적용된다. 따라서 친고죄의 경우 공범자의 1인 또는 수인에 대한 고소의 취소는 다른 공범자에 대하여도 효력이 있다.

다음으로 고소·고발 취소 등에 따른 조치로 군사법경찰관리는 고소·고발의 취소가 있을 때에는 그 취지를 명확하게 확인해야 한다(부령 제23조 제1항). 그리고 피해자의 명시한 의사에 반하여 공소를 제기할 수 없는 범죄에 대해 처벌을 희망하는 의사표시의 철회가 있을 때에도 제1항과 같다(부령 제23조 제2항).

군사법경찰관리는 친고죄에 해당하는 사건을 송치한 후 고소인으로부터 그 고소의 취소를 수리하였을 때에는 즉시 필요한 서류를 작성하여 검사에게 송부하여야 한다.

고소사건의 처리기간을 법정한 것은 고소사건에 대한 형사소추권의 신속한 발동을 통하여 형사사법에 대한 신뢰를 높이는 데 있다.

### 9. 고소사건 처리

#### 가. 처리기간

군사법경찰관리는 고소·고발을 수리한 날부터 3개월 이내에 수사를 마쳐야 한다(부령 제18조 제1항). 해당 기간 내에 수사를 완료하지 못한 경우에는 그 이유를 수사부대(서)의 장에게 보고하고 수사기간 연장을 승인받아야 한다(부령 제18조 제2항).

### 나. 고소인 등에의 수사 진행상황 통지

군검사 또는 군사법경찰관은 수사의 진행상황을 사건관계인에게 적절히 통지하도록 노력해야 한다(준칙 제7조 제1항).

군검사 또는 군사법경찰관은 제1항에 따른 통지를 할 때에는 해당 사건의 피의자 및 사건관계인의 명예나 권리 등이 부당하게 침해되지 않도록 주의해야 한다(준칙 제7조 제2항).

통지의 구체적인 방법·절차 등은 국방부장관이 정한다(준칙 제7조 제3항).

군사법경찰관은 7일 이내에 고소인·고발인·피해자 또는 그 법정대리인(피해자가 사망한 경우에는 그 배우자·직계친족·형제자매를 포함한다. 이하 "고소인등"이라 한다)에게 수사 진행상황을 통지해야 한다. 다만, 고소인등의 연락처를 모르거나 소재가 확인되지 않으면 연락처나 소재를 알게 된 날부터 7일 이내에 수사 진행상황을 통지해야 한다(부령 제5조 제1항).

통지는 서면, 전화, 팩스, 전자우편, 문자메시지 등 고소인등이 요청한 방법으로 할 수 있으며, 고소인등이 별도로 요청한 방법이 없는 경우에는 서면 또는 문자메시지로 통지한다. 이 경우 서면으로 하는 통지는 수사 진행상황 통지서에 따른다(부령 제5조 제2항).

군사법경찰관은 수사 진행상황을 서면으로 통지한 경우에는 그 사본을, 그 밖의 방법으로 통지한 경우에는 그 취지를 적은 서면을 사건기록에 편철해야 한다(부령 제5조 제3항).

군사법경찰관은 제1항에도 불구하고 1. 고소인등이 통지를 원하지 않는 경우, 2. 고소인등에게 통지해야 하는 수사 진행상황을 사전에 고지한 경우, 3. 사건관계인의 명예나 권리를 부당하게 침해하는 경우, 4. 사건관계인에 대한 보복범죄나 2차 피해가 우려되는 경우에는 수사 진행상황을 통지하지 않을 수 있다. 이 경우 그 사실을 수사보고서로 작성하여 사건기록에 편철해야 한다(부령 제5조 제4항).

군사법경찰관리는 통지대상자가 사망 또는 의사능력이 없거나 미성년자인 경우에는 법정대리인·배우자·직계친족·형제자매 또는 가족(이하 "법정대리인등"이라 한다)에게 통지하여야 하며, 통지대상자가 미성년자인 경우에는 본인에게도 통지하여야 한다.

그럼에도 불구하고 미성년자인 피해자의 가해자 또는 피의자가 법정대리인등인 경우에는 법정대리인등에게 통지하지 않는다. 다만, 필요한 경우 미성년자의 동의를 얻어 그와 신뢰관계 있는 사람에게 통지할 수 있다.

### 다. 수사사항

군사법경찰관은 고소사건에 대하여서는 고소권의 유무·고소기간 경과 여부 반의사불벌죄에 있어서 처벌희망의사 존부 등을 조사하여야 한다.

### 라. 고소·고발사건 수사 시 주의사항

군사법경찰관리는 고소·고발을 수리하였을 때에는 즉시 수사에 착수하여야 한다. 군사법경찰관리는 고소사건을 수사할 때에는 고소권의 유무, 자기 또는 배우자의 직계존속에 대한 고소 여부, 친고죄에 있어서는 「군사법원법」제272조 소정의 고소기간의 경과 여부, 피해자의 명시한 의사에 반하여 죄를 논할 수 없는 사건에 있어서는 처벌을 희망하는가의 여부를 각각 조사하여야 한다. 군사법경찰관리는 고발사건을 수사할 때에는 자기 또는 배우자의 직계존속에 대한 고발인지 여부, 고발이 소송조건인 범죄에 있어서는 고발권자의 고발이 있는지 여부 등을 조사하여야 한다. 군사법경찰관리는 고소·고발에 따라 범죄를 수사할 때에는 1. 무고, 비방을 목적으로 하는 허위 또는 현저하게 과장된 사실의 유무, 2. 해당 사건의 범죄사실 이외의 범죄 유무에 주의하여야 한다.

### 마. 친고죄의 긴급수사착수

군사법경찰관리는 친고죄에 해당하는 범죄가 있음을 인지한 경우에 즉시 수사를 하지 않으면 향후 증거수집 등이 현저히 곤란하게 될 우려가 있다고 인정될 때에는 고소권자의 고소가 제출되기 전에도 수사할 수 있다. 다만, 고소권자의 명시한 의사에 반하여 수사할 수 없다.

## Ⅶ. 고발

고발이란 고소권자와 범인 이외의 제3자가 수사기관에 대하여 범죄사실을 신고하여 범인의 처벌을 희망하는 의사표시를 말한다(법 제276조 제1항).

고발에는 반드시 범인을 지적할 필요가 없고 또한 고발에서 지정한 범인이 진범인이 아니더라도 고발의 효력에는 영향이 없다.

고발은 원칙적으로 단순한 수사의 단서에 그친다. 그러나 예외적으로 공무원의 고발을 기다려 죄를 논하게 되는 사건의 경우에는 고발이 친고죄의 고소와 같이 소송조건으로서의 성질을 갖는다.

현행법상 고발이 소추요건으로 규정되어 있는 경우는 조세범처벌법위반, 관세법위반, 근로기준법위반 등이 있다.

누구든지 범죄가 있다고 사료하는 때에는 고발할 수 있다(법 제276조 제1항). 공무원은 그 직무를 행함에 있어 범죄가 있다고 사료되는 때에는 고발하여야 한다(같은 조 제2항), 그러나 공무원이라 하더라도 직무집행과 관계없이 또는 우연히 알게 된 범죄에 대하여는 고발의무가 없다.

고발의 방식, 처리절차는 고소의 경우에 준한다(같은 법 제281조, 제279조, 제280조, 제298조). 다만 고발의 경우에는 고소와 달리 대리고발이 허용되지 않으며 고발기간의 제한이 없다. 그러나 고발이 소추요건인 사건의 고발취소는 친고죄의 고소 취소에 준하여 가능하다.

고발사건의 처리에 있어서 군검사의 통지의무는 고소의 경우와 같다(같은 법 제299조).

## Ⅷ. 피해신고

### 1. 신고

신고란 수사기관에 범죄의 발생을 알려 수사에 착수하도록 직권발동을 촉구하는 것을 말하며, 범인에 대한 처벌희망을 핵심요소로 하지 않는다는 점에서 고소·고발과 구분된다. 신고의 주체는 범죄의 피해자나, 목격자 혹은 우연히 범죄의 발생을 알게 된 제3자일 수 있고, 때로는 범인이 신고하는 경우도 있다. 신고자가 자신의 신원을 밝히는 경우도 있고, 익명 또는 허무인 명의로 신고하는 경우도 있다. 신원을 밝혀 신고하는 경우는 수사에 필요한 참고인을 확보하는 유력한 수단이 되므로 신고인의 협조를 이끌어 낼 수 있도록 관심을 갖고 대응하여야 한다.

## 2. 피해신고의 접수 및 처리

군사법경찰관리는 범죄로 인한 피해신고가 있는 경우에는 관할 여부를 불문하고 이를 접수하여야 한다.

군사법경찰관리는 피해신고 중 범죄에 의한 것이 아님이 명백한 경우 피해자 구호 등 필요한 조치를 행한 후 범죄인지는 하지 않는다.

군사법경찰관리는 신고가 구술에 의한 것일 때에는 신고자에게 피해신고서 또는 진술서를 작성하게 할 수 있다. 이 경우 신고자가 피해신고서 또는 진술서에 그 내용을 충분히 기재하지 않았거나 기재할 수 없을 때에는 진술조서를 작성하여야 한다.

## 3. 신고사건 인계

군사법경찰관리는 접수된 피해신고가 계속 수사가 어려운 경우에는 필요한 조치를 완료한 후 지체 없이 책임수사가 가능한 수사부대(서) 또는 민간 수사기관으로 인계하여야 한다.

# IX. 자수

자수란 범인이 수사기관에 대하여 자발적으로 자기의 범죄사실을 신고하는 것을 말한다. 자수는 구두나 서면으로 할 수 있고, 그에 대한 절차는 고소 및 고발의 경우와 같다(법 제282조).

자수는 자복과 함께 실체법상 형의 임의적 감면사유가 되지만(형법 제52조 제1항, 제2항), 군사법원법상으로는 수사의 단서가 되며 자수가 있으면 바로 수사가 개시된다.

자수에 의한 진술은 대부분의 경우 신빙성을 가지고 있다고 보아야 하므로 범인이 자수하였을 때에는 범죄사실의 내용은 물론 공범 유무, 증거물의 유무, 자수하기까지의 경위 등 범죄사실과 관계있는 중요한 사항을 상세히 물어야 하며, 타인의 범죄사실이나 자기의 더 큰 범죄사실을 은폐하기 위한 가장자수가 아닌지 여부까지도 철저히 확인할 필요가 있다.

군사법경찰관리는 자수사건을 수사할 때에는 자수인이 해당 범죄사실의 범인으로서 이미 발각되어 있었던 것인지 여부와 진범인이나 자기의 다른 범죄를 숨기기 위해서 해당 사건만을 자수하는 것인지 여부를 주의하여야 한다.

## X. 보도·풍설·진정·익명의 신고

신문·잡지 등의 출판물이나 라디오·텔레비전 등의 방송으로 보도되는 내용, 근거 없이 떠도는 풍설, 피해자나 제3자의 진정 탄원 투서, 익명의 신고 등도 수사의 단서가 될 수 있다.

그러나 이러한 수사의 단서에 의하여서는 그 출처의 불명·신빙성의 미약·소추요구 의사의 결여 등 사유로 인하여 곧바로 수사가 개시되지 아니하고 일단 입건 전 조사의 과정을 거쳐 비로소 수사가 개시되는 경우가 있을 수 있다.

# [2] 사건의 수리

## I. 의의

사건의 수리라 함은 형사사건이 검찰청 또는 경찰서 특정 수사기관의 담당 부서에 접수되어 사건번호가 부여되는 절차를 말한다.

인지와 입건 및 사건의 수리는 개념상 구별된다. 인지는 수사기관이 각종 수사의 단서에 의하여 곧바로 또는 입건 전 조사의 과정을 거쳐 적극적 능동적으로 범죄혐의를 인정하고 수사에 착수하는 처분을 말하는 것으로서 입건의 한 방법이고, 입건은 인지뿐만 아니라 그밖에 고소·고발·자수 등 수사의 단서에 의하여 소극적·수동적으로 수사가 개시되는 경우까지 포함하는 수사개시의 절차를 지칭하는 것이며, 사건의 수리는 입건뿐만 아니라 수사의 개시여부와 관계없이 다른 기관으로부터의 이송 등을 포함하여 수사부대(서)에 사건이 접수되는 것을 총칭하는 것이다.

## II. 사건의 수리사유

### 1. 군사법경찰관이 범죄를 인지한 경우

군사법경찰관이 범죄의 혐의가 있다고 인식하는 때에는 수사를 개시하고 지체 없이 범죄인지서를 작성하여 수사기록에 편철하여야 하며, 범죄인지서에는 검사의 범죄인지서 기재사항 외에 수사의 단서, 범죄 인지 경위 등을 적어야 한다. 군사법경찰리는 군사법경찰관의 보조자로서 인지의 권한이 없다.

군사법경찰관이 수사한 사건은 수사결과 비록 범죄혐의를 인정할 수 없다고 하더라도 관계 서류와 증거물을 모두 군검사에게 송치하여야 한다(법 제283조 제1항).

## 2. 군사법경찰관이 고소·고발 또는 자수를 받은 경우

고소나 고발은 서면 또는 말로 군사법경찰관에게 하여야 하며 군사법경찰관은 말로 한 고소 또는 고발을 받았을 때에는 조서를 작성하여야 한다(법 제279조).

군사법경찰관은 고소나 고발을 받으면 신속히 조사하여 관계 서류와 증거물을 군검사에게 보내야 한다(법 제280조).

기타, 고소나 고발의 취소와 자수에 관하여는 제279조와 제280조를 준용한다.

제5장

# 임의수사

# [1] 서설

## I. 수사의 방법

수사기관은 수사의 목적을 달성하기 위하여 필요한 조사를 할 수 있다(법 제231조 제1항 본문). 그러나 강제처분은 형사소송법에 특별한 규정이 있는 경우에 한하며, 필요한 최소한도의 범위 안에서만 하여야 한다(같은 항 단서), 강제처분에 의한 수사를 강제수사라고 하고 강제수사 이외의 수사를 임의수사라고 한다.

임의수사는 그 수단 방법에 특별한 제한이 없고 수사기관의 판단과 재량에 맡겨져 있다.

군사법원법, 군사법경찰 수사규칙, 「군검사의 군사법경찰관의 수사준칙에 관한 규정」(이하 '수사준칙'이라 한다), 군사경찰 범죄수사규칙 등에 규정되어 있는 임의수사의 방법으로는 피의자신문, 참고인 조사, 감정 또는 통역·번역 위촉, 사실조회, 실황조사, 임의제출물 압수, 수사촉탁 등이 있으나 이러한 규정들은 단순히 임의수사의 유형을 예시한 것에 불과하다. 따라서 상대방의 동의 승낙을 전제로 하거나 성질상 어느 누구의 동의·승낙 없이도 할 수 있는 것이면 어떠한 방법에 의하여서도 수사할 수 있는 것이 원칙이다.

그러나 임의수사라 하더라도 피의자 기타 관계인의 권익침해나 불편이 필요한 최소한도에 그치도록 하여야 하고, 특별히 법률이 정하는 방법 절차가 있으면 그에 따라야 하는 것은 당연하다. 사법경찰관리가 수사를 개시한 때에는 피의자나 사건관계인의 인권이 침해되지 않도록 신속하게 수사를 마쳐야 한다.

## II. 수사사항

수사기관이 수사할 사항은 범인, 범죄사실과 증거이다(법 제195조), 즉, ① 누가(주체) ② 언제(일시) ③ 어디서(장소) ④ 무엇 또는 누구에 대하여(객체 또는 피해자) ⑤ 어떻게(방법) ⑥ 무엇을(행위 및 결과) 하였는가(이를 '6하의 원칙'이라고 한다)를 기본적으로 규명하여야 하고, 나아가 ⑦ 공범의 유무 ⑧ 범행의 동기·원인까지(이를 합하여 '8하의 원칙'이라고 한다) 규명하여 각 이에 따른 증거를 수집하여야 한다.

또한 범죄가 발생하면 수사기관은 위와 같은 수사사항을 염두에 두고 범죄에 관한 사실과 관련사실을 분석하여 어떤 점을 어떤 방향으로 수사할 것인지 충분히 검토한 후 수사에 임하여야 한다.

## 1. 범인에 관계되는 사항

- 단독범인지 공범인지 여부, 조직범인 경우 그 계보
- 전과의 유무
- 범인의 직업, 연령, 환경, 가족관계, 교우관계, 성격, 평소의 행동, 성장과정
- 범행의 방법, 동기(직접동기·간접동기), 목적
- 범인의 인상(범인이 특정되지 않았을 때에 한함)
- 범행까지의 과정, 범행 후의 동태

## 2. 피해자에 관계되는 사항

- 피해자의 직업, 가정상황, 평소의 행동, 성격, 재산정도, 환경이 범인과의 관계의 피해복구 여부
- 피해자의 주변인물
- 피해자의 집에 출입한 사람
- 피해일시, 기상
- 피해상황
- 피해장소의 위치, 주변상황
- 피해물건의 종류, 수량, 위치, 특징
- 범인과의 관계
- 피해복구 여부

### 3. 사회에 관계되는 사항
  ○ 유사 또는 동종범죄의 발생여부
  ○ 사회에 미치는 영향
  ○ 국민의 감정
  ○ 동종범죄의 일반적 발생원인
  ○ 동종범죄의 예방방법과 그 대책

## III. 수사 시 유의사항

수사에 임할 때에는 냉정한 태도로 침착하게 사실을 관찰하고 감정에 치우치지 않도록 하며 항상 이성에 따른 수사를 하여야 한다.

불확실한 범죄에 대하여 수사를 개시함으로써 혐의자로 지목된 자나 그 주변인물을 괴롭히거나 애매한 일로 무고한 범죄자를 만들어서는 안 된다.

범죄현상의 전부에 걸쳐 단 하나의 증거물도 빠뜨리지 아니하고 이를 기초로 하여 세밀한 관찰과 합리적인 추리를 한 후 체계적인 수사를 진행하여야 한다.

공평한 자세로 임하여 처분이나 대우에서 신분의 고하에 따른 차등이 없도록 하여야 한다.

수사의 기밀을 지키지 아니함으로써 수사에 지장을 초래하거나 피의자나 사건관계인의 명예가 훼손되는 일이 없도록 하여야 한다(법 제229조 제2항).

군사법경찰관은 수사의 전(全) 과정에서 피의자와 사건관계인의 사생활의 비밀을 보호하고 그들의 명예나 신용이 훼손되지 않도록 노력해야 한다(준칙 제4조 제2항).

# [2] 수사상 임의동행

## I. 의의

수사상의 임의동행이란 수사기관이 피의자의 동의를 얻어 수사관서까지 피의자와 동행하는 것을 말한다. 주로 수사단계에서 피의자신문을 목적으로 행해진다. 수사상의 임의동행은 수사기관의 수사활동으로서 그 대상은 피의자·피조사자·참고인이다.

## II. 임의동행의 유형

현행법상의 임의동행에는 임의수사에 관한 일반조항인 군사법원법 제231 제1항 본문을 근거로 피의자신문을 위한 보조수단으로 행해지는 수사상의 임의동행과 군사경찰직무법 제7조 제2항을 근거로 직무질문을 위해 행해지는 보안 경찰작용으로서 수사의 단서에 불과한 군사경찰행정상의 임의동행, 그리고 신원확인 등을 위한 주민등록법 제26조 제1항의 임의동행이 있다.

## III. 법적 성질

군사법원법은 피의자에 대한 출석요구방법을 제한하고 있지 않고, 임의동행으로 피의자에게 자신의 범죄혐의에 대해서 적극 반박할 수 있는 기회를 제공할 수 있으며, 긴박한 초동수사의 단계에서 군사법경찰관이 사건마다 군검사를 경유하여 군관사의 사전영장을 받는다는 것은 현실적으로 곤란하므로 임의동행도 상대방의 진실한 동의가 전제될 경우에는 임의수사의 한 형태로서 허용된다.

## IV. 적법요건

### 1. 수사상 임의동행 시 고지

군사법경찰관은 임의동행을 요구하는 경우 상대방에게 동행을 거부할 수 있다는 것과 동행하는 경우에도 언제든지 자유롭게 동행 과정에서 이탈하거나 동행 장소에서 퇴거할 수 있다는 것을 알려야 한다(군검사와 군사법경찰관의 수사준칙에 관한 규정 제14조). 임의동행에 있어서의 임의성의 판단은 동행의 시간과 장소, 동행의 방법과 동행거부의사의 유무, 동행 이후의 조사 방법과 퇴거의사의 유무 등 여러 사정을 종합하여 객관적인 상황을 기준으로 하여야 한다.

### 2. 임의동행 동의서 작성 및 편철

군사법경찰관리는 수사준칙 제14조에 따른 임의동행 고지를 하고 임의동행한 경우에는 임의동행 동의서를 작성하여 사건기록에 편철하거나 별도로 보관해야 한다(부령 제32조).

# [3] 피의자신문

## I. 의의

군사법경찰관은 수사에 필요한 때에는 피의자의 출석을 요구하여 진술을 들을 수 있다(법 제232조).

피의자에 대하여는 원칙적으로 피의자신문을 하여야 한다. 왜냐하면 피의자는 범죄 실행 여부뿐 아니라 만약 범행을 하였다면 그 경위에 관하여 누구보다도 잘 알고 있으므로 우선 신문을 통하여 진실을 발견함과 아울러 변명의 기회를 주기 위하여서도 필수 불가결한 것이기 때문이다.

일반적으로 피의자가 범행을 자백하면 수사가 쉽게 진행되므로 자연히 자백편중의 수사를 하게 되는 경향이 있을 수 있으나, 무리하게 자백을 받으려고 하면 그 과정에서 인권침해가 따를 수 있기 때문에 이는 지양되어야 한다. 따라서 인권침해의 소지가 없는 과학수사방법을 지속적으로 개발하여야 한다.

그러나 아무리 과학수사방법이 발달한다고 하여도 과학수사장비의 이용과 감식에는 한계가 있는 것이다. 예컨대, 공범간의 실행행위 분담정도, 범죄의 동기 등과 같이 피의자 자신만이 유일하게 알고 있는 구체적 사실은 피의자의 진술 없이는 밝혀질 수 없기 때문에 과학수사방법의 발달에도 불구하고 피의자신문은 여전히 중요한 수사방법이며, 그러한 의미에서 피의자신문은 참고인 조사와 함께 수사의 중심을 이룬다고 말할 수 있다.

따라서 수사기관이 효과적인 피의자신문의 방법과 기술을 알고 익힌다는 것은 수사의 실제에 있어서 매우 중요한 일이다.

## II. 신문 전 절차

### 1. 출석요구

 군사법경찰관은 피의자에게 출석을 요구하려는 경우 피의자와 조사 일시·장소에 관하여 협의해야 한다. 이 경우 피의자에게 변호인이 있으면 변호인과도 협의해야 한다(준칙 제13조 제1항).

 피의자가 질병으로 치료 등 건강상의 이유 등의 특별한 사정이 없는 이상 통상 피의자신문은 피의자를 수사관서에 출석시켜 행하여진다.

 그러므로 군사법경찰관리는 조사를 할 때에는 수사부대(서) 사무실 또는 조사실에서 하여야 하며 부득이한 사유로 그 이외의 장소에서 하는 경우에는 소속 수사부대(서)의 장의 사전 승인을 받아야 한다. 또한, 군사법경찰관리는 치료 등 건강상의 이유로 출석이 현저히 곤란한 피의자 또는 사건관계인을 수사부대(서)의 장 이외의 장소에서 조사하는 경우에는 피조사자의 건강상태를 충분히 고려하여야 하며, 수사에 중대한 지장이 없으면 가족, 의사, 그 밖의 적당한 사람을 참여시켜야 한다.

 군사법경찰관은 피의자에게 출석을 요구하려는 경우 피의사실의 요지 등 출석요구의 취지를 구체적으로 적은 출석요구서를 발송해야 한다(부령 제28조). 다만, 신속한 출석요구가 필요한 경우 등 부득이한 사정이 있는 경우에는 전화, 문자메시지 또는 그 밖의 적절한 방법으로 출석요구를 할 수 있다(준칙 제13조 제2항). 군사법경찰관은 출석요구서를 발송했을 때에는 출석요구서 사본을, 출석요구서 외의 방법으로 출석요구를 했을 때에는 그 취지를 적은 수사보고서를 각각 사건기록에 편철해야 한다(준칙 제13조 제3항).

 수사준칙 제13조 제2항 본문 또는 같은 조 제4항에 따라 피의자 또는 피의자 외의 사람에게 출석요구를 하려는 경우에는 출석요구서에 따른다(부령 제28조).

 출석요구를 하였으나 출석하지 않은 때에는 반드시 그 흔적을 기록에 남겨야 한다. 왜냐하면 정당한 이유없이 출석요구에 응하지 않는 것은 체포영장청구의 사유가 되고(법 제232조의2 제1항), 양형의 조건 또는 정상참작의 자료로 활용될 수 있기 때문이다.

 실무상 출석요구서가 반송된 경우에는 되돌아온 출석요구서를 첨부한 수사보고서를, 되돌아오지 않은 경우에는 소환에 응하지 않았다는 내용의 수사보고서를 각 작성하여 기록에 편철한다.

출석요구는 효과적인 피의자신문을 행하기 위한 첫 준비단계이므로 다음 사항을 유의하여야 한다.

① 출석할 일시 및 장소와 지참할 물건(주민등록증 · 인장 등)을 명시하여야 한다.
② 신문 시에 필요한 관련 피의자 · 참고인 · 기타 보조자 등 사건관계인의 출석요구, 물건 · 서류의 확보 등을 철저히 하여 한번 출석한 피의자를 불필요하게 재소환하는 일이 없도록 하여야 한다.
③ 출석 요구 방법, 출석일시, 조사시간 등을 정할 때에는 사생활이 침해되거나 명예가 훼손되는 일이 없도록 하고 생업이 지장받지 않도록 배려한다. 충분한 시간적 여유를 주어야 한다.
④ 출석요구에 따라 출석한 피의자에 대하여 지체 없이 진술을 들어야 하며 피의자 또는 사건관계인이 장시간 기다리게 하는 일이 없도록 하여야 한다. 부득이 대기하도록 하는 경우에는 그 사정을 설명하여 납득이 가도록 하여야 한다.
⑤ 전화로 출석요구를 할 때에는 불필요하게 불쾌감을 갖게 한 나머지 출석을 기피하는 사례가 없도록 친절한 말을 사용하여야 한다.
⑥ 인편에 의하여 출석요구할 때에는 불필요한 오해를 받는 일이 없도록 유의하여야 한다. 예컨대, 고소인을 통하여 피의자를 소환하는 것 등은 삼가야 한다.
⑦ 또한 외국인을 조사할 때에는 국제법과 국제조약에 위배되는 일이 없도록 유의하여야 한다.

## 2. 조사 전 의견청취

군사법경찰관은 피의자를 조사하기에 앞서 피의자에게 조사의 경위 및 이유를 설명하고 유리한 자료를 제출할 기회를 주거나, 피의자로부터 피의사실에 대한 의견 및 조사요구 사항 등 조사에 참고할 사항을 들을 수 있다.

## 3. 진술거부권과 변호인의 조력을 받을 권리의 고지

군사법경찰관은 피의자를 신문하기 전에 ① 어떤 진술도 하지 아니하거나 각각의 질문에 대하여 진술하지 아니할 수 있다는 것, ② 진술을 하지 아니하더라도 불이익을 받지 아니한다는 것, ③ 진술을 거부할 권리를 포기하고 한 진술은 법정에서 유죄의 증거로 사용될 수 있다는 것, ④ 신문을 받을 때에는 변호인을 참여하게 하는 등 변호인의 도움을 받을 수 있다는 것을 알려 주어야 한다(법 제236조의3 제1항).

진술거부권은 헌법이 보장하는 형사상 자기에게 불리한 진술을 강요당하지 않는 자기부죄거부의 권리에 터 잡은 것이므로 이를 고지하지 않고 작성한 피의자신문조서는 위법하게 수집된 증거로서 진술의 임의성이 인정되는 경우라도 증거능력이 없다(대법원 2011. 11. 10. 선고 2010도8294 판결).

군사법경찰관이 피의자에게 위와 같은 사항을 알려준 후 피의자가 진술을 거부할 권리와 변호인의 도움을 받을 권리를 행사할 것인지를 묻고, 이에 대한 피의자의 답변을 조서에 적어야 한다. 이 경우 피의자의 답변은 피의자에게 자필로 적게 하거나 군사법경찰관이 피의자의 답변을 적고 그 부분에 피의자가 기명날인 또는 서명하게 하여야 한다(같은 조 제2항).

### 4. 참여

#### 가. 군사법경찰리의 참여

군사법경찰관이 피의자를 신문함에 있어서는 군사법경찰관리를 참여하게 하여야 한다(법 제235조).

이와 같이 참여시키는 것은 참여자로 하여금 신문을 보조하게 하는 한편 신문내용의 신뢰성을 확보하고자 하는 취지이다. 판례도 피의자신문조서를 검사가 직접 기록한 경우에도 입회서기가 시종 입회하여 검사의 신문내용을 듣고 신문과 기록이 완료된 후 이를 피의자에게 읽어 주고 조서에 간인하고 그 말미에 입회서기 자신이 하등의 이의 없이 서명 날인하였거나(대법원 1973. 12. 24. 선고 73도2361 판결), 검사가 신문한 사항 중 다소 불분명한 사항이나 보조적 사항에 관하여 검찰주사보가 직접 질문하여 조서를 작성하고 검사가 이를 검토하여 서명날인한 경우에 검사 작성의 피의자신문조서로 유효하게 인정하고 있다(대법원 1984. 7. 10. 선고 94도846 판결).

## 나. 변호인의 참여

군사법경찰관은 피의자 또는 그 변호인·법정대리인 배우자·직계친족·형제자매의 신청에 따라 변호인을 피의자와 접견하게 하거나 정당한 사유가 없으면 피의자에 대한 신문에 참여하게 한다(법 제235조의2 제1항). 신문에 참여하려는 변호인이 2명 이상일 때에는 피의자가 신문에 참여할 변호인 1명을 지정한다. 피의자가 지정하지 아니하는 경우에는 군사법경찰관이 지정할 수 있다(같은 조 제2항).

신문에 참여한 변호인은 신문 후 의견을 진술할 수 있다. 다만, 신문 중이라도 부당한 신문방법에 대하여 이의를 제기할 수 있고, 군사법경찰관의 승인을 받아 의견을 진술할 수 있다(법 제235조의2 제3항).

변호인의 의견이 적힌 피의자신문조서는 변호인에게 열람 후 기명날인 또는 서명하도록 하여야 하고, 군사법경찰관은 변호인의 신문참여 및 그 제한에 관한 사항을 피의자신문조서에 적어야 한다(법 제235조의2 제4항, 제5항).

군사법원법은 피의자의 구속여부를 불문하고 피의자신문에 변호인의 참여를 전면 허용하고 있다. 다만, 피의자신문에의 참여를 허용하는 것일 뿐 그 이외의 조사에까지 참여를 허용하는 것이 아니고, 신청이 있는 경우 변호인의 참여를 허용한다는 취지이지 국선변호인을 선정해 주어야 한다는 의미는 아니다.

군사법경찰관은 '정당한 사유'가 있는 경우에는 변호인의 신문참여를 제한할 수 있다. 여기에서 '정당한 사유'란 변호인의 참여로 인하여 신문 방해, 수사기밀 누설 등 수사에 현저한 지장을 초래할 우려가 있다고 인정되는 경우를 말한다(군사법경찰수사규칙 제6조 제1항). 따라서 변호인의 참여로 인하여 신문 방해, 수사기밀 누설 등 수사에 현저한 지장을 초래하는 경우에는 피의자신문 중이라도 변호인의 참여를 제한할 수 있다(군사법경찰수사규칙 제7조 제1항).

한편, 변호인의 피의자 신문 참여를 허용한다는 것은 참여 기회를 부여한다는 의미이지 참여 없이 신문이 불가능하다는 의미는 아니다. 따라서 변호인 참여 신청이 있는 경우에도 변호인이 상당한 시간 내에 출석하지 아니하거나 출석할 수 없는 경우에는 변호인의 참여 없이 피의자를 신문할 수 있다.

군사법경찰관리는 변호인의 선임에 관하여 특정의 변호인을 시사하거나 추천하여서는 아니 된다. 군사법경찰관리는 피의자가 조사 중 변호인 선임 의사를 밝히거나 피의자신문 과정에서의 변호인 참여를 요청하는 경우 즉시 조사를 중단하고, 변호인 선임 또는 변호인의 신문과정 참여를 보장하여야 한다. 군검사 또는 군사법경찰관은 피의자신문에 참여한 변호인이 피의자의 옆자리 등 실질적인 조력을 할 수 있는 위치에 앉도록 해야 하고, 정당한 사유가 없으면 피의자에 대한 법적인 조언·상담을 보장해야 하며, 법적인 조언·상담을 위한 변호인의 메모를 허용해야 한다(준칙 제8조 제1항).

군검사 또는 군사법경찰관은 피의자에 대한 신문이 아닌 단순 면담 등이라는 이유로 변호인의 참여·조력을 제한해서는 안 된다(준칙 제8조 제2항). 군검사 또는 군사법경찰관의 사건관계인에 대한 조사·면담 등의 경우에도 적용한다(준칙 제8조 제3항).

### 다. 변호인의 피의자신문 참여

군사법경찰관리는 법 제235조의2 제1항에 따라 피의자 또는 그 변호인·법정대리인·배우자·직계친족·형제자매의 신청이 있는 경우 변호인의 참여로 인하여 신문이 방해되거나, 수사기밀이 누설되는 등 정당한 사유가 있는 경우를 제외하고는 피의자에 대한 신문에 변호인을 참여하게 해야 한다(부령 제6조 제1항).

변호인의 피의자신문 참여 신청을 받은 군사법경찰관리는 신청인으로부터 변호인의 피의자신문 참여 전에 변호인선임서 및 변호인 참여 신청서를 제출받아 변호인임을 확인한 후 변호인이 피의자신문에 참여할 수 있도록 하여야 한다(부령 제6조 제2항).

### 라. 변호인의 의견진술·이의제기

피의자신문에 참여한 변호인은 군검사 또는 군사법경찰관의 신문 후 조서를 열람하고 의견을 진술할 수 있다. 이 경우 변호인은 별도의 서면으로 의견을 제출할 수 있으며, 군검사 또는 군사법경찰관은 해당 서면을 사건기록에 편철해야 한다(준칙 제9조 제1항).

피의자신문에 참여한 변호인은 신문 중이라도 군검사 또는 군사법경찰관의 승인을 받아 의견을 진술할 수 있다. 이 경우 군검사 또는 군사법경찰관은 정당한 사유가 있는 경우를 제외하고는 변호인의 의견진술 요청을 승인해야 한다(준칙 제9조 제2항).

그럼에도 불구하고 피의자신문에 참여한 변호인은 부당한 신문 방법에 대해서는 군검사 또는 군사법경찰관의 승인 없이 이의를 제기할 수 있다(준칙 제9조 제3항).

군검사 또는 군사법경찰관은 의견진술 또는 이의제기가 있는 경우 해당 내용을 조서에 적어야 한다(준칙 제9조 제4항).

군사법경찰관리는 변호인의 참여로 증거를 인멸·은닉·조작할 위험이 구체적으로 드러나거나, 신문 방해, 수사기밀 누설 등 수사에 현저한 지장을 초래하는 경우에는 피의자신문 중이라도 변호인의 참여를 제한할 수 있다. 이 경우 피의자와 변호인에게 변호인의 참여를 제한하는 처분에 대해 법 제466조에 따른 준항고를 제기할 수 있다는 사실을 고지해야 한다(부령 제7조 제1항).

변호인 참여를 제한하는 경우 군사법경찰관리는 피의자 또는 변호인에게 그 사유를 설명하고 의견을 진술할 기회와 다른 변호인을 참여시킬 기회를 주어야 한다(부령 제7조 제2항). 변호인의 참여를 제한한 후 그 사유가 해소된 때에는 변호인을 신문에 참여하게 해야 한다(부령 제7조 제3항).

## 마. 사건관계인에 대한 적용

사건관계인에 대한 조사·면담 시 변호인의 참여에 관하여는 제10조 및 제11조를 준용한다(부령 제8조).

### 1) 신뢰관계에 있는 사람의 동석

군사법경찰관은 피의자를 신문하는 경우 일정한 경우에는 직권 또는 피의자 법정대리인의 신청에 따라 피의자와 신뢰관계에 있는 자를 동석하게 할 수 있다. 이에 해당하는 경우로는 ① 피의자가 신체적 또는 정신적 장애로 사물을 변별하거나 의사를 결정·전달할 능력이 미약한 때, ② 피의자의 연령 성별·국적 등의 사정을 고려하여 그 심리적 안정의 도모와 원활한 의사소통을 위하여 필요한 경우이다(법 제236조의5). 장애인이거나 아동, 노인, 여성, 외국인 등 사회적 약자인 피의자가 피의자신문을 받게 되는 경우 의사전달이 불완전하거나 심리적 불안정 등으로 자신의 권리를 충분히 행사하지 못할 가능성이 있으므로 이들의 인권을 보호하고 실체적 진실발견에 충실하도록 하기 위한 규정이다. 여기에서 피의자와 동석할 수 있는 신뢰관계에 있는 사람은 피의자의 직계친족, 형제자매, 배우자, 가족, 동거인, 보호·교육시설의 보호·교육담당자 등 피의자 또는 피해자의 심리적 안정과 원활한 의사소통에 도움을 줄 수 있는 사람으로 한다(준칙 제18조 제1항).

피의자, 피해자나 그 법정대리인이 제1항에 따른 신뢰관계에 있는 사람의 동석을 신청한 경우 군검사 또는 군사법경찰관은 그 관계를 적은 동석신청서를 제출받거나 조서 또는 수사보고서에 그 관계를 적어야 한다(준칙 제18조 제2항).

수사준칙 제18조 제2항에 따른 동석신청서는 별지 제18호 서식 또는 별지 제19호 서식에 따른다(부령 제31조 제1항). 군사법경찰관은 피의자, 피해자 또는 그 법정대리인이 제1항의 동석신청서를 작성할 시간적 여유가 없는 경우 등에는 이를 제출받지 않고 조서 또는 수사보고서에 그 취지를 기재하는 것으로 동석신청서 작성을 갈음할 수 있으며, 조사의 긴급성 또는 동석의 필요성 등이 현저한 경우에는 예외적으로 동석 조사 이후에 신뢰관계인과 피의자와의 관계를 소명할 자료를 제출받아 기록에 편철할 수 있다(부령 제31조 제2항). 군사법경찰관은 동석 신청이 없더라도 동석이 필요하다고 인정되면 피의자 또는 피해자와의 신뢰관계 유무를 확인한 후 직권으로 신뢰관계에 있는 사람을 동석하게 할 수 있다. 이 경우 그 관계 및 취지를 조서나 수사보고서에 적어야 한다(부령 제31조 제3항). 군사법경찰관은 신뢰관계인의 동석으로 인하여 신문이 방해되거나, 수사기밀이 누설되는 등 정당한 사유가 있는 경우에는 동석을 거부할 수 있으며, 신뢰관계인이 피의자신문 또는 피해자 조사를 방해하거나 그 진술의 내용에 부당한 영향을 미칠 수 있는 행위를 하는 등 수사에 현저한 지장을 초래하는 경우에는 피의자신문 또는 피해자 조사 중에도 동석을 제한할 수 있다(부령 제31조 제4항).

법 제260조제3항에서 준용하는 법 제204조의2에 따라 피해자와 동석할 수 있는 신뢰관계에 있는 사람은 피의자 또는 피해자의 직계친족, 형제자매, 배우자, 가족, 동거인, 보호·교육시설의 보호·교육담당자 등 피의자 또는 피해자의 심리적 안정과 원활한 의사소통에 도움을 줄 수 있는 사람으로 한다(준칙 제18조 제1항).

2) 장애인 등 특별히 보호하여야 할 사람에 대한 특칙

군사법경찰관은 피의자를 신문하는 경우 1. 피의자가 신체적 또는 정신적 장애로 사

물을 변별하거나 의사를 결정·전달할 능력이 미약할 때, 2. 피의자의 연령·성별·국적 등의 사정을 고려하여 심리적 안정과 원활한 의사소통을 위하여 필요할 때에는 직권으로 또는 피의자·법정대리인의 신청에 따라 피의자와 신뢰관계에 있는 사람을 동석하게 할 수 있다(법 제236조의5).

## III. 신문

### 1. 의의

검사 또는 사법경찰관은 피의자를 신문함에 있어서는 범죄사실과 정상에 관한 필요사실을 신문하여야 하며 피의자에게 이익 되는 사실을 진술할 기회를 주어야 한다(법 제234조).

범죄사실의 규명에 급급한 나머지 피의자에게 불리한 사실만 추궁하는데 몰두하게 되면 피의자의 불만과 원성을 불러일으키는 원인이 될 뿐만 아니라 진실발견에도 지장을 받게 된다. 그리고 필요한 경우에는 피의자와 다른 피의자 또는 참고인을 대질신문할 수도 있다(법 제237조).

### 2. 피의자에 대한 조사사항

군사법경찰관리는 피의자를 신문하는 경우에는 다음 각 호의 사항에 유의하여 피의자신문조서를 작성하여야 한다. 이 경우, 사건의 성격과 유형을 고려하였을 때, 범죄 사실 및 정상과 관련이 없는 불필요한 질문은 지양하여야 한다. 1. 성명, 연령, 생년월일, 주민등록번호, 등록기준지, 주거, 직업, 출생지, 피의자가 법인 또는 단체인 경우에는 명칭, 상호, 소재지, 대표자의 성명 및 주거, 설립목적, 기구, 2. 구(舊)성명, 개명, 이명, 위명, 통칭 또는 별명, 3. 전과의 유무(만약 있다면 그 죄명, 형명, 형기, 벌금 또는 과료의 금액, 형의 집행유예 선고의 유무, 범죄사실의 개요, 재판한 법원의 명칭과 연월일, 출소한 연월일 및 교도소명), 4. 형의 집행정지, 가석방, 사면에 의한 형의 감면이나 형의 소멸의 유무, 5. 기소유예 또는 선고유예 등 처분을 받은 사실의 유무(만약 있다면 범죄사실의 개요, 처분한 검찰청 또는 법원의 명칭과 처분연월일), 6. 소년보호 처분을 받은 사실의 유무(만약 있다면 그 처분의 내용, 처분을 한 법원명과 처분연월일), 7. 현재 다른 수사부대(서) 그 밖의 수사기관에서 수사 중인 사건의 유무(만약 있다면 그 죄명, 범죄사실의 개요와 해당 수사기관의 명칭), 8. 현재 재판 진행 중인 사건의 유무(만약 있다면 그 죄명, 범죄사실의 개요, 기소 연월일과 해당 법원의 명칭), 9. 병역관계, 10. 훈장, 기장, 포장, 연금의 유무, 11. 자수 또는 자복하였을 때에는 그 동기와 경위, 12. 피의자의 환경, 교육, 경력, 가족상황, 재산과 생활정도, 종교관계, 13. 범죄의 동기와 원인, 목적, 성질, 일시장소, 방법, 범인의 상황, 결과, 범행 후의 행동, 14. 피해자를 범죄대상으로 선정하게 된 동기, 15. 피의자와 피해자의 친족관계 등으로 인한 죄의 성부, 형의 경중이 있는 사건에 대하여는 그 사항, 16. 범인은닉죄, 증거인멸죄와 장물에 관한 죄의 피의자에 대하여는 본범과 친족 또는 동거 가족관계의 유무, 17. 미성년자나 피성년후견인 또는 피한정후견인인 때에는 그 친권자 또는 후견인의 유무(만약 있다면 그 성명과 주거), 18. 피의자의 처벌로 인하여 그 가정에 미치는 영향, 19. 피의자의 이익이 될 만한 사항, 20. 위의 각 사항을 증명할 만한 자료를 물어야 한다.

## 3. 필요적 신문사항

피의자에 대하여는 범죄사실과 정상에 관한 필요사항을 신문하여야 한다(법 제234조). 그 신문사항을 구체적으로 살펴보면 다음과 같다.

### 가. 피의자의 특정에 관한 사항

1) 인정신문

범죄사실에 관한 본격적인 신문을 하기에 앞서 먼저 피의자의 성명, 연령, 등록기준지, 주거와 직업을 묻고(같은 법 제233조), 주민등록증이나 기타 증표를 제시받아 본인임을 확인하여야 한다.

구체적으로는 성명(이명 별명 포함), 연령(생년월일), 등록기준지, 주거, 주민등록번호, 직업을 묻고, 외국인의 경우에는 국적, 출생지, 주거, 생년월일, 여권번호, 외국인등록번호, 입국연월일, 입국목적을 신문한다.

피의자가 법인인 경우에는 법인을 상대로 피의자신문을 할 수는 없으므로 보통 그 대표자나 관리자 등을 상대로 명칭(상호), 소재지, 대표자의 성명 및 주거, 설립목적, 기구를 조사하고 이에 대한 진술조서를 작성하며, 법인등기부 사본을 첨부하는 것이 실무상 관행이다. 기업체나 그 대표자를 양벌규정에 따라 처벌하는 경우에는 가능한 한 우편진술제 등을 활용하여 기업활동이 위축되지 않도록 배려한다.

### 2) 전과관계

형이나 보호처분의 선고가 있는 경우에는 선고일자, 선고법원, 죄명, 형명, 형량, 석방일자, 석방교도소, 석방사유(형집행종료·형집행정지·가석방·사면 등), 잔형기, 벌금 납부여부, 보호처분의 종류, 확정여부 및 그 일자 등을, 재판계속중인 경우에는 공소제기일자, 죄명, 법원, 사건번호 등을, 기소유예처분을 받은 경우에는 처분일자, 처분청, 죄명 등을 각 신문하여야 한다. 특히 형의 집행유예나 선고유예의 경우에는 그 취소 또는 실효사유의 존부에 유의하여야 한다.

### 3) 환경에 관한 사항

병역관계, 학력, 경력, 가족상황, 재산 및 생활의 정도, 종교관계 등을 신문한다. 실무상 사법경찰관이 송치한 사건의 경우 피의자의 환경에 관한 사항은 사법경찰관 작성의 피의자신문조서에 기재된 내용이 정확한지 여부를 신문한 다음 조서에는 이를 원용하여 기재하는 것이 일반적이다.

## 나. 인권침해 및 적법절차 준수 여부에 관한 사항

피의자의 인권을 보호하고 수사과정의 적법절차를 보장하기 위해 사법경찰관으로부터 송치된 구속 피의자에 대한 검사의 송치 당일 조사에서는 체포·구속과정의 적법절차 준수 및 사법경찰관 수사과정의 인권침해 여부 등을 확인한다.

## 다. 범죄사실에 관한 사항

범행의 일시, 장소, 동기, 수단과 방법, 객체, 결과 및 공범관계와 범행 후의 정황(장물의 처분, 증거인멸의 방법 등), 피해자와의 관계, 위법성이나 책임조각사유의존부, 소추요건에 관한 사항 등을 신문한다.

### 라. 정상이나 피의자에게 이익이 될 사항

자수나 자복의 여부 및 그 동기와 경위, 피해회복여부, 피의자의 처벌로 인하여 그 가정에 미치는 영향 등을 신문한다. 훈장·포상 등 수상경력 유무, 범행에 이르게 된 부득이한 사유의 존부, 범행 후의 사후수습조치 및 피해회복노력, 부양가족 등의 어려운 형편 등 피의자에게 이익이 될 수 있는 자료에 대해서도 신문한다. 공소의 제기 및 유지에 필요한 증거뿐만 아니라 피의자에게 이익이 될 사항에 관하여도 그 증거의 유무 및 발견방법을 신문한다.

## 4. 신문방법

### 가. 신문준비

1) 장소

자연스럽고 솔직한 진술을 얻어내기 위해서는 가급적 외부와 차단된 비공개 장소가 적당하다. 현실적으로 비공개된 조사실을 가지고 있지 않더라도 가급적 그러한 분위기가 유지되도록 노력하여 제3자의 빈번한 출입이 없도록 하고 조사시 제3자를 실내에 대기시키지 않도록 하여야 한다.

또한 책상을 가지런히 정리하여 주위가 산만하지 않도록 하고 송곳이나 칼 등 위험한 물건을 피의자의 손이 미치는 곳에 두지 않도록 한다. 이는 피신문자의 주의력이나 기억력 등이 흐트러지지 않게 하고 자해행위를 예방하기 위함이다.

2) 신문계획

신문을 효율적으로 하기 위해서는 미리 충분한 사전준비와 신문계획을 세워야 한다. 행위일시, 장소, 방법, 관계자 유무, 동기, 피해내용 등 사전에 관계된 내용 가운데에서 확인 가능한 사항은 가능한 대로, 또 본인을 신문하여야만 확인이 가능한 사항은 합리적인 추리에 의하여 여러 가지 가능성을 분류하여 미리 검토하고 동시에 신문대상자에 대하여는 연령, 교육 정도, 경력, 가족관계, 생활과 재산 정도, 전과사실 유무, 건강상태, 조사에 대한 태도(반항적인지 협조적인지), 편견유무, 직장에서의 태도, 취미 등도 충분히 파악하여 두어야 한다.

## 나. 신문 시 착안사항

### 1) 원인·동기의 파악

동기는 피의자의 범죄행위를 전체적으로 이해하고 인정하는 데 매우 중요한 요소이다. 특히 살인·방화 등 강력범을 비롯하여 내용이 중한 범죄일수록 동기가 중요하여 피의자가 범행을 자백하거나 다른 증거에 의하여 입증이 가능하다 하더라도 동기가 해명되지 않아 기소하지 못하는 극단적인 경우도 있다.

동기의 진상은 피의자만이 알고 있는 것이므로 심층적인 신문을 통하여 그것을 완전히 해명하도록 노력하여야 한다.

그리고 범행동기라는 것은 지극히 범인의 주관적인 측면에 관한 것이므로 그 입증이 주로 피의자의 자백에 의존할 수밖에 없는 속성을 가지고 있기는 하나, 그렇다고 하여 피의자의 자백에 만족하거나 이를 과신하는 것은 금물이다.

무엇보다도 범행동기 형성의 전제 내지 원인이 되는 외부적 객관적 상황에 비추어 자백내용에 불합리하거나 모순된 점이 없는지를 신중히 검토하여 보는 것이 중요하다. 예컨대 범행동기가 경제적 궁핍에 있다고 자백한 경우에 그 전제가 되는 피의자의 객관적 경제상태를 철저히 조사하여 두지 않으면 법정에서 그 진술을 번복하여 부인할 경우 수사기관이 작성한 자백조서는 그 신빙성을 상실할 위험이 크다.

### 2) 진술의 임의성 확보

#### 가) 의의

피의자의 자백이 고문, 폭행, 협박, 신체구속의 부당한 장기화 또는 기망 기타의 방법으로 임의로 진술한 것이 아니라고 의심할만한 이유가 있을 때에는 이를 유죄의 증거로 사용할 수 없다(법 제361조), 피의자진술의 임의성이 확보되지 않으면 그 피의자신문은 아무런 소용이 없다. 따라서 피의자신문은 반드시 적법절차에 따라 이루어져야 한다.

군사법경찰관리는 조사를 할 때에는 고문, 폭행, 협박, 신체구속의 부당한 장기화 그 밖에 진술의 임의성에 관하여 의심받을 만한 방법을 취하여서는 아니 된다. 군사법경찰관리는 조사를 할 때에는 희망하는 진술을 상대자에게 시사하는 등의 방법으로 진술을 유도하거나 진술의 대가로 이익을 제공할 것을 약속하거나 그 밖에 진술의 진실성을 잃게 할 염려가 있는 방법을 취하여서는 아니 된다.

### 나) 임의성 부인사유

진술의 자유를 침해하는 위법사유로서 형사소송법과 군사법원법이 들고 있는 고문, 폭행, 협박, 신체구속의 부당한 장기화, 기망 등은 예시적인 것이다.

판례는, 검찰 이전의 수사기관에서의 가혹행위 등으로 인한 임의성 없는 심리상태가 검찰에서 자백할 때에도 계속되는 동안에 검사에 의하여 작성된 피의자신문조서의 증거능력을 부인하고, 가벼운 형을 받게 하여 주겠다거나 보호감호를 청구하지 않겠다는 이익을 약속하고 받은 자백의 임의성도 부인하였으나, 일정한 증거가 발견되면 자백하겠다고 약속한 후 위 약속에 따라 자백한 경우 위 약속이 검사의 강요나 위계에 의하여 이루어졌든가 또는 불기소나 경한 죄로 기소하겠다는 등 이익과 교환조건으로 이루어졌던 것으로 인정되지 않는 한 위 자백은 임의성이 있다고 하였다.

### 다) 판단기준 및 입증책임

자백의 임의성 유무는 당해 조서의 형식과 내용, 피고인의 학력, 경력, 사회적 지위, 지능 정도 등 제반사정을 참작하여 판단한다.

피고인의 자백이 임의성이 없다고 의심할 만한 사유가 있다 하더라도 그 사유와 피고인의 자백 사이에 인과관계가 없는 것이 명백하면 그 자백은 임의성이 있다.

자백의 임의성에 대한 입증책임은 누가 부담하는가 하는 문제가 있다.

이 점에 대하여 판례는 자백의 임의성을 부인하게 되는 위법사유는 헌법이나 형사소송법의 규정에 비추어 볼 때 이례적인 것이므로 자백의 임의성은 존재하는 것으로 추정되나, 피고인 측에서 위와 같은 위법사유를 구체적으로 들어 임의성을 부인하고 그로 인하여 임의성에 합리적이고 상당한 정도의 의심이 들면 그때부터 검사가 입증책임을 부담한다고 하면서, 그 인정방법에 관하여 "피고인이 진술의 임의성을 다투는 경우 법원은 적당하다고 인정하는 방법에 의하여 조사한 결과 그 임의성에 관하여 심증을 얻게 되면 이를 증거로 할 수 있는 것이고 반드시 검사로 하여금 그 임의성에 관한 입증을 하게 하여야 하는 것은 아니다."고 하여 임의성은 자유로운 증명으로 충분하다는 입장을 취하고 있다.

3) 진술의 신빙성 확보

### 가) 판례의 태도

피의자의 진술은 신빙성이 있어야 유죄의 증거로 사용된다.

자백의 신빙성을 판단하는 기준에 관하여 판례는 "첫째로 자백의 진술내용 자체가 객관적으로 합리성을 띠고 있는지, 둘째로 자백의 동기나 이유는 무엇이며, 셋째로 자백에 이르게 된 경위는 어떠한지, 그리고 마지막으로 자백 외의 정황증거 중 자백과 저촉되거나 모순되는 것은 없는지 하는 점 등을 고려하여 피고인의 자백에 군사법원법 제361조(강제 등 자백의 증거능력) 소정의 사유 또는 자백동기와 과정에 합리적인 의심을 갖게 할 상황이 있는지를 판단하여야 한다."고 하였다. 그러나 "검찰에서의 피고인의 자백이 법정진술과 다르다는 사유만으로는 그 자백의 신빙성이 의심스럽다고 볼 수 없다."고 판시하고 있다.

### 나) 확보방법

- **진술의 구체성·상세성**

  진술은 우선 구체적이지 않으면 안 된다. 막연하거나 추상적인 내용의 자백은 피의자가 후일 공판과정에서 부인할 경우 신빙성이 없는 것으로 배척될 염려가 많으므로 자백에는 구체성이 요구된다.

  하지만 피의자의 지능이나 교육 정도 등에 비추어 지나칠 만큼 논리 정연하고 상세한 자백은 오히려 수사기관의 창작이 아닌가 하는 의심을 갖게 하여 신빙성을 부정당할 염려도 있다.

- **진술내용의 객관적 합리성**

  자백의 진술내용 자체가 합리성을 결하여 자백내용대로의 범행이 객관적으로 불가능하다고 보여질 경우 그 자백은 신빙성이 없는 것으로 배척되는 것은 지극히 당연하다.

- **자백에 이르게 된 경위**

  자백에 이르게 된 경위가 불이익을 면하거나 이익을 얻기 위한 계산에 의한 것이 아니라 회오·반성 등에 의한 것일 경우 당연히 그 신빙성이 높다고 인정될 것이다.

부인하는 피의자에 대하여는 성의를 갖고 설득하여 회오 반성의 마음이 생기게 하고, 이러한 심리상태에서 진실을 말하도록 이끌어주는 노력을 경주하여야 한다. 또한 자백을 얻어낸 경우에는 자백에 이르게 된 동기 이유 등을 조서에 상세히 기재하여 법정에서의 진술 번복에 대비할 필요가 있다.

- **정황증거의 확보**

  피의자의 자백내용 중에 진범이 아니면 알 수 없는, 예컨대 흉기의 구입 및 소재, 장물의 은닉 또는 처분 등에 관한 진술이 포함되어 있고, 이러한 사실은 수사기관이 미처 알지 못하던 내용들로서 위 자백에 기한 보강수사에 의해 자백내용과 일치하는 정황증거가 수집된 경우에 그 자백은 소위 '비밀의 폭로가 있는 자백으로서 신빙성이 매우 높다고 보는 것이 동서고금을 통하여 공통된 형사실무상의 원리라고 할 수 있다.

한편 자백 중에 '비밀의 폭로'에 해당하는 강력한 신빙성의 보장이 없는 경우라도 그 내용이 객관적 증거에 의해 뒷받침될 수 있다면 자백에 신빙성이 있는 것으로 받아들여질 수 있다. 범행현장에서 피의자의 지문 또는 머리카락이 발견되거나 피의자의 옷에서 피해자의 혈흔이 발견되는 등의 경우가 바로 그와 같은 단적인 예라 할 수 있다.

그러나 비단 이러한 경우에 그치는 것이 아니라, 예컨대 피해자가 돌연히 실종되었으나 사체의 불발견으로 아직 그 사망사실이 세상에 알려지기 전에 피의자가 피해자의 재산이나 혹은 그로부터 위탁받아 보관하고 있던 금원을 함부로 처분한 사실을 인정할 수 있어 피해자의 사망사실에 관하여 무언가 정보를 갖고 있었음을 추인케 하는 경우 등과 같이 이러한 유형의 정황증거는 다양한 자백내용에 상응하여 지극히 다종다양한 것이다.

따라서 자백의 신빙성 확보는 궁극적으로 이와 같이 다종다양한 정황증거를 얼마만큼 충실히 증거화하느냐에 달려 있다고 하여도 과언이 아니다.

### 4) 현장환원

신문 시 매우 이치에 맞는 진술내용이라 생각되더라도 과연 그것이 현장의 상황이나 사건의 줄거리와 일치하는지 여부를 따져 가면서 조사를 진행하여야 한다. 그렇지 않으면 피의자의 착오나 상상, 악의적인 허위를 찾아낼 수 없고 결국 조사는 모순과 의문을 배제하지 못하게 된다. 현장 환원적인 의식을 가지고 신문하여 그때그때 사실관계에 상반되는 점을 간파하고 그로 인하여 진실을 규명하는 것은 매우 중요한 일이다.

## Ⅳ. 피의자신문조서의 작성

### 1. 의의

피의자의 진술은 조서에 기재하여야 하고(법 제236조 제1항), 그 조서는 나중에 공판정에서 증거로 사용된다(법 제365조). 그러나 피의자가 서면 잔술을 원하는 경우, 진술사항이 복잡하고 피의자가 서면 진술에 동의하는 경우 등 서면 진술을 하게 함이 상당하다고 인정되는 때에는 진술서를 작성하도록 할 수 있다(부령 제36조 제3항).

군사법경찰관리가 법 제236조 제1항에 따라 피의자의 진술을 조서에 적는 경우에는 별지 제20호 서식 또는 별지 제21호 서식의 피의자신문조서에 따른다(부령 제32조 제1항).

피의자의 진술을 조서에 기재한다는 것은 그 진술을 속기식으로 남김없이 문자화한다는 것이 아니라 그 진술의 요지를 문자화한다는 것이므로 불필요한 부분은 생략하고 복잡하고 난해한 진술은 알기 쉽게 정리하여야 한다. 피의자신문조서를 작성하는 궁극적인 목적은 결국 공판정에서 증거로 사용하자는 데 있는 것이므로 조서의 진정성립과 신빙성을 확보하는 데도 노력을 아끼지 말아야 한다. 피의자신문조서는 반드시 조사할 때마다 작성하여야 하는 것은 아니고 필요 없다고 인정하면 이를 생략할 수도 있다.

조서를 기재하는 형식으로는 문답식과 서술식이 있으나, 기재내용을 쉽게 파악할 수 있는 문답식이 실무상 널리 이용되고 있으며, 최근에는 이를 혼용한 형태도 자주 사용되고 있다.

### 2. 피의자신문조서 등 작성 시 주의사항

군사법경찰관리는 피의자신문조서와 진술조서를 작성할 때에는 다음의 사항에 주의하여야 한다. 1. 형식에 흐르지 말고 추측이나 과장을 배제하며 범의 착수의 방법, 실행행위의 태양, 미수ㆍ기수의 구별, 공모 사실 등 범죄 구성요건에 관한 사항에 대하여는 특히 명확히 기재할 것 2. 필요할 때에는 진술자의 진술 태도 등을 기입하여 진술의 내용뿐 아니라 진술 당시의 상황을 명백히 알 수 있도록 할 것 군사법경찰관리는 조사가 진행 중인 동안에는 수갑·포승 등을 해제하여야 한다. 다만, 자살, 자해, 도주, 폭행의 우려가 현저한 사람으로서 담당 군사법경찰관리가 수갑·포승 등 사용이 반드시 필요하다고 인정한 사람에 대하여는 예외로 한다.

## 3. 작성 시 유의사항

① 한글을 사용하되 성명이나 외국어 등 특수한 경우에는 ( )안에 한자나 외국어를 병기한다. 평이한 문장으로 자연스럽고 간명하게 기재하여야 한다. 학술용어·약어·은어·방언에는 ( )안에 간단한 설명을 하여 둔다.

② 글씨는 또박또박 알아보기 쉽게 쓰고 오자·탈자가 없도록 하여야 한다. 한번 쓴 글자는 이를 고치지 못하며(법 제92조 제1항), 삽입·삭제 난외기재의 경우에는 그 기재한 곳에 날인한 후에 난외에 그 자수를 기재하여야 하고 삭제의 경우에도 이를 지우개로 지워서는 안 되며 자체를 존치하여야 한다.

③ 피의자에 대한 호칭은 피의자로 하고 존칭은 사용하지 않으며 조서상에는 형사소송법상 신분인 '피의자'로 기재한다. 문장은 질문이든 답변이든 가리지 않고 존댓말을 사용한다.

다만 미성년자를 조사하는 경우에 지나치게 경어를 사용하면 오히려 부자연스러우므로 적절히 조정할 필요는 있다.

④ 6하원칙 또는 8하원칙에 따라 항목을 나누어 기재하는 것이 바람직하다. "언제, 어디서, 누구의 어떤 물건을 훔쳤나요." 하는 식으로 한꺼번에 한 항목에 기재하는 것은 좋지 않다.

⑤ 질문은 짧고, 답변은 길게 한다. 질문이 길고 답변이 극히 짧다면 유도신문을 한 것 같은 느낌을 줄 우려가 있기 때문이다.

⑥ 법률적 용어를 피하고 진술자가 사용하는 언어를 기재한다. 또한 피의자의 진술취지를 명백히 하고, 특히 피의자 자신의 체험사실은 추측의견 및 타인으로부터 전하여 들어 알게 된 사실과는 명확히 구별될 수 있도록 하여야 한다.

⑦ 피의자의 진술요지를 그대로 기재하여야 하며 그 내용을 임의로 변경하여서는 안 된다.

　피의자의 답변내용이 설사 이치에 맞지 않더라도 이를 그대로 기재하는 것이 조서의 신빙성을 높이는 데 오히려 도움이 되는 수가 있다.

⑧ 중요부분, 즉 공동모의의 상황, 공범자 상호간의 이야기 내용, 범죄현장의 모양 등은 진술을 요약하지 않고 다소 장황하거나 사건과 별로 관계가 없는 진술이라고 하더라도 자세하게 기재하는 것이 좋다. 왜냐하면 이러한 부분은 피의자의 진술 이외의 증거로는 규명하기 어려운 부분이기 때문이다.

　피의자가 사용하는 특이한 말은 조서에 그대로 기재하는 것이 좋다.

⑨ 수법이 같은 다수범행에 대하여 신문할 때에는 한두 가지의 대표적 사실에 대해서만 그 수법을 자세히 기재하고, 나머지 사실은 앞의 진술과 중복되지 않는 사항, 즉 일시·장소·피해자 등에 대해서만 기재하고 그 수법에 대한 기재 등 중복되는 부분은 생략하는 것도 가능하다.

⑩ 피의자에게 허위진술의 징표가 나타난다든가 계속 부인하며 버티다가 가까스로 자백하기에 이른 경우 등 특수한 경우에는 피의자의 태도나 표정 등을 표현하여 기재할 필요가 있다.

　또한 증거물 증거서류 등을 피의자에게 제시한 때에는 그 취지를 기재한다. 신문 시 피의자가 작성한 메모류 도면 등은 가급적 조서 말미에 편철하는 것이 바람직하다.

⑪ 부인할 경우에는 '부인 → 반박자료제시 → 모순탄로'의 신문과정이 명확히 나타나도록 기재하고, 피의자에게 유리한 사실의 진술이나 증거제출의 기회를 주고 조서를 피의자에게 열람하게 하거나 읽어 주었으며 진술거부권을 고지한 사실들에 관한 기재를 누락하는 일이 없도록 한다.

⑫ 중대한 사건의 경우, 또는 피의자의 진술이 범죄사실 입증에 반드시 필요하고 사안의 중대성, 죄질 등을 고려해 볼 때 진술번복 가능성이 있거나 조서의 진정성립, 진술의 임의성, 특신상태 등을 다툴 것이 예상되는 경우에는 조서작성과 병행하여 영상녹화를 실시한다. 이것은 피의자의 인권침해를 방지하고 조사절차의 투명성 및

조사의 효율성을 확보하기 위한 것으로서 이 경우에 녹화된다는 사실이 피의자에게 심리적 부담을 주어 신문에 방해가 되지 않도록 기술적 배려를 하여야 함은 물론이다. 조서작성과 동시에 영상녹화를 하는 경우, 당해 조사의 시작부터 조서의 기명날인 또는 서명을 마치는 시점까지의 全 과정 및 객관적 정황을 영상녹화한다. 다만, 조사 도중에 영상녹화 필요성이 발생된 경우 그 시점에서 진행 중인 조사를 종료하고 그 다음 조사의 시작부터 마치는 시점까지의 전 과정 및 객관적 정황을 영상녹화할 수 있다.

⑬ 조서는 전후 모순 없이 임의성이 있도록 자연스럽게 작성해야 한다. 같은 조서의 전후내용에 모순이 있거나 1회 조서와 그 이후의 조서내용이 서로 모순될 경우에 법원에서는 "진술의 일관성이 없어서 진술전체를 믿기 어렵다."고 판시하는 예가 많다.

그러나 범행의 상세한 부분은 1회 조서와 그 이후의 조서에 서로 차이가 있을 수 있고 처음에는 부인하다가 심경에 변화가 있거나 사정변경으로 자백하는 수도 있으므로 반드시 진술이 일치할 수만은 없고 경우에 따라서는 진술내용이 변화하는 것이 오히려 자연스러운 때도 있을 수 있다. 다만 이와 같이 진술내용에 변화가 있을 때에는 왜 그와 같이 변화가 있게 되었는가를 묻고 그에 대한 납득할 수 있는 대답이 조서에 기재되어야만 한다.

⑭ 자정 이전에 피의자에 대한 조사를 마치도록 한다. 다만, 조사받는 사람이나 그 변호인이 동의한 때, 공소시효의 완성이 임박했을 때, 체포기간 내에 구속여부를 판단하기 위해 신속한 조사가 필요한 때 등 합리적인 이유가 있는 경우에는 인권보호관의 허가를 받아 자정 이후에도 조사할 수 있다.

## 4. 구체적 작성요령

### 가. 피의자에 관한 사항

1) 진술거부권과 변호인의 조력을 받을 권리 고지

피의자를 신문하기 전에 피의자에게 진술거부권과 변호인의 신문참여 등 변호인의 조력을 받을 권리를 고지하고 그 내용을 조서에 기재한다. 군사법경찰관은 진술거부권과 변호인의 조력을 받을 권리의 구체적 내용을 알려 준 때에는 피의자가 진술을 거부할 권리와 변호인의 조력을 받을 권리를 행사할 것인지의 여부를 질문하고, 이에 대한 피의자의 답변을 조서에 기재하여야 한다. 이 경우 피의자의 답변은 피의자로 하여금 자필로 기재하게 하거나 군사법경찰관이 피의자의 답변을 기재한 부분에 기명날인 또는 서명하게 하여야 한다(법 제236조의3 제2항).

「군사법원법」 제236조의3에 따른 진술거부권의 고지는 조사를 상당 시간 중단하거나 회차를 달리하거나 담당 군사법경찰관리가 교체된 경우에도 다시 하여야 한다.

> 1. 귀하는 일체의 진술을 하지 아니하거나 개개의 질문에 대하여 진술을 하지 아니할 수 있습니다.
> 2. 귀하가 진술을 하지 아니하더라도 불이익을 받지 아니합니다.
> 3. 귀하가 진술을 거부할 권리를 포기하고 행한 진술은 법정에서 유죄의증거로 사용될 수 있습니다.
> 4. 귀하가 신문을 받을 때에는 변호인을 참여하게 하는 등 변호인의조력을 받을 수 있습니다.
> 문 피의자는 위와 같은 권리들이 있음을 고지받았는가요.
> 답 예, 고지받았습니다.
> 문 피의자는 진술거부권을 행사할 것인가요.
> 답 사실대로 진술하겠습니다.
> 문 피의자는 변호인의 조력을 받을 권리를 행사할 것인가요.
> 답 변호인 없이 조사를 받겠습니다.
> 또는
> 답 예, 변호인 참여하에 조사를 받고자 ○○○ 변호사와 함께 출석하였습니다.

### 2) 성명

성명 외에 이명, 별명이 있는 경우에는 성명 다음에 괄호를 하고 이명, 별명을 적어 넣는다.

> ○ 성명 : 홍길동(이명 김동길, 별명 소말동)

3) 전과관계

① 형벌일 경우에는 선고일자, 선고법원, 죄명, 형명, 형기(또는 벌금액), 석방일자 및 석방교도소, 석방사유(형집행 종료, 형집행정지, 가석방, 특사 등), 벌금의 납입여부 등을 자세히 기재한다.

**문** 피의자는 형사처벌을 받은 사실이 있는가요.
**답** 예, 2024. 6. 20. 군사법원에서 특수절도죄로 징역 8월을 선고받아 국군교도소에서 복역하다가 2025. 2. 5. 집행을 마치고 출소하였습니다.

② 치료감호일 경우에는 처분일자, 처분법원, 죄명, 처분명 등을 기재한다.

**문** 피의자는 형사처벌을 받은 사실이 있나요.
**답** 2023. 9.경 군사법원에서 마약류관리에관한법률위반(향정)죄로 징역 2년을 선고받아 국군교도소로 옮겨져 복역하다가 2025. 6. 3. 형집행을 마치고 출소하였습니다.

③ 기소유예일 경우에는 처분일자, 처분청, 죄명 등을 기재한다.

**문** 피의자는 형사처벌을 받은 사실이 있나요.
**답** 2024. 7. 31. 군검찰에서 상해죄로 기소유예 처분을 받은 사실이 있습니다.

④ 기소된 상태일 경우는 기소일자, 법원명, 죄명 등을 기재한다.

**문** 피의자는 형사처벌을 받은 사실이 있나요.
**답** 2024. 12. 7. 군검찰에 강간죄로 구속된 후 같은 달 14. 기소되어 현재 군사법원에서 재판을 받고 있습니다.

4) 학력, 경력, 가족상황, 재산정도, 병역, 상훈관계 등

원칙적으로 하나하나 구체적으로 조사하여 기재한다.

> **문** 피의자의 학력, 경력, 가족상황, 재산 정도, 병역, 상훈관계 등은 이 사건으로 경찰에서 진술한 내용과 같은가요.
> 이때 군사법경찰관은 사법경찰관 작성 피의자신문조서 중 기록 ○쪽부터 ○쪽까지 기재된 해당 부분을 보여 주다.
> **답** 예, 모두 사실과 같습니다.

5) 구속(체포)영장 집행 관련

공범관계를 반드시 확인하고 피의자와 공범간의 관계도 밝혀야 한다.

> **문** 피의자에 대한 구속영장에 의하면, 피의자는 2024. 10. 22. 군사법원에서 변호사법위반 등 혐의로 구속영장이 발부되어 같은 날 위 영장이 집행되었는데 사실인가요.
> **답** 예, 맞습니다.
> **문** 구속 당시 군사법경찰관으로부터 범죄사실 요지와 체포의 이유, 변호인 선임권 및 진술거부권 등을 고지받았는가요.
> **답** 예, 모두 고지받았습니다.
> **문** 피의자의 구속이 가족이나 변호인 또는 피의자의 지정한 사람에게 통지되어 가족 등이 피의자의 구속사실을 알고 있는가요.
> **답** 예, 가족이 저의 구속사실을 알고 있습니다.

## 나. 구성요건사실에 관한 사항

1) 주체

> 이때 군사법경찰관은 기록 제○○쪽 이하에 편철된 사법경찰관 작성 피의자신문조서를 보여 주며
> **문** 이 조서가 경찰에서 피의자에 대한 변호사법위반 등 혐의를 조사하고 작성한 피의자신문조서가 맞는가요.

> **답** 예, 맞습니다.
> **문** 피의자는 경찰에서 조사를 받은 후 위 피의자신문조서에 피의자가 진술한 대로 기재되어 있는 것을 확인한 후 서명날인을 하였가요.
> **답** 예, 그렇습니다.
> **문** 피의자가 위와 같이 변호사법위반 등 혐의에 대하여 수사를 받는 과정이나, 유치장에 구금되어 있는 동안 부당한 인권침해나 가혹행위를 당한 사실이 있는가요.
> **답** 아니오, 그런 사실이 없었습니다.
> **문** 체포 및 구속 과정이나 조사 과정에 대하여 더 할 말이 있는가요.
> **답** 없습니다.

공범관계를 반드시 확인하고 피의자와 공범간의 관계도 밝혀야 한다.

군사법경찰관리는 공범자에 대한 조사를 할 때에는 분리조사를 통해 범행은폐 등 통모를 방지하여야 하며, 필요시에는 대질신문 등을 할 수 있다.

> **문** 피의자는 남의 물건을 훔친 사실이 있는가요.
> **답** 예, 그런 사실이 있습니다.
> **문** 누구와 함께 훔쳤는가요.
> **답** 친구 홍길동과 이름을 잘 모르는 홍길동의 친구 2명과 함께 저까지 모두 4명이 훔쳤습니다.
> **문** 홍길동과는 어떤 사이인가요.
> **답** 중·고등학교 동기생으로서 약 3개월 전부터 저와 함께 서울 서대문구 북아현동에 있는 사해 중국집에서 일하는 사람입니다.
> **문** 홍길동의 친구 2명의 인적사항을 아는가요.
> **답** 그 두 사람은 홍길동의 친구로 알고 있는데 그날 처음 본 사람들이라 이름조차 모릅니다.

2) 일시, 장소

일시, 장소에 따라 죄명과 적용법조가 달라지는 경우가 있고(예컨대 야간주거침입절도와 절도), 일시는 공소시효의 기산, 누범기간의 계산, 집행유예의 결격 여부 판단을 위하여도 특정시켜야 하며 장소는 수사기관의 관할과도 관계가 있다. 가령 "2026. 1. 중순 저녁에 동대문상가에서 훔쳤습니다."라고 기재하면 일몰 전인지 후인지, 어느 점포에서

인지, 점포 안에서인지 밖에서인지 알 수가 없다.

> **문** 언제, 어디에서 훔쳤나요.
> **답** 2026. 1. 16. 00:20 경 서울 종로구 창신동 동대문상가 에이(A)동에 있는 보성상회라는 신발가게 안에서 훔쳤습니다.

### 3) 객체

재산과 관계된 것일 때에는 종류, 수량, 가격을 물어 구체화하고 그 소유관계도 명백히 하여야 한다.

> **문** 피의자는 무엇을 훔쳤는가요.
> **답** 기차표 운동화 40켤레를 훔쳤는데, 잡히고 나서 들으니 그 물건은 가게인 박병정이라는 사람의 것이라고 합니다.
> **문** 이 운동화의 시가는 얼마나 되는가요.
> **답** 주인에 의하면 한 켤레에 50,000원씩 모두 2,000,000원 정도가 된다고 합니다.

### 4) 수단, 방법

범행을 준비한 과정에서부터 범행에 사용한 물건, 범행대상에 접근한 방법, 실행방법에 이르기까지 상세하게 신문하여 기재하여야 한다.

> **문** 어떤 방법으로 훔쳤는가요.
> **답** 그 전날 밤에 저의 집에서 홍길동이 놀러와 술을 마시며 이야기하던 중, 홍길동이 먼저 운동화를 좋은 값에 처분할 수 있는 친구 2명이 있는데 그들과 함께 동대문상가의 신발가게에 들어가서 운동화를 훔쳐 팔자는 말을 꺼내기에 제가 찬성을 하였습니다. 약속시간에 동대문상자로 위 홍길동과 같이 가 그의 친구 2명을 만난 다음 그 곳에서 가장 사람들 눈에도 잘 띄지 않고 문도허술하게 잠겨 있는 상회를 골라 홍길동과 그의 친구 2명은 가게 앞을 왔다 갔다 하며 땅을 보고, 저는 준비해 간 드라이버로 함석 출입문 아래쪽 고리에 잠겨 있는 자물쇠를 비틀어 떼어낸 후 출입문을 읽고 가게 안으로 들어가서 그곳 바닥

> 에 쌓여 있는 온동화 박스 1개를 들고 나와 밖에서 기다리던 3명과 함께 홍길동의 집까지 번갈아 가며 들고 왔습니다.

5) 결과

피해상황, 위험정도, 기타 범행으로 인하여 파급된 효과 등을 명확히 하여야 한다.

> **문** 피의자는 남을 때린 사실이 있는가요.
> **답** 박삼돌과 말다툼하다가 화가 나서 주먹으로 그의 얼굴을 한 번 세게 때렸습니다.
> **문** 박삼돌에게 어느 정도 상처를 입혔는가요.
> **답** 때리고 나서 코피를 흘리는 것을 보았는데, 나중에 들어보니 코뼈가 부러져 병원에서 3주짜리 진단서를 끊었다고 하였습니다.

6) 원인, 동기

이는 정상참작에 필요할 뿐 아니라 피의자의 진술에 대한 신빙성을 판단할 수 있는 자료가 된다.

> **문** 피의자는 왜 남의 물건을 훔쳤는가요.
> **답** 저의 처가 위암으로 석 달째 입원을 하고 있는데 치료비가 없어 고민하다가 이런 짓을 하게 되었습니다.

7) 범행후의 동향

범행으로 얻은 물건의 소비여부 또는 처분방법 등을 반드시 물어야 한다. 이는 그 진술에 따라 객관적인 보강증거를 수집함으로써 범행에 대한 확증을 얻어내기 위함이다.

(예 1)
**문** 피의자가 훔친 삼성 디지털 카메라 1대를 어떻게 하였는가요.
**답** 훔친 바로 다음 날 10시쯤 저의 집 근처 갑을 전당포에 20만 원을 받고 전당잡혔습니다. 전당표는 가지고 다니다가 이번에 압수되었습니다.

(예 2)
**문** 정갑동으로부터 받은 자기앞수표는 어떻게 하였나요.
**답** 1,000,000원짜리 자기앞수표 1장은 받은 다음 날 신한은행 광화문지점에서 제 명의의 저축예금통장에 입금하였고, 100,000원짜리 자기앞수표 5장은 받은 즉시 같은 과의 김을병 계장을 제 사무실로 오라고 하여 직접 주었습니다.

### 다. 범행후의 정황에 관한 사항

피해변상여부 등을 조사하여야 한다.

**문** 피해변상은 하였는가요.
**답** 저의 어머니가 치료비로 500,000원을 주고 합의하였습니다.

### 라. 소추요건 등에 관한 사항

재산범의 친족상도례, 친고죄의 고소·고발, 반의사불벌죄의 피해자의 처벌불원여부 등도 조사하여야 한다.

**문** 피해자 박병정과 친 - 인척관계가 있는가요.
**답** 피해자 박병정은 저의 외삼촌입니다.
또는
**답** 전혀 모르는 사람으로 아무런 관계도 없습니다.

### 마. 유리한 증거나 진술

피의자에게 유리한 내용도 충분히 조사하여 피의자가 수사기관에 의하여 불리한 처분을 받았다는 불만이 없도록 하여야 한다.

> **문** 피의자에게 유리한 말이나 증거로서 제출할 서류 또는 물건이 있는가요.
> **답** 피해자가 먼저 아무런 이유 없이 저에게 욕을 하고 시비를 걸어오기 때문에 같이 때리고 싸웠던 것입니다. 피해자와 싸울 때 근처 삼일복덕방 할아버지가 말렸는데 그분을 불러 당시의 경위를 물어보아 주었으면 좋겠습니다.

## 5. 특수한 경우의 작성요령

### 가. 부인할 경우

부인할 경우에는 부인하는 내용의 진술을 조서에 그대로 기재한 다음 모순점을 추궁하거나 증거를 제시하여서 피의자가 승복하여 자백하거나 횡설수설하는 내용을 생생하게 기재한다.

> **문** 피의자는 택시사업면허를 내주겠다는 명목으로 김갑돌로부터 돈을 받은 사실이 있는가요.
> **답** 평소에 잘 아는 김갑돌로부터 그런 부탁을 받은 사실이 있으나, 돈을 받은 사실은 없습니다.
> 이때 군사법경찰관은 압수된 증제○호 신한은행 서대문지점 발행 자기앞수표 300만 원권 1장을 피의자에게 제시하다.
> **문** 이 수표를 알겠는가요.
> **답** 처음 보는 것입니다.
> **문** 이 수표를 국민은행 충무로지점에서 피의자의 계좌에 입금한 사실이 있는가요.
> **답** 저는 그런 사실이 없습니다. 만약 입금이 되었다면 저와 동업관계에 있는 정을동이 사업상 판매대금을 입금시킨 것으로 생각됩니다.
> **문** 이 수표의 뒷면에는 피의자의 이름과 주민등록번호가 적혀 있는데도 부인하는가요.
> (이때 피의자는 수표 뒷면을 보고 고개를 떨구면서 대답이 없다.)
> **문** 이 수표 뒷면에 적힌 피의자의 이름과 주민등록번호는 피의자의 필적인가요.
> **답** 제 필적이 맞습니다. 사실은 제가 김갑돌로부터 이 수표를 받아 국민은행 충무로 지점에 가서 뒷면에 이름과 주민등록번호를 적고 제 계좌에 입금하였습니다.

### 나. 증거물, 현장도면 등을 게시할 경우

군사법경찰관리는 조사과정에서 피의자에게 증거를 제시할 필요가 있는 때에는 적절한 시기와 방법을 고려하여야 하며, 그 당시의 피의자의 진술이나 정황 등을 조서에 적어야 한다.

> **문** 피의자는 이 물건을 알겠는가요.
> 이때 군사법경찰관은 압수된 중제호 파란색 비닐 백에 들어 있는 필로폰 1킬로그램을 피의자에게 제시하다.
> **답** 예, 제가 살 사람을 물색하기 위해 가지고 다니다가 마약 수사관에게 적발되어 압수된 필로폰이 틀림없습니다.

### 다. 피해자 또는 참고인과 대질할 경우

군사법경찰관리는 대질신문을 하는 경우에는 사건의 특성 및 그 시기와 방법에 주의하여 한쪽이 다른 한쪽으로부터 위압을 받는 등 다른 피해가 발생하지 않도록 하여야 한다.

> **문** 피의자는 그날 밤에 김을동을 때린 사실이 있는가요.
> **답** 저는 김을동을 때리기는커녕 그날 밤에 그를 본 일조차 없습니다.
> 이때 군사법경찰관은 대기실에서 대기 중이던 김을동을 입실케 하다.
> **문** 피의자는 이 김을동을 정말 본 사실이 없는가요.
> **답** 기억이 없습니다. 이때 군사법경찰관은 김을동에게 문 이름이 무엇인가요.
> **답** 김을동입니다.
> **문** 여기에 있는 이 피의자를 알겠는가요.
> **답** 예, 12월 24일 밤에 맥주병으로 저를 때린 사람이 분명합니다. 문 피의자의 말에 의하면 진술인을 때리기는커녕 그날 밤에 본 사실조차 없다고 하는데 어떤가요.
> **답** 그날 밤 이 사람이 제 옆자리에서 술을 먹다가 이유 없이 저에게 시비를 걸며 맥주병으로 머리를 내리쳤는데 그 당시 술집 주인 김병정 씨도 목격하였습니다.
> 군사법경찰관은 다시 피의자에게

**문** 이 사람은 피의자로부터 맞은 것이 분명하다고 하는데 어떤가요.
**답** 제가 그날 밤 옆 사람과 시비를 하고 싸웠는데 이 사람인 줄 미처 몰랐습니다. 이 사람 말을 듣고 보니 제가 이 사람을 때린 것이 기억납니다.

### 라. 피의자가 유리한 변명자료를 제출하는 경우

**문** 그 밖에 유리한 진술이 있는가요.
**답** 제가 고소인에게 돈을 받을 것이 있다는 것을 증명하기 위해 공정증서 사본을 제출하겠으니 참고해 주시기 바랍니다.
이때 군사법경찰관은 피의자가 임의로 제출하는 공정증서 사본 1장을 교부받아 그 내용을 살펴본 다음 이 조서 뒤에 편철하다.
또는
이때 군사법경찰관은 피의자가 임의로 제출하는 공정증서 원본 1장을 교부받아 그 내용을 살펴 원본임을 확인한 후 이를 사본하여 이 조서 뒤에 편철하고, 원본을 반환하다.

### 마. 기타

피의자를 구속하는 경우에 변호인이 없는 경우에는 피의자가 지정한 일정한 자에게 구속사실을 통지하여야 하므로(법 제238조의2 제10항, 제127조 제1항), 이를 통지하여야 할 대상자가 누구인지 특정하여야 한다.

**문** 구속영장이 청구되거나 구속된다면 그 사실을 누구에게 통지하여야 하나요.
**답** 그 사실을 제 아버지에게 알려 주시기 바랍니다.

### 6. 조서의 정정

조서를 정정할 때에는 원칙적으로 작성자의 날인만으로 정정하지만 조서의 신빙성을 높이기 위하여 진술자의 날인 또는 무인을 받는다.

글자를 삭제할 때에는 삭제하는 줄의 난 밖에 "몇 자 삭제"라고 기재하고 삭제할 곳에 두 줄을 긋고 날인하되 삭제된 글자를 알아볼 수 있게 두어야 한다.

조서를 타자로 작성할 경우 오타나 정정할 글자를 지우개, 수정액으로 지우고 그 위에 새로 타자하는 것은 옳은 방법이 아니다.

글자를 추가할 때에는 난 밖에 "몇 자 추가"라고 기재하고 추가한 곳에 날인하며, 삭제와 추가를 동시에 하였을 때에는 "몇 자 삭제, 몇 자 추가"라고 기재한다.

조서의 끝에는 사선을 긋고 조서를 작성한 사람이 날인한다. 이때에도 진술자의 날인 또는 무인을 받는다.

## 7. 피의자 및 작성자의 서명·날인 등

조서는 피의자에게 열람하게 하거나 읽어 들려 주어야 하며, 진술한 대로 기재되지 아니하였거나 사실과 다른 부분의 유무를 물어 피의자가 증감 또는 변경의 청구 등 이의를 제기하거나 의견을 진술한 때에는 이를 조서에 추가로 기재하여야 한다. 이 경우 피의자가 이의를 제기하였던 부분은 읽을 수 있도록 남겨두어야 한다(법 제236조 제2항). 피의자신문조서의 정확성과 신뢰성을 높이기 위한 규정이다.

피의자의 이의제기나 의견진술의 경우에는 그 주장하는 내용을 그대로 조서에 기재해 주어야 하며, "말의 표현방법이 조금 다르지만 그 말이 그 말 아니냐."하는 식으로 묵살해서는 안 된다.

> **문** 조서에 진술한대로 기재되지 아니하였거나 사실과 다른 부분이 있는가요.
> **답** 여기 조서 셋째 페이지에 제가 먼저 영수증을 조작하자고 말한 것으로 기재되어 있는데 지금 생각해 보니 정을 강이 그 말을 꺼내었던 것이 분명합니다.
> 또는
> **답** 제가 먼저 영수증을 조작한 것처럼 기재가 되어 있는데 이것은 사실과 다릅니다. 분명히 정을 같이 그 말을 꺼낸 것으로 진술하였으니 그렇게 고쳐 주십시오.

피의자가 조서에 대하여 이의나 의견이 없음을 진술한 때에는 피의자로 하여금 그 취지를 자필로 기재하게 하고 조서에 간인한 후 기명날인 또는 서명하게 한다(같은 법 제236조 제3항).

> **문** 조서에 진술한대로 기재되지 아니하였거나 사실과 다른 부분이 있는가요.
> **답** 없습니다.

피의자가 인장을 가지고 있지 않은 경우에는 무인으로 간인 및 날인하게 하여도 무방하나 간인이나 서명 기명날인을 거부하는 때에는 그 취지를 조서에 기재한다.

> - 피의자는 글씨를 쓰지 못한다고 하므로 신문에 참여한 검찰주사가 대신 이름을 적다.
> - 피의자는 이 조서의 기재내용은 자신이 진술한 대로이나 서명날인을 하게 되면 범행이 인정될 가능성이 많다는 이유로 서명날인을 거부함.

판례는 피의자의 서명 또는 기명날인이 누락된 피의자신문조서의 증거능력을 부인하고 있다(대법원 1993. 5. 14. 선고 93도486판결).

한편 변호인이 피의자신문에 참여하여 의견을 진술한 경우에 변호인의 의견이 기재된 피의자신문조서는 변호인에게 열람하게 한 후 변호인으로 하여금 그 조서에 기명날인 또는 서명하게 하여야 하고, 변호인의 신문참여 및 그 제한에 관한 사항을 피의자신문조서에 적어야 한다(같은 법 제235조의2 제4항, 제5항).

군사법경찰관 및 피의자신문조서 작성에 참여한 군사법경찰리 등도 조서말미에 기명날인 또는 서명하여야 한다(같은 법 제91조 제1항). 판례는 피의자신문조서에 검사의 서명날인이 되어 있지 아니한 경우 증거능력을 부인하고 있다(대법원 2001. 9. 28. 선고 2001도4091판결).

## 8. 수사과정의 기록

 군사법경찰관은 피의자가 조사장소에 도착한 시각, 조사를 시작하고 마친 시각, 그 밖에 조사과정의 진행경과를 확인하기 위하여 필요한 사항을 피의자신문조서에 기록하거나 별도의 서면에 기록한 후 수사기록에 편철하여야 한다(법 제236조의4 제1항).

 군검사 또는 군사법경찰관은 법 제236조의4에 따른 신문, 면담 등 명칭에 상관없이 조사 과정의 진행경과를 조서를 작성하는 경우 조서에 조사 대상자가 조사장소에 도착한 시각, 조사의 시작 및 종료 시각, 조사 대상자가 조사장소에 도착한 시각과 조사를 시작한 시각에 상당한 시간적 차이가 있는 경우에는 그 이유, 조사가 중단되었다가 재개된 경우에는 그 이유와 중단 시각 및 재개 시각을 구체적으로 기록(별도의 서면에 기록한 후 조서의 끝부분에 편철하는 것을 포함한다)하고, 조서를 작성하지 않는 경우 조사 대상자가 조사장소에 도착한 시각, 조사 대상자가 조사장소를 떠난 시각, 조서를 작성하지 않는 이유, 조사 외에 실시한 활동, 마. 변호인 참여 여부를 구체적으로 기록한 후 수사기록에 편철 해야 한다(준칙 제20조).

 군사법경찰관리는 수사준칙 제20조에 따라 조사 과정의 진행경과를 별도의 서면에 기록하는 경우에는 별지 제24호 서식 또는 별지 제25호 서식 수사 과정 확인서에 따른다(부령 제33조).

 또한, 군사법경찰관리는 조사과정에서 수갑·포승 등을 사용한 경우, 그 사유와 사용 시간을 기록하여야 한다.

 수사과정 기록제도는 신문과정에서의 피의자의 행적을 자세히 기록하게 함으로써 수사과정을 투명하게 하여 수사절차의 적법성과 진술의 임의성을 보장하기 위한 것이다. 기록 내용을 피의자에게 열람하게 하거나 읽어 들려주어야 하고 피의자에게 증감 변경 청구권 등이 인정되는 점은 피의자신문조서의 경우와 같다(법 제236조의4 제2항).

### 수사 과정 확인서

| 구분 | 내용 |
|---|---|
| 1. 조사 장소 도착 시각 | 2026. 4. 7. 11:35 |
| 2. 조사 시작 시각 및 종료 시각 | □ 시작 시각 : 2026. 4. 7. 12:00<br>□ 종료 시각 : 2026. 4. 7. 16:00 |
| 3. 조서 열람 시작 시각 및 종료 시각 | □ 시작 시각 : 2026. 4. 7. 16:00<br>□ 종료 시각 : 2025. 4. 7. 17:00 |
| 4. 조사 대상자가 조사장소에 도착한 시각과 조사를 시작한 시각에 상당한 시간적 차이가 있는 경우에는 그 이유 | 조사자와 면담 |
| 5. 조사가 중단되었다가 재개된 경우에는 그 이유와 중단 시각 및 재개 시각 | 식사 및 휴식 : 12:00~13:00 |
| 6. 조사과정 기재사항에 대한 이의제기나 의견진술 여부 및 그 내용 | |

2026. 4. 7.

군사법경찰관 김수사는 홍길동을 조사한 후, 위와 같은 사항에 대해 홍길동으로부터 확인받음.

확인자 :　　　　(인)
군사법경찰관 :　　　　(인)

## 9. 수사자료표 작성

### 가. 의의

수사자료표라 함은 수사기관이 피의자의 지문을 채취하고 피의자의 인적사항과 죄명 등 수사경력 또는 범죄경력에 관한 사항을 기재한 표(전산입력되어 관리되거나 자기테이프, 마이크로필름 그 밖에 이와 유사한 매체에 기록 저장된 표를 포함한다)로서 경찰청에서 관리하는 것을 말한다(형의 실효 등에 관한 법률 제2조 제4호, 같은 법 시행령 제2조 제1항), 수사자료표의 작성을 통하여 피의자의 정확한 인적사항을 특정하고 성명모용을 방지함으로써 상습범이나 누범 등에 대한 판단자료가 되는 전과기록의 정확성을 기할 수 있다.

사법경찰관은 피의자에 대한 수사자료표를 작성하여 경찰청에 송부하여야 한다. (같은 법 제5조 제1항), 수사자료표를 작성할 사법경찰관은 형사소송법 제196조 제1항의 사법경찰관, 군사법원법 제43조의 군사법경찰관 및 다른 법률의 규정에 의하여 사법경찰관의 직무를 행하는 자로 한다(같은 법 제5조 제2항, 같은 법 시행령 제6조).

### 나. 작성대상

원칙적으로 모든 피의자에 대하여 작성한다. 다만, 즉결심판 대상자, 고소·고발사건 중 혐의없음·공소권없음·죄가안됨·각하·참고인중지 사유에 해당하는 사건의 피의자는 제외된다(형의 실효 등에 관한 법률 제5조 제1항, 지문을 채취할 형사피의자의 범위에 관한 규칙 제2조 제3항).

전자수사자료표시스템을 이용하여 전자문서로 작성한다. 다만, 입원, 교도소 수감 등 그 밖에 불가피한 사유로 피의자가 수사부대(서)에 출석하여 조사받을 수 없는 경우에는 종이 수사자료표를 작성하여 입력한다.

한편 군사법경찰관이 수리한 고소·고발 사건을 수사한 결과 혐의가 인정된다고 판단하여 수사자료표를 작성하고 기소의견으로 송치한 사건에 관하여 군검사가 혐의없음, 공소권 없음, 죄가안됨 결정을 한 경우에는 즉시 삭제하여야 한다.

군검사는 고소·고발 사건 중 군사법경찰관으로부터 지문을 채취하지 아니하고 혐의없음, 공소권없음, 죄가안됨, 각하 의견·참고인중지 또는 기소중지 의견으로 송치받은 사건이나, 불기소처분하였다가 재기수사·공소제기·주문변경 명령된 사건 등에 있어서 공소를 제기하는 경우에는 지문을 채취하여 지문대조조회를 하여야 한다.

군사법경찰관은 위 검찰사건사무규칙을 실무에서 준용하고 있는데 이 분야에 대한 규정 제정이 필요하다.

### 다. 작성요령

수사자료표 서식의 각 해당란에 피의자의 인적사항(성명, 주민등록번호, 등록기준지, 주소, 직업) 및 죄명, 입건관서, 입건일자, 처분 선고결과 등 수사경력 또는 범죄경력에 관한 사항을 기재한다(형의 실효 등에 관한 법률 시행령 제2조 제1항).

수사자료표를 작성함에 있어 일정한 형사피의자에 대하여는 서식 우측 상단에 우수무지문(右手 拇指紋)을 채취하여야 하고, 지문을 채취할 피의자의 범위 기타 필요한 사항은 위 지문을 채취할 형사피의자의 범위에 관한 규칙」에서 정하고 있다.

현재 실무에서는 전자수사자료표시스템을 이용하여 관련 DB 자료 및 라이브스캐너(생체지문인식기)로 신원을 확인하고 필요사항을 전산입력하는 등 수사자료표를 전자문서로 작성하는 것이 원칙이다. 다만, 입원, 교도소 수감, 해상, 원격지 소재 등 불가피한 사유로 피의자가 경찰서에 출석하여 조사받을 수 없는 경우에는 종래의 수사자료표 서식을 이용하여 작성하기도 한다.

피의자에 대하여 지문을 채취하지 않는 경우에는 수사자료표를 빠짐없이 작성하되 당해 피의자의 주민등록중의 지문을 복사하여 첨부한다.

피의자의 신원이 확인된 경우에는 간단한 형식의 수사자료표를 작성하면 되나 주민등록증 미발급자나 외국인, 주민조회시 지문가치번호가 없거나 손상 절단 등으로 지문가치번호를 정정할 필요가 있는 경우에는 십지지문을 채취할 수 있도록 되어있는 형식의 수사자료표를 작성하여야 한다.

체포·구속에 이르지 않은 피의자 등이 지문 날인을 거부하는 경우에는 검증영장을 발부받아 강제로 지문을 채취하고 있다.

### 라. 처리

수사자료표를 작성한 군사법경찰관은 이를 경찰청에 송부하고, 경찰청에서는 이를 전산입력하여 관리하고 있다(형의 실효 등에 관한 법률 제5조 제1항, 제5조의2). 전자수사자료표시스템 하에서는 실시간으로 경찰청에 전송하여 관리된다.

## V. 피의자 진술의 영상녹화

### 1. 의의

피의자의 진술은 영상녹화할 수 있다(법 제236조의2 제1항), 검사 또는 사법경찰관이 피의자의 진술을 녹화한 영상녹화물은 피의자의 진술내용을 사실대로 녹화하여 재생시킬 수 있는 과학적 증거방법이다. 수사과정의 영상녹화 제도의 도입으로 수사절차의 적법성과 투명성을 보장하고 인권침해 방지효과를 기대할 수 있다.

## 2. 영상녹화 사실의 고지

피의자의 진술을 영상녹화하는 경우에는 피의자에게 미리 영상녹화사실을 알려 주어야 하며, 조사의 개시부터 종료까지의 전 과정 및 객관적 정황을 영상녹화하여야 한다(법 제236조의2 제1항 후문). 피의자에게 미리 영상녹화 사실을 알려 주면 족하고 피의자나 변호인의 동의를 받을 필요는 없다. 이러한 고지의무는 피의자의 진술 내용을 담기 위하여 영상녹화를 하는 경우에 적용되는 것이므로 수사기관이 그 외의 목적으로 영상녹화를 하는 경우에는 적용되지 않는다.

## 3. 영상녹화 방법

군사법경찰관리는 법 제236조의2 제1항 또는 제260조 제1항에 따라 피의자 또는 피의자가 아닌 사람을 영상녹화하는 경우에는 그 조사의 시작부터 조서에 기명날인 또는 서명을 마치는 시점까지의 모든 과정을 영상녹화해야 한다. 다만, 조사 도중 영상녹화의 필요성이 발생한 때에는 그 시점에서 진행 중인 조사를 중단하고, 중단한 조사를 다시 시작하는 때부터 조서에 기명날인 또는 서명을 마치는 시점까지의 모든 과정을 영상녹화해야 한다(부령 제36조 제1항). 군사법경찰관리는 제1항에도 불구하고 조사를 마친 후 조서 정리에 오랜 시간이 필요한 경우에는 조서 정리과정을 영상녹화하지 않고, 조서 열람 시부터 영상녹화를 다시 시작할 수 있다(부령 제36조 제2항). 제1항 및 제2항에 따른 영상녹화는 조사실 전체를 확인할 수 있고 조사받는 사람의 얼굴과 음성을 식별할 수 있도록 해야 한다(부령 제36조 제3항). 군사법경찰관리는 피의자에 대한 조사 과정을 영상녹화하는 경우 다음 각 호1. 조사자 및 법 제235조에 따른 참여자의 성명과 직책, 2. 영상녹화 사실 및 장소, 시작 및 종료 시각, 3. 법 제236조의3에 따른 진술거부권 등, 4. 조사를 중단·재개하는 경우 중단 이유와 중단 시각, 중단 후 재개하는 시각을 고지해야 한다(부령 제36조 제4항).

## 4. 봉인

영상녹화가 완료된 때에는 피의자 또는 변호인 앞에서 지체 없이 그 원본을 봉인하고 피의자로 하여금 기명날인 또는 서명하게 하여야 한다(법 제236조의2 제2항).

## 5. 영상녹화물의 제작 및 보관

군사법경찰관리는 조사 시 영상녹화를 한 경우에는 영상녹화용 컴퓨터에 저장된 영상녹화 파일을 이용하여 영상녹화물(CD, DVD 등을 말한다. 이하 같다)을 제작한 후, 피조사자 또는 변호인 앞에서 지체 없이 제작된 영상녹화물을 봉인하고 피조사자로 하여금 기명날인 또는 서명하게 해야 한다(부령 제37조 제1항). 군사법경찰관리는 제1항에 따라 영상녹화물을 제작한 후 영상녹화용 컴퓨터에 저장되어 있는 영상녹화 파일을 데이터베이스 서버에 전송하여 보관할 수 있다(부령 제37조 제2항). 군사법경찰관리는 손상 또는 분실 등으로 제1항의 영상녹화물을 사용할 수 없는 경우에는 데이터베이스 서버에 보관되어 있는 영상녹화 파일을 이용하여 다시 영상녹화물을 제작할 수 있다(부령 제37조 제3항).

군사법경찰관리는 영상녹화물을 제작할 때에는 영상녹화물 표면에 사건번호, 죄명, 진술자 성명 등 사건정보를 기재하여야 한다. 군사법경찰관리는 제1항에 따라 제작한 영상녹화물 중 하나는 수사기록에 편철하고 나머지 하나는 보관한다. 군사법경찰관리는 피조사자의 기명날인 또는 서명을 받을 수 없는 경우에는 기명날인 또는 서명란에 그 취지를 기재하고 직접 기명날인 또는 서명한다 군사법경찰관리는 영상녹화물을 생성한 후 영상녹화물 관리대장에 등록하여야 한다.

## 6. 봉인 전 재생·시청

군사법경찰관리는 원본을 봉인하기 전에 진술자 또는 변호인이 녹화물의 시청을 요구하는 때에는 영상녹화물을 재생하여 시청하게 하여야 한다. 이 경우 진술자 또는 변호인이 녹화된 내용에 대하여 이의를 진술하는 때에는 그 취지를 기재한 서면을 사건기록에 편철하여야 한다.

이 경우 피의자 또는 변호인의 요구가 있는 때에는 영상녹화물을 재생하여 시청하게 하여야 한다. 이 경우 그 내용에 대하여 이의를 진술하는 때에는 그 취지를 기재한 서면을 첨부하여야 한다(법 제236조의2 제3항). 녹화와 편집과정에서의 조작의 위험을 방지하고 절차의 투명성과 영상녹화물의 신뢰성을 보장하기 위한 것이다.

## 7. 증거능력

 군사법원법은 영상녹화물을 군사법경찰관작성의 참고인 진술조서의 진정성립을 인정하는 방법으로 인정한다(같은 법 제365조 제4항). 또한 피고인 또는 피고인이 아닌 사람의 진술을 내용으로 하는 영상녹화물은 공판준비기일 또는 공판기일에 피고인 또는 피고인이 아닌 사람이 진술할 때 기억이 명백하지 아니한 사항에 관하여 기억을 환기시켜야 할 필요가 있다고 인정될 때에만 피고인 또는 피고인이 아닌 사람에게 재생하여 시청하게 할 수 있다(법 제372조 제2항). 이는 영상녹화물을 독립된 증거인 본증으로 사용하는 경우에는 수사과정에서 작성된 영상녹화물의 상영에 의하여 법관의 심중이 좌우되는 결과를 초래할 수 있다는 점을 고려한 것이다.

## VI. 신문시간의 제한

### 1. 심야조사 제한

 군검사 또는 군사법경찰관은 조사, 신문, 면담 등 그 명칭에 상관없이 피의자나 사건관계인을 오후 9시부터 오전 6시까지 사이에 조사(이하 이 조에서 "심야조사"라 한다)해서는 안 된다. 다만, 이미 작성된 조서의 열람을 위한 절차는 자정 이전까지 진행할 수 있다(준칙 제15조 제1항).

 제1항에도 불구하고 군검사 또는 군사법경찰관은 다음 각 호의 경우에는 심야조사를 할 수 있다. 이 경우 심야조사의 사유를 조서에 명확하게 적어야 한다(준칙 제15조 제2항).

1. 피의자를 체포한 후 48시간 이내에 구속영장 청구 또는 신청 여부를 판단하기 위해 불가피한 경우
2. 공소시효가 임박한 경우
3. 피의자나 사건관계인이 출국, 입원, 원거리 거주, 임무수행, 직업상 사유 등 재출석이 곤란한 구체적 사유를 들어 심야조사를 요청한 경우(변호인이 심야조사에 동의하지 않는다는 의사를 명시한 경우는 제외한다)로서 해당 요청에 상당한 이유가 있다고 인정되는 경우

## 2. 장시간 조사 제한

군검사 또는 군사법경찰관은 조사, 신문, 면담 등 그 명칭에 상관없이 피의자나 사건관계인을 조사하는 경우에는 대기시간, 휴식시간, 식사시간 등 모든 시간을 합산한 조사시간(이하 이 조에서 "총조사시간"이라 한다)이 12시간을 넘지 않도록 해야 한다. 다만, 다음 각 호의 경우는 예외로 한다(준칙 제16조 제1항).

1. 피의자나 사건관계인이 서면으로 요청하여 조서를 열람하는 경우
2. 제15조제2항 각 호의 경우

② 군검사 또는 군사법경찰관은 특별한 사정이 없으면 총조사시간 중 식사시간, 휴식시간 및 조서의 열람시간을 제외한 실제 조사시간이 8시간을 넘지 않도록 해야 한다(준칙 제16조 제2항).

③ 군검사 또는 군사법경찰관은 피의자나 사건관계인에 대한 조사를 마친 때부터 8시간이 지나기 전에는 다시 조사할 수 없다. 다만, 제1항 제2호의 경우는 예외로 한다(준칙 제16조 제3항).

군사법경찰관리는 피의자나 사건관계인으로부터 수사준칙 제16조 제1항 제1호에 따라 조서 열람을 위한 조사 연장을 요청받은 경우에는 별지 제17호 서식의 조사연장 요청서를 제출받아야 한다(부령 제34조).

## 3. 휴식시간 부여

군사법경찰관은 조사에 상당한 시간이 걸리는 경우에는 특별한 사정이 없으면 피의자나 사건관계인에게 조사 도중 최소 2시간마다 10분 이상 휴식시간을 주어야 한다(준칙 제17조 제1항).

군사법경찰관은 조사 도중 피의자, 사건관계인이나 그 변호인이 휴식을 요청하는 경우 그때까지 조사하는 데 걸린 시간, 피의자 또는 사건관계인의 건강상태 등을 고려하여 적정하다고 판단될 경우 휴식시간을 주어야 한다(준칙 제17조 제2항).

군사법경찰관은 조사 중인 피의자 또는 사건관계인의 건강상태에 이상 징후가 발견되면 의사의 진료를 받게 하거나 휴식하게 하는 등 필요한 조치를 해야 한다(준칙 제17조 제3항).

# [4] 참고인조사

## I. 의의

군사법경찰관은 수사에 필요한 때에는 피의자 아닌 자의 출석을 요구하여 진술을 들을 수 있다(법 제260조).

수사주체는 범죄사실을 직접 경험한 것이 아니므로 객관적 진실의 발견을 위해서는 범죄사실이나 관련된 사실을 직접 경험한 사람의 진술을 듣는 것이 필요하다. 이와 같은 진술을 할 수 있는 자 중 피의자를 제외한 나머지가 참고인이다.

피의자는 형사책임을 부담할 위험을 모면하기 위하여 허위의 진술을 할 가능성이 크므로 객관적 진실의 발견을 위하여 참고인의 진술이 기여하는 바가 매우 크다.

물론 물적 증거에 의하여 객관적 진실이 모두 규명되는 경우도 있지만 물적 증거가 있는 경우에도 이를 보완할 참고인의 진술이 필요하고 물적 증거가 있을 수 없는 범죄의 경우에는 피해자 등 참고인의 진술이 반드시 필요하다.

또한 참고인의 진술을 포함한 다른 증거에 의하여 객관적 진실이 규명될 가능성이 높은 경우에 피의자로서는 범행을 부인하면 양형상 불이익만 받을 우려가 있어 피의자가 범행을 자백하게 되는 경우도 많다.

## II. 조사 전 절차

### 1. 출석요구

특별한 사정이 없는 한 참고인을 수사관서에 출석시켜 조사한다. 출석시키는 방법은 피의자의 경우와 같이 원칙적으로 「참고인출석요구서」에 의하고 필요한 경우에는 전화 모사전송·인편 기타 상당한 방법으로 할 수 있다(준칙 제13조 제4항).

군사법경찰관리는 피의자신문 이외의 경우 피조사자가 수사부대(서)의 장로부터 멀리 떨어져 거주하거나 그 밖의 사유로 출석 조사가 곤란한 경우에는 우편조서를 작성하여 우편, 팩스, 전자우편 등의 방법으로 조사할 수 있다.

참고인은 수사관서로부터 출석요구를 받더라도 반드시 출석할 의무가 있는 것은 아니다. 그러나 범죄의 수사에 없어서는 아니 될 사실을 안다고 명백히 인정되는 자가 출석이나 진술을 거부한 경우에는 검사는 제1회 공판기일 전에 한하여 판사에게 그에 대한 증인신문을 청구할 수 있다(법 제261조 제1항).

수사에 협조를 구하기 위해 소환하는 전문지식 및 특수경험 보유자로서 사건의 직접 당사자가 아닌 의사나 감정인 등 전문직 종사자, 통역인, 대학교수, 사회 저명인사 등 일반사건관계인과 달리 예우해야 할 필요가 있다고 인정되는 참고인을 소환할 때에는 참고인 출석요구서에 의하지 아니하고 수사협조요청서에 의하되 출석의 필요성 협조할 사항·조사소요예정시간 지참할 물건 또는 자료 등을 상세히 기재하며 일방적 소환을 지양하고 출석요망기간 중에서 편리한 일시를 참고인 스스로 결정하도록 하는 것이 바람직하다.

참고인의 출석을 요구하는 경우 불필요하게 여러 차례 출석하지 않도록 사전에 준비하고, 출석일시나 조사시간 등을 정할 때 생업 등에 지장이 없도록 배려하며, 장시간 대기하지 않도록 시차를 두어 출석을 요구하고, 조사가 늦어지거나 조사를 하지 못한 경우 이를 설명하여 이해를 구하여야 한다. 참고인이 원거리에 거주하는 경우에는 우편진술서나 공조수사를 적극 활용하고, 참고인에 대하여 정황이나 정상을 간단히 조사할 필요가 있는 경우에는 전자우편(e-mail)이나 전화청취서 등의 활용을 우선적으로 고려하여야 한다.

## 2. 조사 전 의견청취

군사법경찰리는 참고인을 조사하기에 앞서 참고인에게 조사의 경위 및 이유를 설명하고 유리한 자료를 제출할 기회를 주거나 참고인으로부터 피의사실에 대한 의견 및 조사요구 사항 등 조사에 참고할 사항을 들을 수 있다.

## 3. 참여 및 진술거부권 등 고지 불요

참고인조사는 피의자신문과 달리 군사법경찰관리의 참여 없이 할 수 있다. 수사기관에 의한 진술거부권 고지 대상이 되는 피의자 지위는 수사기관이 조사대상자에 대한 범죄혐의를 인정하여 수사를 개시하는 행위를 한 때 인정되는 것으로 보아야 한다. 이러한 피의자 지위에 있지 아니한 참고인에 대하여는 진술거부권과 변호인의 조력을 받을 권리를 고지할 필요가 없다. 그러나 범죄혐의가 일응 인정되는 것으로 판단되는 조사대상자에 대해서는 비록 진술조서 형식으로 조사하더라도 진술거부권과 변호인의 조력을 받을 권리를 고지하여야 한다.

### 4. 신뢰관계에 있는 사람의 동석

군사법경찰관은 범죄로 인한 피해자를 조사하는 경우 그 연령, 심신의 상태, 그 밖의 사정을 고려하여 현저하게 불안 또는 긴장을 느낄 우려가 있다고 인정하는 때에는 직권 또는 피해자 법정대리인의 신청에 따라 피해자와 신뢰관계에 있는 자를 동석하게 할 수 있다(법 제260조 제3항, 제204조의2 제1항).

나아가 범죄로 인한 피해자가 13세 미만이거나 신체적 또는 정신적 장애로 사물을 변별하거나 의사를 결정할 능력이 미약한 경우에 수사에 지장을 초래할 우려가 있는 등 부득이한 경우가 아닌 한 피해자와 신뢰관계에 있는 자를 동석하게 하여야 한다(법 제260조 제3항, 제204조의2 제2항).

현저하게 불안 또는 긴장을 느낄 수 있는 피해자나 13세 미만자 및 장애자 등의 심리적 안정과 원활한 진술 도모를 위한 규정이다. 군사법원법은 이들을 증인으로 신문하는 경우에 관하여 신뢰관계에 있는 자의 동석을 규정하고 이들을 수사과정에서 참고인으로 조사하는 경우에 준용하고 있다. 여기서 신뢰관계에 있는 자의 범위는 피의자신문 시 신뢰관계에 있는 자의 동석의 경우와 동일하다.

동석한 자는 수사기관이나 참고인의 진술을 방해하거나 그 진술의 내용에 부당한 영향을 미칠 수 있는 행위를 하여서는 아니 된다(법 제260조 제3항, 제204조의2 제3항).

신뢰관계자가 수사기밀 누설이나 신문 방해 등을 통하여 수사에 부당한 지장을 초래할 우려가 있다고 인정할 만한 상당한 이유가 있는 경우에 동석을 거부하거나 동석을 중지시킬 수 있는 점은 위에서 살펴본 피의자신문의 경우와 같다(부령 제35조 제4항, 제5항).

## III. 범죄피해자 보호

### 1. 피해자 보호의 원칙

① 군검사 또는 군사법경찰관은 피해자의 명예와 사생활의 평온을 보호하기 위해 「범죄피해자 보호법」 등 피해자 보호 관련 법령의 규정을 준수해야 한다(준칙 제10조 제1항).

② 군사법경찰관리는 피해자[타인의 범죄행위로 피해를 당한 사람과 그 배우자(사실상의 혼인관계를 포함한다), 직계친족 및 형제자매를 말한다. 이하 이 장에서 같다]의 심정을 이해하고 그 인격을 존중하며 피해자가 범죄피해 상황에서 조속히 회복하여 인간의 존엄성을 보장받을 수 있도록 노력해야 한다.

③ 군사법경찰관리는 피해자의 명예와 사생활의 평온을 보호하고 해당 사건과 관련하여 각종 법적 절차에 참여할 권리를 보장해야 한다(부령 제9조).

### 2. 군인 등 사이에 발생한 범죄의 피해군인 등에 대한 변호사 선임의 특례

군사법경찰관은 「군형법」 제1조 제1항부터 제3항까지에서 규정된 사람 사이에 발생한 범죄의 피해자(이하 "군 범죄피해자"라 한다)를 조사하는 경우에는 해당 군 범죄피해자에게 「군사법원법」 제260조의2에 따라 변호사를 선임하여 조사에 참여하게 할 수 있음을 고지하여야 한다.

군사법경찰관은 군 범죄피해자에게 변호사가 없는 경우 「군사법원법」 제260조의2 제6항에 따라 국선변호사 선정을 신청할 수 있음을 고지하여야 한다.

군사법경찰관은 제2항에 따라 군 범죄피해자가 국선변호사의 선정을 신청하는 경우에는 조사를 중지하고 관할 군검사에게 국선변호사의 선정을 요청하여야 한다.

### 3. 신변보호

군검사 또는 군사법경찰관은 피의자의 범죄 수법, 범행 동기, 피해자와의 관계, 언동, 그 밖의 상황으로 보아 피해자가 피의자 또는 그 밖의 사람으로부터 생명·신체에 위해를 입거나 입을 염려가 있다고 인정하는 경우에는 직권이나 피해자의 신청에 따라 신변보호에 필요한 조치를 마련해야 한다(준칙 제10조 제2항).

### 4. 피해자 인적사항의 기재 생략

군사법경찰관리는 조서나 그 밖의 서류(이하 "조서등"이라 한다)를 작성할 때 피해자가 보복을 당할 우려가 있는 경우에는 진술조서(가명)에 그 취지를 조서등에 기재하고 피해자의 성명·연령·주소·직업 등 신원을 알 수 있는 사항(이하 "인적사항"이라 한다)을 기재하지 않을 수 있다. 이때 피해자로 하여금 조서등에 서명은 가명으로, 간인 및 날인은 무인으로 하게 하여야 한다. 군사법경찰관리는 범죄신고자등 인적사항 미기재사유 보고서를 작성하여 군검사에게 통보하고, 조서등에 기재하지 아니한 인적 사항을 신원관리카드에 등재하여야 한다. 피해자는 진술서 등을 작성할 때 군사법경찰관리의 승인을 받아 인적사항의 전부 또는 일부를 기재하지 아니할 수 있다. 이 경우 제1항 및 제2항을 준용한다. 「특정범죄신고자 등 보호법」 등 법률에서 인적사항을 기재하지 아니할 수 있도록 규정한 경우에는 피해자나 그 법정대리인은 군사법경찰관리에게 제1항에 따른 조치를 하도록 신청할 수 있다. 이 경우 군사법경찰관리는 특별한 사유가 없으면 그 조치를 하여야 한다. 군사법경찰관리는 제4항에 따른 피해자 등의 신청에도 불구하고 이를 불허한 경우에는 가명조서 등 불작성사유 확인서를 작성하여 기록에 편철하여야 한다.

### 5. 피해자의 비밀누설금지

군사법경찰관리는 성명, 연령, 주거지, 직업, 용모 등 피해자임을 미루어 알 수 있는 사실을 제3자에게 제공하거나 누설하여서는 아니 된다. 다만, 피해자가 동의한 경우에는 그러하지 아니하다.

### 6. 피해자 동행 시 유의사항

군사법경찰관리는 피해자를 수사부대(서)의 장 등으로 동행할 때 가해자 또는 피의자 등과 분리하여 동행하여야 한다. 다만, 위해나 보복의 우려가 없을 것으로 판단되는 등 특별한 사정이 있는 경우에는 그러하지 아니하다

### 7. 피해자 조사 시 주의사항

군사법경찰관리는 피해자를 조사할 때에는 피해자의 상황을 고려하여 조사에 적합한

장소를 이용할 수 있다. 이 경우 조사 후 지체 없이 소속 수사부대(서)의 장에게 보고하여야 한다. 군사법경찰관리는 살인·강도·강간 등 강력범죄 피해자가 신원 노출에 대한 우려 등의 사유로 수사부대(서)의 장에 출석하여 조사받는 것이 어려운 경우에는 특별한 사정이 없는 한 피해자를 방문하여 조사하는 등 필요한 지원을 하여야 한다. 군사법경찰관리는 강력범죄 피해자 등 정신적 충격이 심각할 것으로 추정되는 피해자에 대해서는 피해자의 심리상태를 확인한 후 경찰 피해자심리전문요원이나 외부 전문기관의 심리상담을 받도록 하여야 한다.

### 8. 2차 피해 방지

군사법경찰관리는 2차 피해 방지를 위하여 1. 다른 수사부대(서)의 장 관할이거나 피의자 특정 곤란, 증거 부족 등의 사유로 사건을 반려하는 행위, 2. 피해자를 비난하거나 합리적인 이유 없이 피해 사실을 축소 또는 부정하는 행위, 3. 가해자에 동조하거나 피해자에게 가해자와 합의할 것을 종용하는 행위, 4. 가해자와 피해자를 분리하지 않아 서로 대면하게 하는 행위(다만, 대질조사를 하는 경우는 제외한다), 5. 그 밖의 위 각 호의 행위에 준하는 행위가 발생하지 않도록 유의하여야 한다.

## Ⅳ. 조사

### 1. 조사사항

참고인조사에 있어서는 ① 피의자 및 피해자와의 관계, ② 범죄사실과 관련되어 경험하였거나 알고 있는 내용, ③ 경험하였거나 알게 된 경위, ④ 직접 경험한 것인지 아니면 다른 사람으로부터 전문한 것인지 여부, ⑤ 기타 진술동기 등을 명백히 하여야 한다.

특히 피해자의 경우에는 피해를 입은 경위 피해 정도 이외에 피해회복 여부·처벌 희망의사의 유무 피의자에 대한 감정 등도 조사하여야 한다.

군사법경찰관리는 피의자 아닌 사람을 조사하는 경우에는 특별한 사정이 없는 한 다음 각 호의 사항에 유의하여 진술조서를 작성하여야 한다. 1. 피해자의 피해상황, 2. 범죄로 인하여 피해자 및 사회에 미치는 영향, 3. 피해회복의 여부, 4. 처벌희망의 여부, 5. 피의자와의 관계, 6. 그 밖의 수사상 필요한 사항

## 2. 조사방법

대체로 피의자신문과 동일한 요령으로 조사하면 되나 특히 유의하여야 할 사항은 다음과 같다.

### 가. 일반적 유의사항

1) 권익존중

사법경찰관리가 참고인의 진술을 들을 때에는 형사소송법 제317조에 따라 증거로 사용될 수 있도록 그 진술의 임의성을 보장하여야 하며, 조금이라도 진술을 강요하는 일이 있어서는 아니 된다. 참고인은 수사의 협조자이므로 출석을 요구하거나 진술을 청취함에 있어 불쾌감을 주거나 명예를 손상하는 일이 없도록 특히 주의하고 조사 후 여비 일당 등을 지급하는 것을 잊어서는 안 된다.

2) 조사의 가치 검토

참고인을 조사할 때에는 먼저 그 사건과의 관계를 확인하여 단순한 전문의 진술 등과 같이 조사할 가치가 없거나 피의자의 친인척으로서 수사에 협조할 의사가 없는 경우와 같이 오히려 수사기밀의 누설 등으로 수사에 방해가 될 염려가 있는지 여부를 신중히 판단하여야 한다.

3) 경험·전문·추측 구별

참고인은 자신이 직접 경험하지 않고 다른 사람으로부터 전해들은 사실이나 자신의 추측을 직접 경험한 것과 같이 진술하는 수가 많으므로 이를 명확히 확인하여야 한다.

4) 정확성 확인

중요한 참고인의 진술은 그 정확성 진실성을 반드시 확인하여야 한다. 간혹 자신의 범죄를 은폐하기 위하여 참고인을 자처하는 경우도 있고, 중요한 참고인의 진술에 모순이 있어 다른 합리적인 증거마저도 배척됨으로써 결국 공소유지가 어려워지는 경우도 있기 때문이다.

### 나. 비협조적 참고인의 경우

1) 보복이 두려운 참고인

범죄피해자, 목격자, 범죄 신고 진정·고소·고발 등 수사의 단서를 제공한 자 등에 대한 조사는 사건의 실체를 파악하는데 있어 매우 중요하다. 그러나 이러한 주요 참고인이 피의자 등의 보복이 두렵다는 이유로 수사기관의 조사에 응하지 않는 등 협조를 주저하는 경우가 있는데 이러한 경우에는 해당 참고인은 물론 그 관련자의 진술 청취 등을 통해 참고인이 수사에 협조를 꺼리는 이유나 상황을 충분히 파악한 다음, 참고인을 보호할 수 있는 적정한 조치를 취하고 참고인에게 그 내용 및 향후 형사절차 과정에서 행사할 수 있는 각종 권리 등에 대해 자세히 설명하여 참고인으로 하여금 수사기관의 조사에 협조함은 물론 법정 증언 등의 형사절차에도 협조할 수 있도록 최선을 다하여야 한다.

2) 피의자와 특별한 관계에 있는 참고인

피의자와 특별한 관계에 있는 참고인에게는 필요하다고 판단되는 경우 피의자의 범법 내용과 문제점, 책임전가성 진술 등을 확인하여 주의를 환기시켜 주고, 수사에 편견이나 막연한 반감을 가지고 있는 참고인에게는 합리적인 설명으로 참고인을 설득한 뒤 그 진술을 청취토록 한다.

## 3. 신빙성 확보

### 가. 피의자와 이해관계가 일치하는 참고인

이러한 부류에 속하는 참고인은 대개 수사기관에 대하여 협조를 거부하고 진실을 말하지 않는 경우가 대부분이며, 수사기관의 적극적인 설득노력에 의해 진실을 말한 경우에도 장차 공판단계에서 진술을 번복할 것이 충분히 예상되므로 피의자의 자백조서에 준하여 진술내용을 구체적으로 상세히 조서에 기재하고 그 진술을 뒷받침할 수 있는 객관적 증거의 수집에 노력하여야 한다.

"피고인의 처의 증언이라 하여 항상 신빙성이 없다고 단정할 수는 없다."는 판례가 있다(대법원 1983. 9. 13. 선고 83도823판결).

### 나. 피의자와 이해관계가 상반되는 참고인

피의자와 이해관계가 대립하거나 적대관계에 있는 참고인의 대표적인 것은 피해자 내지 고소인이라 할 수 있다. 그런데 이러한 피해자 중에도 수사기관에 피해사실을 있는 그대로 신고하여 범인의 적정한 처분 처벌을 구할 의사가 있는 사람으로부터, 단순한 채무불이행을 형사사건으로 분식하여 사기죄로 고소하는 것과 같이 피해를 입은 것은 사실이나 이를 과장하여 신고하는 사람은 물론, 강간당한 사실이 없음에도 강간당하였다고 고소하는 경우와 같이 실제로 범죄피해를 입은 사실이 없음에도 허위사실을 꾸며내 범죄피해를 입은 것처럼 진술하는 사람도 있고, 이와 정반대로 범죄피해를 입었음에도 사회적 체면을 고려하거나 후환 또는 번거로움을 피하기 위하여 피해사실을 숨기고 수사에 비협조적인 태도를 보이는 사람 등 실로 여러 가지 부류의 사람들이 있다.

그러므로 이들 피해자 등의 진술을 청취할 때는 그 진술내용을 과신하지 않고 신빙성 유무를 신중히 검토함과 동시에 진술을 뒷받침할 수 있는 객관적 증거의 수집에 노력하여야 한다.

판례는 "피고인에 대한 주관적 감정이 개입된 공범의 진술을 신빙성이 없다."고 판시하고 있고, "일반적으로 불순한 동기를 가지고 타인의 범법을 탐지하여 감독관청에 고자질함을 일삼는 사람의 언행에는 허위가 개입될 개연성이 농후하므로 이를 신빙하여 유죄의 선고를 함에 있어서는 특히 신중하여야 한다."고 판시하고 있다.

### 다. 피의자와 이해관계 없는 참고인

피의자와 이해관계 없는 참고인 중에도 목격상황 등에 관하여 적극적으로 신고하고 수사에 협조를 아끼지 않는 사람으로부터 후환, 번잡, 무관심 등으로 인하여 범행상황을 목격하고도 신고에 소극적이거나 수사에 비협조적인 사람이 있는가 하면, 수사에 협조하는 사람 중에도 관찰 또는 기억의 부정확이나 공연한 허영심 등으로 인하여 허위 또는 과장된 진술을 하는 사람이 있다.

특히 수사에 대한 비협조적 경향은 도시화·산업화에 따른 타인에 대한 무관심과 익명화 현상으로 인하여 점점 그 정도가 심해지고 있으므로, 이들로부터 진술을 얻어낼 수 있는 효과적인 방안을 모색함과 동시에 일단 이들로부터 진술을 얻어낸 경우에도 장래 공판단계에서 변호인의 집요한 반대신문이 있을 경우 수사기관에서의 진술내용을 쉽게 포기하고 번복할 가능성이 많으므로 이에 대비하여 진술의 신빙성을 확보하는데 노력하여야 한다.

판례는 일관성 없는 진술, 상호 모순된 진술, 객관적 사실에 부합하지 않는 진술, 경험칙에 어긋나는 진술, 진술 동기 및 경위에 합리성이 결여된 진술은 신빙성이 없다고 판시하고 있다.

## V. 진술조서의 작성

### 1. 의의

참고인의 진술은 진술조서에 기재하여야 한다. 군사법경찰관리가 피의자가 아닌 사람의 진술을 조서에 적는 경우에는 별지 제22호 서식 또는 별지 제23호 서식의 진술조서에 따른다(부령 제32조 제2항). 그러나 사건관계자를 일일이 출석시켜 조사하는 것은 이들에게 불필요한 시간적·정신적 부담을 주고 사건처리가 지연되는 등 민원의 소지가 될 염려가 있으므로 진술내용이 복잡하거나 참고인이 희망하는 등 서면진술을 하게 함이 상당하다고 인정되는 때에는 자필 진술서를 작성·제출하게 할 수 있다(검찰사건사무규칙 제13조 제3항). 이 경우에는 가능하면 자필로 작성할 것을 권고하여야 하며 수사담당 군사법경찰관리가 대필하지 아니하도록 한다.

군사법경찰관리는 피의자와 그 밖의 관계자로부터 수기, 자술서, 경위서 등의 서류를 제출받는 경우에도 필요한 때에는 피의자신문조서 또는 진술조서를 작성하여야 한다. 군사법경찰관리는 진술인이 진술서로 작성하여 제출하게 하는 경우에는 되도록 진술인이 자필로 작성하도록 하고 군사법경찰관리가 대신 쓰지 않도록 하여야 한다.

참고인 진술조서 끝 부분에 참고인으로부터 기명날인 또는 서명을 받아야 하는 것은 피의자신문조서와 동일하다.

### 2. 직접진술의 확보

군사법경찰관리는 사실을 명백히 하기 위하여 피의자 이외의 관계자를 조사할 필요가 있을 때에는 되도록 그 사실을 직접 경험한 사람의 진술을 들어야 한다. 군사법경찰관리는 사건 수사에 있어 중요한 사항에 속한 것으로서 타인의 진술을 내용으로 하는 진술을 들었을 때에는 그 사실을 직접 경험한 사람의 진술을 듣도록 노력하여야 한다.

### 3. 진술자의 사망 등에 대비하는 조치

군사법경찰관리는 피의자 아닌 사람을 조사하는 경우에 있어서 그 사람이 사망, 정신 또는 신체상 장애 등의 사유로 인하여 공판준비 또는 공판기일에 진술하지 못하게 될 염려가 있고, 그 진술이 범죄의 증명에 없어서는 안 될 것으로 인정할 경우에는 수사에 지장이 없는 한 피의자, 변호인 그 밖의 적당한 사람을 참여하게 하거나 검사에게 증인신문 청구를 신청하는 등 필요한 조치를 취하여야 한다.

### 4. 자료·의견의 제출기회 보장

군검사 또는 군사법경찰관은 조사과정에서 피의자, 사건관계인이나 그 변호인이 사실관계 등의 확인을 위해 자료를 제출하는 경우 그 자료를 수사기록에 편철해야 한다.

군검사 또는 군사법경찰관은 조사를 종결하기 전에 피의자, 사건관계인이나 그 변호인에게 자료 또는 의견을 제출할 의사가 있는지 확인하고, 자료 또는 의견을 제출받은 경우에는 해당 자료 및 의견을 수사기록에 편철해야 한다(준칙 제19조).

군사법경찰관리는 피의자 또는 피의자가 아닌 사람의 진술을 듣는 경우 진술 사항이 복잡하거나 진술인이 서면진술을 원하면 진술서를 작성하여 제출하게 할 수 있다(부령 제32조 제3항). ④ 피의자신문조서와 진술조서에는 진술자로 하여금 간인(間印)한 후 기명날인 또는 서명하게 한다(부령 제32조 제4항).

### 5. 작성방법

① 참고인은 수사의 협조자로서 임의로 진술을 하는 것이지 신문을 당하는 것이 아니기 때문에 진술조서를 작성할 때도 처음부터 일문일답식으로 하는 것보다는 그 임의의 진술내용을 먼저 기재한 다음 그 진술의 취지를 명확히 하기 위한 범위 내에서 문답식으로 하는 것이 바람직하다.

먼저 피의자와의 관계·피의사실과의 관계를 간략히 기재한 다음 구체적인 진술내용을 문답식으로 기재하는 것이 보통이다.

> 1. 피의자와의 관계
> 저는 피의자 ○○○와 아무런 친인척관계가 없습니다.
> 2. 피의사실과의 관계
> 저는 피의사실과 관련하여 고소인(피해자, 참고인 등)의 자격으로 출석하였습니다. 이때 군사법경찰관은 진술인 ○○○을 상대로 다음과 같이 문답하다.
> **문** *****
> **답** *****

② 참고인이 다른 사람으로부터 전해들은 사실이나 추측한 사실을 진술할 때에는 직접 경험한 사실이 아님을 분명히 알 수 있게 조서에 나타내어야 한다.

> **문** 진술인은 그 말을 피의자로부터 직접 들었나요.
> **답** 직접 들은 것은 아니고 그 다음날인 12. 25. 오후 10시경 위 주점에서 피의자의 친구인 정무정으로부터 전해 들었습니다.

③ 진술조서를 작성하는 중에 참고인의 진술이 앞부분과 상반되거나 변경이 될 때에는 반드시 그 사실을 조서에 표시하고 합리적인 이유를 기재하여 누구든지 납득이 가도록 하여야 한다.

> **문** 진술인은 지난번에 말을 할 때는 돈을 빌려준 날이 2025. 10. 10. 인 것으로 기억된다고 하였다가 지금은 9. 10. 이라고 말하였는데 어느 것이 맞나요.
> **답** 지난번에 오래 되어 착각을 일으킨 것입니다. 수사단에서 진술을 하고 집에 가서 그 당시 제가 돈을 빌려 주고 그 내용을 기입한 계장부를 찾아보니 9. 10.로 적혀 있었습니다. 그 장부를 사본하여 제출하겠습니다.

④ 친고죄나 반의사불벌죄의 고소인이나 피해자가 고소취소나 처벌불원의 의사표시

(처벌희망 의사표시의 철회)를 하는 경우에는 강압이나 기망에 의한 것인지 여부, 그 경위와 이유, 재고소금지(법 제274조 제2항, 제3항)의 규정을 알고 있는지 여부 등을 물어 상세히 기재하여 후일의 분쟁을 미리 방지하여야 한다.

> **문** 진술인은 홍길동에 대한 모욕고소를 취소하는 것이 분명한가요.
> **답** 그렇습니다. 문 고소를 취소하는 이유는 무엇인가요.
> **답** 홍길동으로부터 진심어린 사과를 받았기 때문에 고소를 취소하는 것입니다.
> **문** 홍길동이나 다른 사람으로부터 위협을 당하거나 거짓말에 속아서 취소하는 것은 아닌가요.
> **답** 아닙니다. 제가 스스로 취소하는 것입니다.
> **문** 이번에 고소를 취소하게 되면 앞으로 이 사건으로는 다시 고소를 할 수 없다는 사실을 아는가요.
> **답** 잘 알고 있습니다.

⑤ 참고인의 진술과 피의자의 진술이 상위하여 대질조사가 필요한 경우에는 먼저 참고인진술조서를 작성하여 참고인의 진술내용을 명확히 한 뒤 피의자와 대질하는 형식을 취하는 것이 좋다.

⑥ 참고인의 진술이 가장 중요한 증거가 되는 경우들이 많으므로 이를 고려하여 가능한 한 생생하게 실감이 가도록 조서를 작성하여야 한다.

## 6. 참고인 진술의 영상녹화 및 수사과정의 기록

참고인의 진술을 영상녹화하는 경우에는 피의자의 경우와 달리 그의 동의를 받아야 한다(법 제260조 제1항 후문), 실무상 영상녹화동의서로 영상녹화에 대한 동의 여부를 확인한다(검찰사건사무규칙 제13조의8 제4항).

군사법경찰관리는 피의자가 아닌 사람의 조사 과정을 영상녹화하는 경우에는 영상녹화 동의서로 영상녹화 동의 여부를 확인하고, 제4항 제1호(조사자 및 법 제235조에 따른 참여자의 성명과 직책), 제2호(영상녹화 사실 및 장소, 시작 및 종료 시각) 및 제4호(조사를 중단·재개하는 경우 중단 이유와 중단 시각, 중단 후 재개하는 시각)의 사항을 고지해야 한다. 다만, 피혐의자에 대해서는 제4항 제1호부터 제4호까지의 규정(1. 조사자 및 법 제235조에 따른 참여자의 성명과 직책, 2. 영상녹화 사실 및 장소, 시작 및 종료 시각, 3. 법 제236조의3에 따른 진술거부권 등, 4. 조사를 중단·재개하는 경우 중단 이유와 중단 시각, 중단 후 재개하는 시각)에 따른 사항을 고지해야 한다(부령 제36조 제5항).

참고인의 진술에 대한 영상녹화물은 참고인 진술조서의 진정성립 등의 입증방법(법 제365조 제4항)과 증언시 기억환기용(같은 법 제372조 제2항)으로 사용할 수 있다.

군사법경찰관이 참고인을 조사하는 경우에도 피의자를 조사하는 경우와 같이 수사과정을 기록하여야 한다(법 제236조의4 제3항, 제1항).

참고인을 조사하는 경우에도 피의자를 조사하는 경우와 같이 수사 과정 확인서에 수사과정을 기록하고, 확인서를 조서의 끝 부분에 편철하여 조서와 함께 간인함으로써 조서의 일부로 하거나, 별도의 서면으로 기록에 편철하도록 하고 있다.

수사과정에서 참고인으로부터 진술서를 제출받는 경우에도 수사 과정 확인서를 작성하여야 하고, 수사과정을 기록하지 않은 진술서는 그 증거능력이 없다.

# [5] 기타 임의수사 방법

## Ⅰ. 임의제출물건의 압수

### 1. 의의

군검사 또는 군사법경찰관은 피의자 기타인의 유류한 물건이나 소유자 소지자 보관자가 임의로 제출한 물건을 영장 없이 압수할 수 있다(법 제148조). 실무상 대부분의 압수는 이 임의제출의 형식에 의하여 한다.

군사법경찰관이 압수한 때에는 「압수조서」와 「압수목록」을 작성하여야 한다. 다만, 피의자신문조서 또는 진술조서에 압수의 취지를 기재함으로써 「압수조서」의 작성에 갈음할 수 있다(군검사와 군사법경찰관의 수사준칙에 관한 규정 제34조).

군사법경찰관리는 소유자, 소지자 또는 보관자(이하 "소유자등"이라 한다)에게 임의제출을 요구할 필요가 있을 때에는 물건제출요청서를 발부할 수 있다.

군사법경찰관리는 소유자등이 임의 제출한 물건을 압수할 때에는 제출자에게 임의제출의 취지 및 이유를 적은 임의제출서를 받아야 하고, 압수조서와 압수목록교부서를 작성하여야 한다. 이 경우 제출자에게 압수목록교부서를 교부하여야 한다. 군사법경찰관리는 임의 제출한 물건을 압수한 경우에 소유자등이 그 물건의 소유권을 포기한다는 의사표시를 하였을 때에는 제2항의 임의제출서에 그 취지를 작성하게 하거나, 소유권포기서를 제출하게 하여야 한다.

군사법경찰관리는 압수물의 소유자가 그 물건의 소유권을 포기한다는 의사표시를 하였을 때에는 소유권포기서를 제출받아야 한다.

군사법경찰관리는 유류물을 압수할 때에는 거주자, 관리자 또는 이에 준하는 사람의 참여를 얻어서 행하여야 한다. 다만, 대상자가 참여하지 아니한다는 의사를 명시하는 등 참여할 사람이 없는 경우에는 예외로 한다. 유류물 압수에 관하여는 압수조서 등에 그 물건이 발견된 상황 등을 명확히 기록하고 압수목록을 작성하여야 한다.

> 이때 피의자로부터 동인이 소지하고 있던 ○○○를 임의제출받아 영장 없이 압수하고 압수목록을 작성한 후 조서말미에 편철하다.

압수한 경우에는 목록을 작성하여 소유자, 소지자, 보관자 기타 이에 준할 자에게 교부하여야 한다(법 제258조, 170조). 검사가 압수한 경우 위 목록의 교부는 「압수목록교부서」에 의한다(군사법경찰 수사규칙 제52조 제2항).

군사법원법상 압수목록의 작성·교부시기는 압수 직후이다. 대법원은 "압수목록은 피압수자 등이 압수물에 대한 환부 가환부신청을 하거나 압수처분에 대한 준항고를 하는 등 권리행사절차를 밟는 가장 기초적인 자료가 되므로 이러한 권리행사에 지장이 없도록 압수 직후 현장에서 바로 작성하여 교부하는 것이 원칙이라고 하며 작성 월일을 누락한 채 일부 사실에 부합하지 않는 내용으로 작성하여 압수수색이 종료된 지 5개월이 지난 뒤에 압수목록을 교부한 행위는 위법하다"고 판시하고 있다.

임의제출물건이라 하더라도 일단 압수되면 그 효과에 있어서는 영장에 의한 압수의 경우와 마찬가지로서 압수를 계속할 필요가 있는 때에는 환부 또는 가환부의 청구가 있다고 하더라도 이를 거부할 수 있다. 따라서 압수할 필요가 없는 물건 또는 사진, 사본으로 대체가능한 물건 등을 압수하는 사례가 없도록 하여야 한다.

## 2. 위법수집 압수물의 증거능력

판례는 법이 정한 절차에 따르지 아니하고 수집한 압수물의 증거능력과 관련하여 "헌법과 군사법원법이 정한 절차에 따르지 아니하고 수집한 증거는 원칙적으로 유죄의 증거로 삼을 수 없다고 하면서 다만 적법절차의 실질적인 내용을 침해하는 경우에 해당하지 아니하고 그 증거능력을 배제하는 것이 형사사법 정의를 실현하려한 취지에 반하는 결과를 초래하는 것으로 평가되는 예외적인 경우에는 유죄의 증거로 사용할 수 있다"고 판시하고 있다.

군사법원법도 '적법한 절차에 따르지 아니하고 수집한 증거는 증거로 할 수 없다.'고 규정하여 위법수집증거의 배제 원칙을 명시하였다(제359조의2).

## 3. 압수조서의 작성방법

### 가. 기재사항

피의자명, 사건명, 압수일시·장소, 압수경위 등을 기재한다.

### 나. 압수경위

압수조서 양식은 압수경위에 관하여 ① 증제번호, ② 물건명, ③ 특기사항으로 구분하고, ③ 특기사항에는 수량 등, 압수이유, 발견·압수경위, 소지자, 제출자, 소유권 포기 여부, 환부요구 여부 등을 기재하거나 표시하도록 구성되어 있다.

특기사항 중 발견·압수경위는 간결하고도 구체적으로 기재하여야 한다. 압수당시의 물품의 위치 및 상태, 임의제출여부, 압수의 필요성 등을 요령 있게 설시하여야 한다.

> (예1) 범죄현장에 남은 물건으로서 참고인 ○○○가 범죄행위에 제공된 것이라고 진술하고 소유자 ○○○가 임의제출하므로 압수하다.
> (예2) 피의자가 도주하면서 현장에서 150미터 떨어진 서울 성북구 ○○○로 293(○○○ 동) 소재 ○○○ 집 마당에 버린 것으로서 범죄행위로 인하여 취득한 물건일 뿐만 아니라 소유자 ○○○가 임의제출하므로 압수하다.
> (예3) 피의자가 범행현장에서 범행에 사용하려고 준비하여 두었다가 도주하면서 버린 물건으로서 이를 취득한 ○○○가 임의제출하므로 압수하다.
> (예4) 피의자가 본 건 범죄행위로 인하여 취득한 뒤 오른쪽 안 호주머니에 넣어 소지하고 있던 물건으로서 ○○○이 도주하는 피의자를 체포할 때 빼앗아 가지고 있던 것을 임의제출하므로 압수하다.

소유자가 포기의사를 표명하였을 때에는 「소유권포기서」를 받아 압수조서 말미에 첨부하고 압수조서에 소유권 포기사실을 표시한다.

### 4. 임의제출하는 참고서류 등 처리요령

피의자나 참고인을 신문할 때 또는 그들이 스스로 찾아와 자기들에게 유리한 계약서, 각서 등의 서류를 증거로 써 달라고 제출하는 일이 많다.

이때 이를 거절하면 편파적이라는 오해를 받기 쉬우므로 수사에 참고할 서류는 제출받고 불필요한 서류는 납득이 가도록 설명하여 거절하는 것이 좋다.

증거물로서 압수할 가치가 있는 것은 압수하면 되지만 압수할 가치는 없으나 제출받은 경우에는 진정서나 탄원서 등의 성질의 것은 접수절차를 밟도록 하고 서류 그 자체의 성격으로 보아 제출경위가 의미 없는 경우 즉 주민등록등본이나 가족관계 기록사항에 관한 증명서를 제출하는 경우는 바로 수사기록에 편철하면 된다.

그러나 계약서, 각서나 그 사본 등은 신문조서를 받을 때 조서에 제출받게 된 경위 등을 기재하고 조서말미에 편철하거나 제출경위를 간단한 수사보고서로 작성하여 제출된 서류를 첨부하여 기록에 편철한다.

부도수표와 같이 후일 사적분쟁 여지가 있는 서류는 사본을 기록에 편철하고 원본은 확인 후 제출인에게 반환하여야 한다.

수사에 참고되는 합의서가 제출된 경우 해당사건이 친고죄나 반의사불벌죄일 경우에는 고소인이나 피해자를 상대로 그 진정여부를 확인하여야 한다. 그 이외의 사건일 경우에도 원칙적으로 그 명의자를 상대로 그 진정여부를 확인하여야 하나, 그것이 오히려 사건관계인에게 불편을 초래한다고 인정되는 경우에는 작성명의인이 제출할 경우에는 접수직원이 이를 확인하여 확인인을 날인하고, 제3자가 제출하거나 우편으로 제출된 경우에는 접수직원이 전화나 기타 방법으로 확인한 후 확인보고서를 첨부하며, 공증인의 공증을 받은 경우에는 확인 없이 접수할 수 있다.

## II. 수사관계사항의 조회

수사에 관하여 공무소 기타 공사단체에 조회하여 필요한 사항의 보고를 요구할 수 있다(법 제231조 제2항), 위와 같은 보고의 요구는 「수사사항조회서」를 송부하는 방법이 원칙이나 필요한 경우에는 전화 또는 모사전송 등의 방법으로도 가능하다고 할 것이다.

보고를 요구받은 공무소 또는 공·사단체는 원칙적으로 이에 회답하여야 한다. 그러나 그 이행을 강제할 수 있는 방법은 없다.

그 회답내용이 법령에 의하여 비밀로 보호될 때에는 그 사유를 들어 회답을 거부할 수 있다. 따라서 금융거래의 내용에 대한 자료나 정보를 제공받으려면 명의인의 서면상 요구나 동의를 받거나 법관의 영장 등을 받아야 한다.

## III. 통역·번역의 위촉

군검사 또는 군사법경찰관은 수사에 필요한 때에는 통역 또는 번역을 위촉할 수 있다(법 제260조 제2항).

통역·번역을 위촉할 경우에는 먼저 통역인 번역인의 인적사항과 사건과의 관계 및 학식·경험에 관한 진술을 들어(진술조서를 작성하거나 진술서를 제출받는다) 그 자격 능력을 확인한 다음 통역·번역에 임하게 한다.

통역을 통하여 진술을 들은 때에는 통역인을 통하여 그 조서의 기재내용을 진술인에게 확인시킨 후 통역인으로 하여금 진술인과 함께 조서말미에 기명날인 또는 서명하게 한다.

외국인을 조사할 경우에는 원칙적으로 그 외국인이 모국어로 사용하는 언어에 능통한 통역인을 선정하여야 하나, 조사대상인 외국인이 소수민족인 경우와 같이 적절한 통역인을 발견할 수 없을 때에는 그 외국인이 이해할 수 있는 다른 언어로 조사할 수밖에 없다.

통역인을 개입시켜 조사한 경우 조서는 국어로 작성한다. 따라서 조서 작성 후 외국인에게 이를 열람시킬 수는 없고 읽어 들려 주어야 한다. 이때 읽어 들려 주는 방법으로 국어로 된 조서를 다시 번역문을 작성하여 읽어 줄 필요는 없고 구두로 번역하여 읽어 주면 족하다.

통역을 통한 조사는 사후 공판절차에서 통역의 정확성·공정성이 문제될 수 있다. 수사과정에서 이를 미리 확보하기 위해서는 조사상황을 녹음하거나 조서에 대한 번역문을 작성하여 첨부하는 방법을 생각할 수 있다.

**(청각 및 언어 장애인의 통역인에 대한 진술조서 작성례)**

1. 저는 서울 성북구 길음로 231(정릉동)에 있는 서울농학교에서 교사로 재직 중인 박병동입니다.
2. 저는 2026. 5. 1.부터 위 학교에서 청각 및 언어 장애인들을 상대로 수화(手話)를 가르치고 있습니다.
3. 저는 수화에 관한 전문가로서 2025. 6.경 "수화요령"이라는 책을 저술하여 발간한 적이 있을 뿐 아니라 그 동안 수십 회에 걸쳐 법원, 검찰청, 경찰서 등에서 청각 및 언어 장애인을 신문할 때 통역을 한 경험이 있습니다.
4. 이번에 군사법경찰관님으로부터 청각 및 언어 장애인 이을동의 통역을 위촉받고 이를 승낙합니다.
5. 조금 전에 이곳에서 위 이을동과 잠시 수화를 해 본 결과 동인은 수화학교에서 정식으로 수화를 배운 사람이어서 통상의 대화를 하는데 아무 지장이 없음을 확인하였습니다.
6. 이을동의 통역을 함에 있어서 문답내용을 성실히 통역하여 조금이라도 잘못됨이 없도록 하겠습니다.

## Ⅳ. 감정의 위촉

### 1. 의의

군사법경찰관은 수사에 필요한 때에는 감정을 위촉할 수 있다(법 제260조 제2항). 감정이라 함은 특별한 학식이나 경험을 가진 사람이 그 학식 경험에 터 잡아 알고 있거나 실험한 법칙의 보고 또는 그 법칙을 구체적 사실에 적용하여 얻은 판단의 결과를 보고하는 것을 말한다.

감정은 사실에 대한 판단의 보고이고, 증언은 과거에 경험한 사실 자체를 보고하는 것이라는 점에서 서로 다르다. 즉, 감정은 그에 합당한 학식이나 경험을 갖고 있는 자라면 누구라도 가능하지만, 증언은 그 사실을 경험한 사람만이 가능하므로 감정인과 증인의 구별은 그 대체성 유무에 있다 하겠다. 따라서 상해치사죄 등의 경우에 피해자가 사망하기 전에 진료한 의사를 상대로 그 당시의 사정을 확인하는 것과 같은 경우에는 그 의사가 과거에 경험한 사실에 관한 것이므로 감정이 아니라 증인(참고인)의 진술을 듣는 것에 해당된다(법 제221조).

감정을 위촉하는 처분 그 자체는 임의수사이지만 감정을 실행함에 있어서 유치처분 또는 신체검사 등 강제처분이 필요한 경우에는 강제수사로 넘어가는 수가 있다.

감정기관은 공신력 있는 기관이나 사람이어야 하므로 주로 국방부조사본부 과학수사연구소를 비롯하여 대검찰청이나 국립과학수사연구원이 이용되고 있으나, 이들 기관에서 감정할 수 없는 분야는 대학병원 등 다른 공신력 있는 기관에 의뢰하기도 한다.

감정위촉을 할 때에는 감정인의 능력, 학력, 경력, 사건과의 관계 및 성의 등을 고려하여 적격자를 선정하도록 하여야 한다.

## 2. 감정위촉의 절차

우선 감정인에게 「감정위촉서」를 교부하고 감정인의 인적사항과 사건과의 관계 및 학식·경험에 관한 그의 진술을 들어(진술조서를 작성하거나 진술서를 제출받는다) 그 자격·능력을 확인한 다음 감정에 임하게 하며 감정인으로 하여금 감정의 일시·장소·경위 및 결과를 기재한 「감정서」를 제출하게 하여야 한다.

감정서의 기재내용에 의문이 있거나 부족한 것이 있으면 감정인을 참고인으로 조사하면 된다.

감정인이 원거리에 있어 소환이 곤란한 경우에는 의문사항을 정확히 정리하여 우편진술서로 우송하여 줄 것을 요청할 수도 있다. 그러나 중대한 사건에서는 진술조서를 받아두는 것이 필요하다.

군사법경찰관은 법 제260조 제2항에 따라 감정을 위촉하는 경우에는 감정위촉서에 따른다. 법 제263조에 따라 감정에 필요한 허가장을 발부받아 위촉하는 경우에도 또한 같다(부령 제61조).

## 3. 감정의 위촉 등

군사법경찰관리는 「군사법원법」 제260조 제2항에 따라 수사에 필요하여 국방부조사본부 과학수사연구소나 국립과학수사연구원 등에게 감정을 의뢰하는 경우에는 감정의뢰서에 따른다. 군사법경찰관리는 제1항 이외의 감정기관이나 적당한 학식·경험이 있는 사람에게 감정을 위촉하는 경우에는 감정위촉서에 따르며, 이 경우 감정인에게 예단이나 편견을 생기게 할 만한 사항을 적어서는 아니 된다.

군사법경찰관리는 감정을 위촉하는 경우에는 감정인에게 감정의 일시, 장소, 경과와 결과를 관계자가 용이하게 이해할 수 있도록 간단명료하게 기재한 감정서를 제출하도록 요구하여야 한다. 군사법경찰관리는 감정인이 여러 사람인 때에는 공동의 감정서를 제출하도록 요구할 수 있다. 군사법경찰관리는 감정서의 내용이 불명확하거나 누락된 부분이 있을 때에는 이를 보충하는 서면의 제출을 요구하여 감정서에 첨부하여야 한다.

## V. 실황조사

실황조사라 함은 수사기관이 범죄현장 또는 기타 장소에 임하여 실제 상황을 조사하는 활동을 의미한다. 교통사고, 화재사고, 산업재해 등 각종 사건 발생 시 수사기관이 현장에 임하여 사고 상황을 조사하는 경우에 실황조사가 이루어진다. 실황조사는 오관의 작용으로 직접 경험한다는 점에서 실황조사도 일종의 검증이라 할 수 있으나, 통상 강제력이 수반되지 않는다.

### 1. 피의자의 진술에 따른 실황조사

군사법경찰관리는 피의자의 진술에 의하여 흉기, 장물 그 밖의 증거자료를 발견하였을 경우에 증명력 확보를 위하여 필요할 때에는 실황조사를 하여 그 발견의 상황을 실황조사서에 정확히 작성해야 한다.

군사법경찰관리는 범죄의 현장 또는 그 밖의 장소에서 피의사실을 확인하거나 증거물의 증명력을 확보하기 위해 필요한 경우 실황조사를 할 수 있다(부령 제34조 제2항). 군사법경찰관리는 실황조사를 하는 경우에는 거주자, 관리자 그 밖의 관계자 등을 참여하게 할 수 있다(부령 제34조 제2항). 군사법경찰관리는 실황조사를 한 경우에는 실황조사서에 조사 내용을 상세하게 적고, 현장도면이나 사진이 있으면 이를 실황조사서에 첨부할 수 있다(부령 제34조 제3항).

### 2. 실황조사 기재

군사법경찰관리는 피의자, 피해자, 참고인 등의 진술을 실황조사서에 작성할 필요가 있는 경우에는 「군사법원법」 제231조 및 제236조에 따라야 한다. 군사법경찰관리는 피의자의 진술에 관하여는 미리 피의자에게 진술거부권 등을 고지하고 이를 조서에 명백히 작성하여야 한다.

군사법경찰관리가 실황조사를 한 때에는 실황조사서를 작성한다. 실무상 대부분의 범죄현장 상황파악은 이 실황조사를 통하여 이루어지고 있다. 그리고 구체적인 사건에 있어서 실황조사에 의할 것인지 아니면 검증에 의할 것인지 여부는 사건의 성질 경중·장소 등을 고려하여 결정하여야 한다.

현장에서는 실황조서를 작성하기가 곤란하므로 현장에서 진술이나 약도 등을 메모하여 두었다가 사무실로 돌아와 실황조서를 작성하는 것이 보통이다. 실황조서는 객관적인 상황을 기재하는 것이지 수사관의 의견을 기재하는 것이 아니므로 항상 객관성을 유지하면서 작성하여야 한다.

## Ⅵ. 수사촉탁

수사촉탁이라 함은 대등한 수사기관 상호간에, 즉 갑 군검찰대 군검사가 을 군검찰대 군검사에게 또는 갑 군사경찰대 군사법경찰관이 을 군사경찰대 군사법경찰관에게 특정한 사항에 관한 수사를 촉탁하는 것을 말한다.

촉탁사항에 관하여는 특별한 제한이 없으나 그 촉탁의 범위는 특정한 사항에 한정된다.

수사촉탁을 하는 경우에 사건기록을 이송하는 경우도 없지 않으나 특별한 사유가 없는 한 특정사항만의 수사를 위한 사건기록의 이송은 삼가는 것이 옳다.

수사촉탁은 「수사촉탁서」에 의하는 것이 원칙이나, 긴급을 요할 경우에는 전신·전화모사전송 기타의 방법에 의할 수 있다.

구체적인 경우에 수사촉탁에 의할 것인지 아니면 출장수사에 의할 것인지 여부는 사건의 성질·경중·장소 등을 고려하여 결정하여야 한다.

## Ⅶ. 출국금지 및 출국정지

### 1. 출국금지

범죄 수사를 위하여 출국이 적당하지 아니하다고 인정되는 사람에 대하여는 1개월 이내의 기간을 정하여 법무부장관은 출국을 금지할 수 있다. 다만 소재를 알 수 없어 기소중지결정이 된 사람 또는 도주 등 특별한 사유가 있어 수사진행이 어려운 사람에 대하여는 3개월 이내의 기간을 정하여, 기소중지결정이 된 경우로서 체포영장 또는 구속영장이 발부된 사람에 대하여는 영장 유효기간 이내의 기간을 정하여 출국을 금지할 수 있다(출입국관리법 제4조 제2항).

수사기관이 범죄혐의를 포착하고 수사를 개시하여 범죄를 인정한 경우와 고소인·고발인 등이 수사기관에 고소장 등을 제출하여 조사가 진행 중인 경우에는 출국이 금지될 수 있다. 진정서가 제출된 경우에는 원칙적으로 피진정인에 대하여 출국금지조치를 취할 수 없다고 할 것이나 진정사실이 범죄의 단서가 되어 범죄혐의가 농후해 보이는 경우에는 피진정인은 범죄혐의로 수사 중에 있는 사람에 해당된다고 보아야 하므로 예외적으로 출국금지조치를 취할 수 있다.

중앙행정기관의 장 및 법무부장관이 정하는 관계기관의 장이 출국금지를 요청함에 있어서는 출국금지 요청 사유와 출금금지 예정기간 등을 적은 출국금지요청서에 출국금지 대상자에 해당되는 사실과 출국금지가 필요한 사유에 관한 객관적인 소명자료와 검사의 수사지휘서(범죄수사 목적인 경우)를 첨부하여 법무부장관에게 송부하여야 하고(출입국관리법 제4조 제3항, 출입국관리법 시행령 제2조, 출입국관리법 시행규칙 제6조의4 제1항), 법무부장관은 사안에 따라 1일 내지 10일 이내에 심사하여 가부를 결정한다(출입국관리법 시행령 제2조의3 제1항).

법무부장관은 출국금지기간을 초과하여 계속 출국을 금지할 필요가 있다고 인정하는 경우에는 직권 또는 중앙행정기관의 장 등의 요청에 따라 그 기간을 연장할 수 있다(출입국관리법 제4조의2).

그러나 출국금지는 국민의 기본권을 제한하는 처분이므로 단순히 공무수행의 편의나 형벌 또는 행정벌을 받은 사람에 대하여 행정제재의 목적으로 해서는 아니 되고, 필요한 최소한의 범위에서 하여야 한다(출입국관리법시행규칙 제6조 제1항, 제2항).

따라서 출국금지처분을 한 뒤 출국금지기간 만료 전에 수사가 종결되어 중국처분을 하는 경우 등으로 출국금지사유가 소멸되었다면 그 즉시 출국금지해제요청을 하여야 한다(출입국관리법 제4조의3).

한편, 피의자가 현재 출국 중이고 단기간 내에 귀국한다는 자료가 없을 때에는 기소중지결정을 함과 동시에 법무부장관에게 피의자의 입국시통보를 요청하고, 입국시통보만으로 피의자의 신병확보가 어려운 경우에는 입국시통보 및 입국사실확인 직후 출국금지·정지를 요청하여야 한다.

## 2. 출국정지

법무부장관은 출입국관리법 제4조 제1항 또는 제2항 각 호의 어느 하나에 해당하는 외국인에 대하여는 출국을 정지할 수 있다(출입국관리법 제29조 제1항, 제4조).

출국정지를 함에 있어서는 통상 검사지휘서와 소명자료를 첨부한 「출국정지요청서」를 작성하여 법무부장관에게 제출하여야 한다(출입국관리법시행령 제36조의2, 제2조).

범죄 수사를 위한 출국정지기간은 원칙적으로 10일 이내이다. 다만 도주 등 특별한 사유가 있어 수사진행이 어려운 외국인의 경우에는 1개월 이내, 소재를 알 수 없어 기소중지결정이 된 외국인의 경우에는 3개월 이내, 기소중지결정이 된 경우로서 체포영장 또는 구속영장이 발부된 외국인의 경우에는 영장 유효기간 이내에 출국을 정지할 수 있다(출입국관리법시행령 제36조 제1항). 그 기간의 연장과 해제 등에 대하여는 출국금지의 경우와 유사하다.

# Ⅷ. 전과관련조회 등

## 1. 전과관련조회의 종류

피의자의 전과 등 범죄전력에 대한 조회는 범죄경력조회와 수사경력조회가 있다. 「범죄경력조회」라 함은 신원 및 범죄경력에 관하여 수형인명부 또는 전산입력된 범죄경력자료를 열람·대조확인(정보통신망에 의한 열람·대조확인을 포함)하는 방법으로 하는 조회를 말하고, 「수사경력조회」라 함은 신원 및 수사경력에 관하여 전산입력된 수사경력자료를 열람·대조확인(정보통신망에 의한 열람·대조확인을 포함)하는 방법으로 하는 조회를 말한다(형의 실효 등에 관한 법률 제2조 제8호, 제9호).

여기서 「범죄경력자료」라 함은 수사자료표 중 벌금 이상의 형의 선고, 면제 및 선고유예, 보호감호, 치료감호, 보호관찰, 선고유예의 실효, 집행유예의 취소, 벌금이상의 형과 함께 부과된 몰수, 추징, 사회봉사명령, 수강명령 등의 선고 또는 처분에 관한 자료를 말하고, 수사경력자료라 함은 수사자료표 중 벌금 미만의 형의 선고 및 검사의 불기소처분에 관한 자료 등 범죄경력자료를 제외한 나머지 자료를 말한다(같은 조 제5호, 제6호).

### 2. 전과관련조회의 제한

전과관련조회는 피의자의 전과 지명수배여부 등을 확인하여 수사 또는 재판에 참고하기 위하여 행하여지고 있으나, 이 자료가 외부에 유출될 경우에는 대상자의 명예손상 등 예기치 못한 피해가 발생할 수 있으므로 수사자료표에 의한 범죄경력조회 및 수사경력조회와 그 회보는 범죄수사와 재판, 보안업무규정에 의하여 신원조사를 하는 경우 등 법률에 규정된 경우에만 허용되고, 이 경우에도 조회목적에 필요한 최소한의 범위 내에 그쳐야 한다(같은 법 제6조 제1항, 같은 법 시행령 제7조).

위 규정에 위반하여 수사자료표의 내용을 회보하거나 수사자료표를 관리하는 자나 이를 조회하는 자가 그 내용을 누설한 경우, 법령에 규정된 경우 외의 용도로 사용할 목적으로 자료를 취득하거나 용도 외 목적으로 사용한 경우에는 형사처벌하도록 규정하고 있다(같은 법 제10조, 제6조).

### 3. 기타 컴퓨터에 의한 조회

#### 가. 주민조회

주민등록에 따른 기본적인 인적사항을 확인하는 기본자료조회, 사망자조회, 주민조회 방법에 의하여 발견되지 않은 인적사항조회인 불발자료조회 등이 있다. 주민조회는 대상자의 성명과 생년월일 또는 주민등록번호로 조회한다. 기타 조직폭력배조회, 운전면허조회, 차적조회 등이 있다. 그러나 군사법경찰관은 직접 조회 권한이 없어 경찰에 협조를 요청하여야 한다.

## IX. 거짓말탐지기검사(심리생리검사)

수사기관은 피의자나 참고인의 동의를 받아 심리생리검사(폴리그래프 : Polygraph)를 할 수 있다. 심리생리검사 과정에서 피검사자의 진술 당시에 발생하는 생리적 변화를 기록하고 이를 분석함으로써 진술의 진위나 사실에 대한 인식 여부를 판단하게 된다.

대법원은 증거능력을 인정하기 위하여는 "① 거짓말을 하면 반드시 일정한 심리상태의 변동이 일어나고, ② 그 심리상태의 변동은 반드시 일정한 생리적 반응을 일으키며, ③ 그 생리적 반응에 의하여 피검사자의 말이 거짓인지 아닌지가 정확히 판정될 수 있다는 세 가지 전제조건이 충족되어야 하고, ④ 특히 마지막 생리적 반응에 대한 거짓 여부 판정은 거짓말탐지기가 검사에 동의한 피검사자의 생리적 반응을 정확히 측정할 수 있는 장치이어야 하고, ⑤ 질문사항의 작성과 검사의 기술 및 방법이 합리적이어야 하며, ⑥ 검사자가 탐지기의 측정내용을 객관성 있고 정확하게 판독할 능력을 갖춘 경우라야만 그 정확성을 확보할 수 있는 것이므로 이상과 같은 여러 가지 요건이 충족되지 않는 한 증거능력을 부여할 수 없다."고 판시하고 있다(대법원 2005. 5. 26. 선고 2005도130 판결).

즉, 판례는 심리생리검사결과의 증거능력을 인정하기 위한 전제요건을 엄격히 판단하고 있고, 그 전제요건을 충족하여 증거능력이 인정되는 경우에도 그 검사결과는 피검사자의 진술의 신빙성을 판단하는 정황증거로서의 기능을 하는데 그친다고 판시하고 있다(대법원 1984. 2. 14. 선고 83도3146 판결).

## X. 범인식별절차

수사기관은 용의자 중 범인을 식별하기 위하여 피해자나 목격자와 용의자를 대면시킬 수 있다. 일반적으로 범인식별절차에서 목격자 진술의 신빙성을 높이기 위하여 일정한 절차적 요건이 필요하나 범죄 직후 목격자의 기억이 생생하게 살아 있는 상황에서 현장이나 그 부근에서 범인식별 절차를 실시하는 경우에는 즉각적인 용의자와 목격자의 일대일 대면도 허용된다.

대법원은 "범인식별절차에서의 목격자 진술의 신빙성을 높게 평가할 수 있게 하려면 ① 범인의 인상착의 등에 관한 목격자의 진술 내지 묘사를 사전에 상세히 기록화한 다음 ② 용의자를 포함하여 그와 인상착의가 비슷한 여러 사람을 동시에 목격자와 대면시켜 범인을 지목하도록 하여야 하고 ③ 용의자와 목격자 및 비교대상자들이 상호 사전에 접촉하지 못하도록 하여야 하며 ④ 사후에 증거가치를 평가할 수 있도록 대질 과정과 결과를 문자와 사진 등으로 서면화하는 등의 조치를 취해야 한다."고 판시하고 있다(대법원 2009. 6. 11. 선고 2008도12111 판결).

## XI. 지명수배 및 해제

### 1. 의의

기소중지자, 미체포자 등을 수사기관의 전산망에 입력하여 수배함으로써 소재를 발견하여 검거를 쉽게 하기 위한 수사방법을 말한다.

지명수배 해제는 국민의 인권과 밀접한 관련이 있는 중요한 사안이므로 특히 신속하게 처리해야 한다.

### 2. 지명수배 및 해제

#### 가. 지명수배 대상 및 방법

군사법경찰관리는 다음과 같이 소재를 알 수 없을 때에는 지명수배를 할 수 있다. 군형법 제30조(군무이탈), 법정형이 사형, 무기 또는 장기 3년 이상의 징역이나 금고에 해당하는 죄를 범했다고 의심할 만한 상당한 이유가 있어 체포영장 또는 구속영장이 발부된 사람, 긴급체포를 하지 않으면 수사에 현저한 지장을 초래하는 경우에는 영장을 발부받지 않고 지명수배할 수 있다. 이 경우 지명수배 후 신속히 체포영장을 발부받아야 하며, 체포영장을 발부받지 못한 때에는 즉시 지명수배를 해제해야 한다.

군사법경찰관리는 지명수배를 한 경우에는 체포영장 또는 구속영장의 유효기간에 유의하여야 하며, 유효기간 경과 후에도 계속 수배할 필요가 있는 때에는 유효기간 만료 전에 체포영장 또는 구속영장을 재발부 받아야 한다.

#### 나. 지명수배자 발견 시 조치

군사법경찰관리는 지명수배된 사람(이하 "지명수배자"라 한다)을 발견한 때에는 체포영장 또는 구속영장을 제시하고, 권리 등을 고지한 후 체포 또는 구속하며 권리 고지 확인서를 받아야 한다. 다만, 체포영장 또는 구속영장을 소지하지 않은 경우 긴급하게 필요하면 지명수배자에게 영장이 발부되었음을 고지한 후 체포 또는 구속할 수 있으며 사후에 지체 없이 그 영장을 제시해야 한다. 군사법경찰관은 영장을 발부받지 않고 지명수배한 경우에는 지명수배자에게 긴급체포한다는 사실과 권리 등을 고지한 후 긴급체포해야 한다. 이 경우 지명수배자로부터 권리 고지 확인서를 받고 긴급체포서를 작성해야 한다.

### 다. 지명수배 해제

군사법경찰관리는 1. 지명수배자를 검거한 경우, 2. 지명수배됐으나 체포영장 또는 구속영장의 유효기간이 지난 후 체포영장 또는 구속영장이 재발부되지 않은 경우, 3. 그 밖에 지명수배의 필요성이 없어진 경우에는 즉시 지명수배를 해제해야 한다.

### 라. 재지명수배의 제한

긴급체포한 지명수배자를 석방한 경우에는 영장을 발부받지 않고 동일한 범죄사실에 관하여 다시 지명수배하지 못한다.

## 3. 공개수배

### 가. 긴급 공개수배

국방부조사본부장 또는 각 군 수사단장은 법정형이 사형·무기 또는 장기 3년 이상 징역이나 금고에 해당하는 죄를 범하였다고 의심할만한 상당한 이유가 있고, 범죄의 상습성, 사회적 관심, 공익에 대한 위험 등을 고려할 때 신속한 검거가 필요한 자에 대해 긴급 공개수배 할 수 있다. 긴급 공개수배는 사진·현상·전단 등의 방법으로 할 수 있으며, 언론매체·정보통신망 등을 이용할 수 있다. 검거 등 긴급 공개수배의 필요성이 소멸한 때에는 긴급 공개수배 해제의 사유를 고지하고 관련 게시물·방영물을 회수, 삭제하여야 한다.

### 나. 언론매체·정보통신망 등을 이용한 공개수배

언론매체·정보통신망 등을 이용한 공개수배는 공개수배 심의를 거쳐야 할 것이다. 단, 공개수배 심의를 개최할 시간적 여유가 없는 긴급한 경우에는 사후 심의할 수 있으며, 이 경우 지체 없이 위원회를 개최할 수 있도록 해야 한다. 언론매체·정보통신망 등을 이용한 공개수배는 퍼 나르기, 무단 복제 등 방지를 위한 기술적·제도적 보안 조치된 수단을 이용하여야 하며, 방영물·게시물의 삭제 등 관리 감독이 가능한 장치를 마련해야 한다. 검거, 공소시효 만료 등 공개수배의 필요성이 소멸한 때에는 공개수배 해제의 사유를 고지하고 관련 게시물·방영물 등을 회수, 삭제하여야 한다.

### 다. 공개수배 위원회

국방부조사본부장 또는 각 군 수사단장은 공개수배에 관한 사항을 심의하기 위하여 공개수배위원회를 두어야 할 것이다.

### 라. 공개수배 시 유의사항

공개수배를 할 때에는 그 죄증이 명백하고 공익상의 필요성이 현저한 경우에만 실시하여야 한다. 공개수배를 하는 경우 객관적이고 정확한 자료를 바탕으로 필요 최소한의 사항만 공개하여야 한다. 공개수배의 필요성이 소멸된 경우에는 즉시 공개수배를 해제하여야 한다.

### 마. 수용시설 등의 이용

군사법경찰관리는 피의자의 호송 그 밖의 수사상 필요한 때에는 다른 수사부대(서)에 의뢰하여 그 수사부대(서)의 지정된 수용시설 등을 사용할 수 있다.

## XII. 수사보고서 작성

수사실무상 가장 많이 활용되는 것 중의 하나가 바로 수사보고서이다. 이에 대하여는 법령이나 학문상 정의된 것이 없으나 수사실무상 수사담당자가 의도하는 특정한 목적을 달성하는 방법으로 널리 사용된다.

수사보고서의 사용범위는 아주 광범위하고, 용도 또한 다양하다. 수사보고서는 수사기록 전체의 윤활유 역할을 하고 각 증거서류의 의미를 부여하는 기능을 한다.

특히, 압수수색영장신청, 구속영장신청과 같은 강제수사 관련한 수사를 할 때에는 영장신청 이유에 대한 수사보고서를 반드시 작성해야 한다.

# 제6장

# 강제수사

# [1] 강제수사의 의의

## I. 의의

　형사절차의 진행과 형벌의 집행을 확보하기 위하여 강제력을 사용하는 것을 강제처분이라 하고, 수사기관의 강제처분에 의한 수사를 강제수사라고 한다. 범죄의 혐의 유무를 명백히 하고 공소 제기와 유지 여부를 결정하기 위하여 범인을 발견·확보하고 증거를 수집·보전하는 등의 수사목적을 신속히 달성하기 위해서는 임의수사보다 강제수사의 방법이 효과적이다. 그러나 강제수사는 헌법이 보장하는 국민의 기본적 인권에 직접적인 영향을 미친다.

　따라서 헌법은 '누구든지 법률에 의하지 아니하고는 체포·구속 압수·수색 또는 심문을 받지 아니하며', '체포·구속 압수 또는 수색을 할 때에는 적법한 절차에 따라 검사의 신청에 의하여 법관이 발부한 영장을 제시하여야 한다.'라고 규정하여(제12조 제1항, 제3항) 강제처분 법정주의 및 영장주의 원칙을 천명하고, 더 나아가 군사법원법은 '강제처분은 이 법에 특별한 규정이 있는 경우에만 하며, 필요한 최소한도의 범위에서만 하여야 한다.'라고 규정하여(제231조 제1항 단서) 강제수사에 대한 헌법적 제한을 확인하고 있다.

　그러므로 강제수사는 군사법원법 또는 기타 법률에 특별한 규정이 있는 경우에 필요한 최소한도의 범위 안에서만 행할 수 있는 수사방법으로서, 현행 군사법원법상으로는 ① 피의자의 체포, ② 피의자의 구속, ③ 압수와 수색, ④ 검증, ⑤ 증거보전, ⑥ 증인신문의 청구, ⑦ 감정유치, ⑧ 감정에 필요한 처분이 있으며, 특별법상으로는 통신비밀보호법상의 전기통신의 감청 등이 있다.

　군사법원법에 근거를 둔 강제수사라 할지라도 그 구체적 실행과 기간 및 방법은 임의수사로 형사절차의 목적을 달성할 수 없는 경우에 수사비례의 원칙에 따라 필요최소한도 내에서만 허용되어야 한다.

## II. 임의수사 우선의 원칙과 강제수사 시 유의사항

군검사와 군사법경찰관은 수사를 할 때 상대방의 자유로운 의사에 따른 임의수사를 원칙으로 해야 하고, 강제수사는 법률에서 정한 바에 따라 필요한 경우에만 최소한의 범위에서 하되, 수사 대상자의 권익이 가장 적게 침해되는 절차와 방법을 선택해야 한다(준칙 제5조 제1항).

군검사와 군사법경찰관은 피의자를 체포·구속하는 과정에서 피의자 및 현장에 있는 가족 등 지인들의 인격과 명예를 침해하지 않도록 유의해야 한다(준칙 제5조 제2항).

군검사와 군사법경찰관은 압수·수색 과정에서 사생활의 비밀, 주거의 평온을 최대한 보장하고, 피의자 및 현장에 있는 가족 등 지인들의 인격과 명예를 침해하지 않도록 유의해야 한다(준칙 제5조 제3항).

# [2] 피의자의 체포

## Ⅰ. 체포제도의 의의

체포란 상당한 범죄혐의가 있고 일정한 사유가 존재하는 경우 일정한 시간동안 구속에 선행하여 피의자의 인신의 자유를 제한하는 수사처분을 말한다.

체포제도란 일정한 요건 하에서의 체포행위에 대하여 적법성을 부여함으로써 수사의 합목적성을 기하는 한편 그 한계를 벗어난 체포행위를 엄격히 규제함으로써 인권보장을 강화하고자 하는 제도를 지칭한다.

피의자의 체포에는 영장에 의한 체포, 긴급체포, 현행범인체포의 3가지가 있다.

## Ⅱ. 영장에 의한 체포

### 1. 요건

피의자가 죄를 범하였다고 의심할 만한 상당한 이유가 있고, 정당한 사유 없이 제232조에 따른 출석 요구에 따르지 아니하거나 그러할 우려가 있을 때에 체포영장에 의하여 피의자를 체포할 수 있다(법 제232조의2 제1항).

다만, 다액 50만 원 이하의 벌금, 구류 또는 과료에 해당하는 사건에 관하여는 피의자가 일정한 주거가 없는 경우 또는 정당한 사유 없이 출석 요구에 따르지 아니한 경우로 한정한다(동조 제1항 단서).

#### 가. 죄를 범하였다고 의심할 만한 상당한 이유

범죄의 혐의는 수사기관의 주관적 혐의만으로는 충분하지 않고 소명자료에 의하여 입증되는 객관적·합리적인 혐의를 말한다. 또 범죄의 혐의는 객관적으로 범죄가 행하여 졌다는 사실과 주관적으로 피의자가 그 범죄사실의 범인이라는 점을 포괄한다. 범죄혐의의 유무는 합리적인 평균인을 기준으로 하여 판단하여야 한다.

체포영장의 발부사유로서의 범죄의 혐의와 구속영장의 발부사유로서의 범죄의 혐의가 서로 다른지에 대하여 견해가 대립되고 있다. 체포는 구속의 전단계에서 수사의 초기에 이루어지는 것으로 그 효력기간이 48시간에 불과하고, 체포 시에도 구속영장청구 시와 같은 정도의 소명을 요구하는 것은 체포를 구속영장청구와 같이 취급하는 것으로서 체포제도를 별도로 존치한 입법취지에도 부합하지 아니할 뿐만 아니라, 증거를 수집하기 위하여 임의동행을 강요하는 등 과거의 부당한 수사관행이 재발하도록 할 우려가 있는 점 등에 비추어 보면, 체포영장의 발부사유로서의 범죄혐의는 구속영장 발부 사유보다는 그 심증의 정도가 약한 것으로 해석하는 것이 타당하다. 그러나 실무에서는 심증의 정도에 대해 구속영장 발부 사유와 같은 정도의 심증이 필요하다.

### 나. 출석불응 또는 출석불응의 우려

피의자가 정당한 이유 없이 출석요구에 불응하였다는 것은 수사기관의 적법한 출석요구에 응하지 않아 신문을 하지 못하는 경우를 말한다.

판례는 피의자가 수사기관의 출석요구에 1회 불응한 경우에도 정당한 이유 없이 출석요구에 응하지 아니하였는가는 구체적인 사건에 따라 여러 가지 사정을 종합적으로 고려하여 판단하여야 한다고 해석하고 있고, 불응횟수에 제한을 두지 않고 있는 군사법원법 제232조의2 제1항의 명문규정과 간이한 절차에 의거, 단기간 피의자의 신병을 확보한다는 체포제도의 도입취지 등에 비추어 볼 때 피의자가 출석요구에 1회 불응한 경우에도 정당한 이유 없이 불응하였다면 체포사유에 해당한다고 해석하는 것이 상당하다. 그럼에도 불구하고, 실무에서는 3회 정도 출석불응했다면 체포사유가 있다고 평가하여 영장을 신청하고 있다.

출석불응의 우려는 단순히 피의자가 도망하거나 지명수배 중에 있는 경우뿐만 아니라 구속의 사유가 있는 경우 나아가 피의자가 부당하게 형사절차의 지연을 도모할 염려가 있는 경우까지도 포함하는 것으로 해석하는 것이 타당하다.

왜냐하면 체포는 수사초기단계에서 피의자를 단기간 동안 유치하는 제도이고 더구나 영장주의가 적용되는 범위 내이므로 죄를 범하였다고 의심할 만한 상당한 이유 이외의 사유는 원칙적으로 불필요하고 부득이 인정하는 경우에도 이는 최대한 넓게 인정하는 것이 체포제도의 본질에 부합하기 때문이다.

따라서 일정한 주거가 없거나 사안이 중하여 수사기관의 범죄혐의 포착사실만으로도 도망, 증거인멸 또는 증인위해의 염려가 있는 경우 혹은 공소시효 도과 시까지나 여론이 무마될 때까지 출석요구에 응하지 아니할 우려가 있는 경우에도 체포할 수 있다.

### 다. 체포의 필요성

군판사는 체포의 필요가 명백히 인정되지 아니하는 경우에는 체포영장을 발부하지 아니한다(법 제232조의2 제2항 단서).

즉, 체포의 필요성은 군사법원법 제232조의2 제2항 규정의 해석상 그 부존재가 명백한 경우에 한하여 체포를 하지 않게 하는 소극적 요건이다.

따라서 군사법원법에서 정한 「체포의 필요가 명백히 인정되지 아니하는 경우」라 함은 친고죄에 있어서 소추요건이 결여된 경우, 피의자가 불출석 이유를 밝히지 않고 있으나 업무상의 사유 등으로 출석이 어려운 상태에 있는 것이 확실한 경우, 피의사실이 경미한 벌금형에 해당하여 궐석재판이 가능하고 피의자에 대한 조사 없이도 기소할 정도로 수사가 사실상 완결된 경우 등으로 제한되어야 한다.

다만 체포의 필요성을 판단함에 있어서 피의자의 연령, 신분, 직업, 경력, 가족상황, 교우관계, 질병, 방랑성, 주벽, 전과, 집행유예기간 중인지 여부, 자수 및 합의여부 등 개인적인 정상과 범죄의 경중, 태양, 동기, 횟수, 수법, 규모, 결과 등 제반사정을 종합적으로 고려하여 피의자가 도망할 염려가 있는지와 증거를 인멸할 염려가 있는지 여부 등 체포의 필요성도 검토할 필요가 있다.

## 2. 체포영장의 청구

군사법경찰관은 군검사에게 신청하여 군검사의 청구로 관할 군사법원 군판사의 체포영장을 발부받아 피의자를 체포할 수 있다(법 제232조의2 제1항).

군사법경찰관은 법 제232조의2 제1항에 따라 체포영장을 신청하는 경우에는 별지 제29호 서식의 체포영장 신청서에 따른다. 이 경우 현재 수사 중인 다른 범죄사실에 관하여 그 피의자에 대해 발부된 유효한 체포영장이 있는지를 확인해야 하며 해당사항이 있는 경우에는 그 사실을 체포영장 신청서에 적어야 한다(부령 제38조).

군사법경찰관리는 「군사법원법」 제232조의2 제1항 및 「군사경찰수사규칙」 제45조에 따라 체포영장을 신청할 때에는 체포영장신청부에 필요한 사항을 적어야 한다.

### 가. 체포영장신청서의 기재사항(군사법원 소송규칙 제99조)

1) 피의자의 인적사항

피의자의 성명, 주민등록번호 등, 소속, 계급, 군번, 주거를 기재하여야 한다. 피의자의 성명이 분명하지 아니할 때에는 인상, 체격, 기타 피의자를 특정할 수 있는 사항을 기재하고, 주민등록번호가 없거나 이를 알 수 없는 경우에는 생년월일을 기재하며, 피의자의 직업 주거가 명백하지 않은 경우에는 그 취지를 기재하여야 한다.

2) 변호인의 성명

피의자에게 변호인이 있는 때에는 변호인선임서를 제출한 변호인의 성명을 기재한다.

3) 죄명, 범죄사실의 요지 및 체포를 필요로 하는 사유

범죄사실은 혐의사실을 특정할 수 있을 정도로 기재하고 범죄사실 말미에 체포를 필요로 하는 사유를 구체적으로 기재한다.

> ○ 피의자는 정당한 이유 없이 출석에 응하지 아니하는 자로서 도망 또는 증거인멸의 염려가 있다.
> ○ 피의자는 그 연령, 전과, 가정상황 등에 비추어 출석에 응하지 아니할 염려가 있는 자로서 도망 또는 증거인멸의 염려가 있다.
> ○ 피의자에게는 정해진 주거가 없고 도망의 염려가 있다.
> ○ 사건의 중대성에 비추어 체포할 필요성이 있다.
> ○ 도망 중에 있어 체포할 필요가 있다.

### 4) 7일을 넘는 유효기간을 필요로 하는 때에는 그 취지 및 사유

체포영장의 집행유효기간은 통상 7일로 하여 청구 발부되나, 피의자의 연고지가 여러 곳인 경우 등과 같이 피의자의 소재파악에 7일 이상이 소요될 것으로 예상되는 때에는 그 취지 및 사유를 소명하여 7일을 초과하는 유효기간을 청구할 수 있다.

특히, 출석에 불응하거나 출석불응의 우려가 있는 피의자에 대하여 체포영장을 적극적으로 활용하기 위해서는 체포영장의 유효기간을 보다 장기간으로 하여 신청할 필요가 있으며, 이에 따라 지명수배자에 대한 체포영장의 유효기간은 원칙적으로 공소시효 만료일까지로 하고 있다.

유효기간 기재가 없는 경우나 유효기간이 불명한 경우의 유효기간은 7일(초일불산입)로 보며, 7일 미만의 유효기간으로 발부된 체포영장의 경우에는 그 유효기간 내에서만 유효하다.

### 5) 둘 이상의 영장을 신청하는 때에는 그 취지 및 사유

지명수배자나 피의자의 연고지가 여러 곳인 경우와 같이 수통의 체포영장이 필요한 때에는 그 취지 및 사유를 기재하고 수통을 청구할 수 있다. 이때에는 그에 상응하는 통수의 범죄사실의 요지를 따로 기재한 서면을 영장청구서에 첨부하여야 한다.

수통의 체포영장은 모두 원본으로 독립하여 집행력을 가지며, 피의자가 체포된 경우 다른 체포영장은 효력을 상실한다.

### 6) 인치·구금할 장소

인치할 장소는 피의자를 체포한 다음 인치할 수사부대(서)를, 구금할 장소는 피의자를 인치한 후에 일시적으로 유치 또는 구금할 미결수용실 등을 각 기재한다.

다만, 수사상 특히 필요하여 인치할 장소를 청구 당시 특정할 수 없는 경우에는 택일적으로 정하여 기재할 수 있다(택일적 기재례 : ○○수사부대 또는 체포지에 가까운 수사부대).

7) 재신청의 취지 및 이유

　체포영장을 재신청하는 때에는 체포영장을 다시 신청하는 취지 및 이유를 기재하고 그에 대한 소명자료를 제출하여야 한다(법 제232조의2 제4항).

　군사법경찰관은 동일한 범죄사실로 다시 체포·구속영장을 청구하거나 신청하는 경우(체포·구속영장의 청구 또는 신청이 기각된 후 다시 체포·구속영장을 청구하거나 신청하는 경우와 이미 발부받은 체포·구속영장과 동일한 범죄사실로 다시 체포·구속영장을 청구하거나 신청하는 경우를 말한다)에는 그 취지를 체포·구속영장 청구서 또는 신청서에 적어야 한다(준칙 제25조).

　군사법경찰관리는「군사법원법」제232조의2 제4항 및「수사준칙」제25조에 따라 동일한 범죄사실로 다시 체포·구속영장을 신청할 때에는 1. 체포·구속영장의 유효기간이 경과된 경우, 2. 체포·구속영장을 신청하였으나 그 발부를 받지 못한 경우, 3. 체포·구속되었다가 석방된 경우 그 취지를 체포·구속영장 신청서에 적어야 한다.

8) 다른 범죄사실에 대한 체포영장

　현재 수사 중인 다른 범죄사실에 관하여 그 피의자에 대하여 발부된 유효한 체포영장이 있는 경우에는 그 취지 및 그 범죄사실을 기재한다.

### 나. 소명자료의 제출

　체포영장을 신청할 때는 체포의 사유 및 필요를 인정할 수 있는 자료를 제출한다. 범죄사실을 인정할 수 있는 자료는 엄격한 증명을 요하지 아니하고 소명의 정도로 충분하다. 그리고 소명자료에 관하여는 전문법칙 등이 적용되지 않는다.

　출석요구에 불응 또는 불응의 염려가 있거나 도망 또는 증거인멸의 염려가 있다는 사실을 인정할 수 있는 자료로서 출석요구서 사본, 출석요구통지부 사본, 출석요구를 하면 도망 또는 증거인멸의 염려가 있다는 취지의 수사보고서, 피의자의 신분·경력 교우 가정환경 등에 관한 서면, 전과조회서 등을 제출한다. 전화로 출석요구한 경우 통화일시, 수화자, 수화자와 피의자의 관계, 피의자의 연락가능성, 통화내용 등을 상세히 기재한 수사보고서를 작성하여 기록에 편철한다.

### 다. 군사법경찰관이 신청한 체포영장에 대한 군검사의 검토

군검사는 군사법경찰관이 신청한 체포영장을 검토하여 ① 체포의 사유에 대한 소명이 부족한 경우, ② 체포의 사유에 대한 소명이 충분하여도 명백히 체포의 필요가 인정되지 아니하는 경우, 또는 ③ 체포영장청구 이전에 군사법경찰관이 피의자를 동행하였는데, 그 동행을 요구한 시간, 장소, 방법, 동행의 필요성, 동행 후의 조사시간, 조사를 거절하고 돌아올 수 있는 상태에 있었는가 여부 등 제반사정을 종합적으로 고려할 때 피의자가 이미 사실상 긴급체포의 상태에 있다고 인정되는 경우 등에는 그 이유를 구체적으로 기재하여 이를 기각하거나, 기한을 정하여 보완수사한 후 체포영장을 재신청하도록 한다.

### 라. 체포영장신청서의 보정, 인치·구금할 장소의 변경 및 유효기간의 연장

1) 체포영장신청서의 보정

군판사는 군사법원법 제232조의 제 제4항(체포영장 재청구의 취지·이유기재) 및 군사소송규칙 99조 각호(체포영장청구서의 기재사항)에 규정된 기재사항 등 형식적 요건을 심사하고, 흠결이 있는 경우에는 전화 기타 신속한 방법으로 영장의 청구한 군검사에게 보정을 요구할 수 있다(군사소송규칙 제100조 제4항).

2) 인치·구금할 장소의 변경허가청구

군검사는 체포영장을 발부받은 후 피의자를 체포하기 이전에 체포영장을 첨부하여 군판사에게 인치·구금할 장소의 변경을 청구할 수 있다(군사소송규칙 제100조의3). 군사법경찰관리는 체포·구속영장의 발부를 받은 후 그 체포·구속영장을 집행하기 전에 인치·구금할 장소 그 밖에 기재사항의 변경을 필요로 하는 이유가 생겼을 때에는 군검사를 거쳐 해당 체포·구속영장을 발부한 군판사 또는 관할 군사법원의 다른 군판사에게 서면으로 체포·구속영장의 기재사항 변경을 신청하여야 한다.

3) 체포영장 유효기간의 연장

군검사는 체포영장의 유효기간을 연장할 필요가 있다고 인정하는 때에는 그 사유를 소명하여 다시 체포영장을 청구하여야 한다(군사소송규칙 제100조의4).

### 3. 체포영장청구의 발부 및 기각

군판사는 체포영장청구서를 검토하여 상당하다고 인정할 때에는 명백히 체포의 필요가 인정되지 아니하는 경우를 제외하고는 체포영장을 발부하여야 한다(법 제232조의2 제2항).

체포영장의 청구를 기각하는 경우에는 체포의 요건 특히 체포의 사유 및 필요가 인정되지 아니한다는 점에 대한 판단을 명시하여야 하고, 체포영장의 청구를 기각하는 경우에는 청구서 하단의 해당란이나 또는 여백에 그 취지와 이유 및 연월일을 기재한 다음 서명날인하여 군검사에게 준다. 다만 필요한 경우에는 별지를 사용하여 상세히 기재할 수 있다(법 제232조의2 제3항). 이때 군사법경찰관은 체포영장청구의 기각사유를 면밀히 검토하여 즉시 시정이 가능한 경우에는 이를 시정하는 등 필요한 조치를 취하여 체포영장을 재신청할 수 있다.

### 4. 체포영장의 집행

#### 가. 집행지휘

체포영장이 발부된 경우 군검사의 지휘에 따라 군사법경찰관리가 체포영장을 집행한다(법 제232조의6, 제119조 제1항 본문, 제3항).

군사법경찰관리는 필요하면 관할구역 밖에서 체포영장을 집행할 수 있고, 그 구역을 관할하는 군사법경찰관리에게 집행을 촉탁할 수 있다(법 제232조의6, 제121조 제2항).

군사법경찰관리는 체포영장 또는 구속영장을 집행할 때에는 신속하고 정확하게 해야 한다(부령 제43조 제1항). 체포영장 또는 구속영장의 집행은 군검사가 서명 또는 날인하여 교부한 영장이나 군검사가 영장의 집행에 관한 사항을 적어 교부한 서면에 따른다(부령 제43조 제2항).

#### 나. 영장의 제시

체포영장에 의하여 피의자를 체포하려면 피의자에게 반드시 체포영장의 유효기간 내에 체포영장을 제시하여야 한다(법 제232조의6, 제123조 제1항).

체포할 때 피의자가 체포영장을 파기한 경우나 피의자를 체포한 후 멸실한 경우라도 체포는 유효하므로 다시 체포영장을 청구할 필요는 없고, 이 경우 체포영장을 멸실하게 된 경위를 기재한 수사보고서를 작성하여 기록에 편철한다. 그러나 피의자를 체포하기 전에 체포영장을 멸실한 경우에는 체포영장을 재청구하여 발부받아야 한다.

한편, 체포영장을 소지하고 있지 않은 경우에 급속을 요하는 때에는 피의자에게 범죄사실의 요지와 체포영장이 발부되었음을 고지하고 집행할 수 있고, 집행을 완료한 후에는 신속히 체포영장을 제시하여야 한다(법 제232조의6, 제123조 제3항, 제4항). 급속을 요하는 경우란 발부되어 있는 체포영장을 소지하고 있지 아니하나 즉시 집행하지 않으면 피의자의 소재가 불명하게 되어 영장집행이 현저히 곤란하게 될 염려가 있는 경우를 말한다.

체포영장 제시 일시와 장소 등 집행경위를 기재한 수사보고서를 작성하여 수사기록에 편철하고, 구속영장청구에 대비하여 필요한 경우 체포 과정과 상황 등을 자세히 기재한 수사보고서를 작성하여 수사기록에 첨부한다.

체포·구속영장을 집행함에는 피의자에게 반드시 이를 제시하고, 그 사본을 교부할 수 있다. 다만, 체포·구속영장을 소지하지 아니한 경우 긴급할 때에는 피의자에 대하여 공소사실의 요지와 영장이 발부되었음을 말하고 집행을 완료한 후 신속히 영장을 제시하고, 그 사본을 교부할 수 있다. 사본을 교부하는 경우에는 사본 교부 확인서에 따른다. 군사법경찰관리는 체포영장에 따라 피의자를 체포한 경우에는 체포·구속영장 집행원부에 그 내용을 적어야 한다.

군사법경찰관리는 피의자를 영장에 의한 체포, 긴급체포, 현행범인으로 체포하였을 때에는 피의자 체포보고서를 작성하여 소속부대서의 장에게 보고하여야 한다.

### 다. 피의사실 요지와 체포이유 등의 고지

군사법경찰관은 피의자를 체포하는 경우 피의사실의 요지, 체포의 이유 및 변호인을 선임할 수 있음을 말하고 변명의 기회를 주어야 하며(법 제232조의5), 진술거부권이 있음을 알려 주어야 한다(준칙 제26조 제1항).

이때 피의자에게 알려 주어야 하는 진술거부권의 내용은 법 제236조의3 제1항 제1호 어떤 진술도 하지 아니하거나 각각의 질문에 대하여 진술하지 아니할 수 있다는 것, 제

2호 진술하지 아니하더라도 불이익을 받지 아니한다는 것, 제3호 진술을 거부할 권리를 포기하고 한 진술은 법정에서 유죄의 증거로 사용될 수 있다는 것으로 한다(준칙 제26조 제2항).

군사법경찰관은 제1항에 따라 피의자에게 그 권리를 알려 준 경우에는 피의자로부터 권리 고지 확인서를 받아 사건기록에 편철해야 한다(준칙 제26조 제3항).

수사준칙 제26조 제3항에 따른 권리 고지 확인서는 별지 제41호 서식에 따른다. 다만, 피의자가 권리 고지 확인서에 기명날인 또는 서명하기를 거부하는 경우에는 피의자를 체포·구속하는 군사법경찰관리가 확인서 끝부분에 그 사유를 적고 기명날인 또는 서명해야 한다(부령 제43조 제3항).

### 라. 인치·구금

체포영장에 의하여 피의자를 체포한 때에는 즉시 영장에 기재된 인치 구금장소로 호송하여 인치 또는 구금하여야 하고, 체포된 피의자의 호송 중 필요한 때에는 가장 인접한 수사부대(서) 지정 미결수용실 등에 임시로 유치할 수 있다(법 제232조의6, 제123조 제1항, 제125조).

구금장소의 임의적 변경에 관하여 "영장에 기재된 구금장소 외에 사실상 구금되어 조사를 받은 경우 위와 같은 사실상의 구금장소의 임의적 변경은 피구금자의 방어권이나 접견교통권의 행사에 중대한 장애를 초래하는 것이므로 위법하다."는 판례(대법원 1996. 5. 15., 95모94결정)가 있다.

군사법경찰관리는 체포·구속한 피의자를 호송할 때에는 피의자의 도망·자살·신변안전·증거인멸 등에 주의해야 한다(부령 제44조 제1항). 군사법경찰관리는 체포·구속한 피의자를 호송할 때 필요한 경우에는 가장 근접한 군사경찰 부대나 경찰서, 수사부대(서)에 피의자를 임시로 유치할 수 있다(부령 제44조 제2항).

### 마. 체포의 통지

군사법경찰관은 피의자를 체포하였을 때에는 소속 부대장과 변호인이 있으면 변호인에게, 변호인이 없으면 피의자의 법정대리인, 배우자, 직계친족 및 형제자매 중 피의자가 지정한 사람에게 24시간 이내에 서면으로 1. 사건명, 2. 체포·구속의 일시·장소, 3. 범죄사실의 요지, 4. 체포·구속의 이유, 5. 변호인 선임권을 통지해야 한다(법 제232조의6, 제127조 제1항, 제2항, 준칙 제27조 제1항). 군사법경찰관은 제1항에 따른 통지를 하였을 때에는 그 통지서 사본을 사건기록에 편철해야 한다. 다만, 변호인 및 체포통지의 상대방에 해당하는 사람이 없어서 체포·구속의 통지를 할 수 없을 때에는 그 취지를 수사보고서에 적어 사건기록에 편철해야 한다(준칙 제27조 제2항).

군사법경찰관은 수사준칙 제27조 제1항에 따라 체포·구속의 통지를 하는 경우에는 별지 제42호 서식의 체포·긴급체포·현행범인체포·구속 통지서에 따른다(부령 제45조).

체포의 통지는 긴급을 요하는 경우 전화, 모사전송, 전자우편, 휴대전화 문자전송, 기타 상당한 방법으로 할 수 있으나, 사후에 지체 없이 서면통지를 하여야 한다.

군사법경찰관리는 「군사법원법」제232조의6 및 제246조에서 준용하는 같은 법 제130조 제2항에 따라 체포·구속된 피의자가 변호인 선임을 의뢰한 경우에는 해당 변호인 또는 가족 등에게 그 취지를 통지하여야 하며 그 사실을 적은 서면을 해당 사건기록에 편철하여야 한다.

### 바. 미집행 시의 조치

군사법경찰관은 체포·구속영장의 유효기간 내에 영장의 집행에 착수하지 못했거나 그 밖의 사유로 영장의 집행이 불가능하거나 불필요하게 되었을 때에는 즉시 해당 영장을 군사법원에 반환해야 한다. 이 경우 체포·구속영장이 여러 통 발부된 경우에는 모두 반환해야 한다(준칙 제29조 제1항).

군사법경찰관은 제1항에 따라 체포·구속영장을 반환하는 경우에는 반환사유 등을 적은 영장반환서에 해당 영장을 첨부하여 반환하고, 그 사본을 사건기록에 편철해야 한다(준칙 제29조 제2항).

군사법경찰관이 체포·구속영장을 반환하는 경우에는 그 영장을 청구한 군검사에게 반환하고, 군검사는 군사법경찰관이 반환한 영장을 군사법원에 반환해야 한다(준칙 제29조 제3항).

수사준칙 제29조 제2항에 따른 영장반환서는 별지 제43호 서식에 따른다(부령 제46조).

군사법경찰관리는 해당 영장을 군검사에게 반환하고자 할 때에는 신속히 소속 수사부대(서)의 장에게 그 취지를 보고하여 지휘를 받아야 하고, 영장을 반환할 때에는 영장 사본을 사건기록에 편철해야 한다.

### 사. 군검사의 체포·구속장소 감찰

군검사는 불법체포·구속 여부를 조사하기 위하여 매월 1회 이상 관하 수사기관의 피의자 체포·구속장소를 감찰하여야 한다. 감찰하는 군검사는 체포되거나 구속된 사람을 심문(審問)하고 관련 서류를 조사하여야 한다(법 제230조 제1항). 군검사는 적법한 절차에 따르지 아니하고 체포되거나 구속된 것이라고 의심할 만한 상당한 이유가 있는 경우에는 즉시 체포되거나 구속된 사람을 석방하거나 사건을 검찰기관에 송치할 것을 명령하여야 한다(법 제230조 제2항).

군사법경찰관리는 「군사법원법」 제230조 제2항의 경우 소속 수사부대(서)의 장에게 보고한 후 즉시 피의자를 석방하거나 사건을 송치하여야 한다.

## 5. 체포 후의 조치

### 가. 구속영장의 신청

체포한 피의자를 구속하려면 군사법경찰관은 체포한 때부터 48시간 이내에 군사법원법 제238조에 따라 구속영장을 청구하여야 한다(법 제232조의2 제5항).

체포영장에 의하여 체포된 피의자가 구속영장에 의하여 구속된 경우 군사법경찰관의 구속기간은 구속영장이 발부된 날이 아니라 피의자를 체포한 날부터 기산하되(법 제240조의2), 피의자심문을 하는 경우 군사법원이 구속영장청구서·수사 관계 서류 및 증거물을 접수한 날부터 구속영장을 발부하여 군검찰부에 반환한 날까지의 기간은 그 구속기간에 산입하지 아니한다(법 제238조의2 제7항).

### 나. 피의자의 석방

군사법경찰관이 피의자를 체포한 때로부터 48시간 이내에 구속영장을 청구하지 아니하는 때에는 피의자를 즉시 석방하여야 한다(법 제232조의2 제5항).

군사법경찰관은 법 제232조의2제5항 또는 제232조의4제2항에 따라 구속영장을 청구하거나 신청하지 않고 체포 또는 긴급체포한 피의자를 석방하려는 경우에는 체포 일시·장소, 체포 사유, 석방 일시·장소, 석방 사유 등이 포함된 피의자 석방서를 작성해야 한다(준칙 제30조 제1항). 수사준칙 제30조 제1항에 따른 피의자 석방서는 별지 제46호 서식 또는 별지 제47호 서식에 따른다(부령 제48조 제1항).

군사법경찰관은 제1항에 따라 피의자를 석방한 경우 지체 없이 군검사에게 석방사실을 통보하고, 그 통보서 사본을 사건기록에 편철한다(준칙 제30조 제2항). 군사법경찰관은 군검사에게 수사준칙 제30조 제2항 제1호에 따라 석방사실을 통보하는 경우에는 별지 제48호 서식의 석방 통보서에 따른다(부령 제48조 제2항).

한편, 군검사는 체포영장을 발부받아 체포한 피의자를 석방한 때에는 지체 없이 영장을 발부한 군사법원에 그 사유를 서면으로 통지하여야 한다(법 제241조).

## 6. 체포의 적부심사

### 가. 심사의 청구

체포된 피의자 또는 그 변호인, 법정대리인, 배우자, 직계친족, 형제자매, 가족, 동거인, 고용주는 관할 군사법원에 체포의 적부심사를 청구할 수 있다(법 제252조 제1항).

피의자를 체포한 군사법경찰관은 체포된 피의자와 변호인, 법정대리인, 배우자, 직계친족, 형제자매, 가족, 동거인 또는 고용주 중에서 피의자가 지정하는 사람에게 체포적부심사를 청구할 수 있음을 알려야 한다(법 제252조 제2항, 준칙 제27조 제3항). 그 청구를 위하여 등본의 교부를 청구하면 군사법경찰관은 그 등본을 교부해야 한다(준칙 제28조).

군사법경찰관리는 체포·구속영장 등본을 교부한 때에는 체포·구속영장등본교부대장에 교부사항을 적어야 한다.

### 나. 군사법원의 심사

1) 심문기일의 지정 및 통지

군사법원은 1. 청구권자가 아닌 사람이 청구하거나, 2. 같은 체포영장의 발부에 대하여 재청구하였을 때, 3. 공범 또는 공동피의자가 차례로 청구한 것이 수사를 방해할 목적임이 명백할 때에는 심문 없이 청구를 기각할 수 있다(법 제252조 제3항).

그러나 이에 해당하지 아니한 경우에는 심문기일을 지정하여 지체 없이 청구인, 변호인, 군검사 및 피의자를 구금하고 있는 관서의 장에게 심문기일과 장소를 통지하여야 한다(군사소송규칙 제106조의3 제1항). 심문기일의 통지는 서면 이외에 구술, 전화, 모사전송, 전자우편, 휴대전화 문자전송 그 밖에 적당한 방법으로 신속하게 하여야 한다(군사소송규칙 제100조의12 제3항).

### 2) 수사기록 등 송부

군사법경찰관리는 체포·구속적부심사 심문기일과 장소를 통보받은 경우에는 위 심문기일까지 수사관계서류와 증거물을 군검사를 거쳐 법원에 제출하여야 하고, 위 심문기일에 피의자를 법원에 출석시켜야 한다. 군사법경찰관리는 수사관계서류 및 증거물을 제출하는 경우에는 수사관계서류 등 제출서에 소정의 사항을 작성하고, 「군사법원법」 제252 제5항 각 호의 사유가 있거나 같은 조 제6항에 따른 석방조건을 부가할 필요가 있는 경우 및 같은 조 제11항에 따른 공범의 분리심문이나 그 밖의 수사상의 비밀보호를 위한 조치가 필요한 때에는 그 뜻을 적은 서면을 수사관계서류 등 제출서에 첨부한다.

### 3) 피의자심문 및 조사

군사법원은 심문기일에 체포된 피의자를 심문하고 수사관계서류와 증거물을 조사한다(법 제252조 제4항).

체포의 적부심사는 체포의 적법여부뿐만 아니라 체포의 당부, 즉 체포 계속의 필요여부를 판단기준으로 하되, 적부심사 시까지의 변경된 사정도 고려하여야 한다.

체포영장을 발부한 군판사 외에는 피의자를 심문, 조사, 결정할 판사가 없는 경우를 제외하고는 영장발부한 군판사는 적부심사에 관여할 수 없다(같은 조 제12항).

체포적부심사를 청구한 피의자에게 변호인이 없을 때에는 군사법원은 직권으로 국선변호인을 선정하여야 한다(같은 조 제10항).

심문기일에 피의자를 심문하는 경우에는 서기는 심문의 요지 등을 조서로 작성하여야 한다(법 제252조 제14항, 제238조의2 제6항). 이 경우 심문조서는 뒤에서 보는 구속전 피의자심문조서와 같이 공판조서의 원칙적 작성방법(같은법 제82조)에 따라 작성되어야 하고 공판조서 작성상의 특례규정(같은 법 제86조)에 의할 수는 없다(같은 법 제252조 제14항, 제238조의2 제6항, 제10항). 이와 같은 심문조서는 같은 법 제368조 제3호의 당연히 증거능력 있는 서류에 해당한다.

### 다. 군사법원의 결정

군사법원은 피의자에 대한 심문이 종료된 때부터 24시간 이내에, 청구서가 접수된 때부터 48시간 이내에 적부심사청구에 대하여 결정하여야 한다(법 제252조 제4항, 군사소송규칙 제108조).

군사법원이 적부심사의 청구를 이유 있다고 인정한 때에는 결정으로 체포된 피의자의 석방을 명하여야 한다(법 제252조의2 제4항).

1) 석방지휘

체포적부심사결정등본을 군사법원으로부터 송부받은 군검사는 군사법경찰관에게 교부하여 수사기록에 편철하도록 하여야 한다. 그 결정이 피의자의 석방을 명하는 것일 때에는 석방지휘서에 의하여 구금부대의 장(또는 구금관서장)에게 석방지휘하여야 한다.

군사법경찰관리는 군사법원이 석방결정을 한 경우에는 피의자를 즉시 석방하여야 한다.

2) 재체포의 제한

체포적부심사결정에 의하여 석방된 피의자는 도주하거나 범죄증거를 없애는 경우를 제외하고는 같은 범죄사실로 다시 체포하지 못한다(법 제253조 제1항).

### 라. 구속기간에의 불산입

군사법원이 수사 관계 서류와 증거물을 접수한 때부터 체포적부심사결정 후 군검찰부에 반환할 때까지의 기간은 영장에 의한 체포, 긴급체포 및 현행범인체포와 구속영장청구기간의 적용에 있어서는 그 제한기간에, 군사법경찰관의 구속기간에 관한 규정의 적용에 있어서는 그 구속기간에 이를 산입하지 아니한다(법 제252조 제13항).

군사법원 서기는 체포적부심사청구사건의 기록표지에 수사관계서류와 증거물의 접수 및 반환의 시각을 기재하여야 한다(군사소송규칙 제106조의3 제2항).

## III. 긴급체포

### 1. 요건

피의자가 중대한 죄를 범하였다고 의심할 만한 상당한 이유가 있고, 증거를 인멸할 염려가 있거나 도망하거나 도망할 우려가 있는 경우에 긴급을 요하여 체포영장을 발부받을 수 없는 경우여야 한다(법 제232조의3 제1항).

헌법은 강제처분에 관하여 영장주의를 선언하면서도 긴급체포에 대하여는 현행범인 체포와 함께 그 예외를 인정하고 있다(제12조 제3항 단서).

그러나 긴급체포는 영장주의에 대한 예외이므로 피의자의 연령, 경력, 범죄성향이나 범죄의 경중, 태양, 그 밖에 제반사항을 고려하여 인권침해가 없도록 하여야 한다.

#### 가. 범죄의 중대성

사형, 무기 또는 장기 3년 이상의 징역이나 금고에 해당하는 죄를 범하였다고 의심할 만한 상당한 이유가 있어야 한다.

따라서 긴급체포 전에는 법정형의 사전검토가 필요하다. 참고로 직무유기, 공무상비밀누설, 위조통화지정행사, 공문서부정행사, 사문서부정행사, 음화제조등, 공연음란, 단순도박, 단순폭행, 낙태, 영아유기, 명예훼손(형법 제307조 제1항), 경매·입찰방해, 배임증재 등은 형법상 장기 3년 미만의 범죄이다.

#### 나. 체포의 필요성

증거를 없앨 우려가 있거나 도주하거나 또는 도주할 우려가 있어야 한다. 즉, 군사법원법은 증거를 없앨 우려나 도주 또는 도주할 우려 중 1개의 요건만 충족되면 된다는 점을 분명하게 하였다.

### 다. 체포의 긴급성

피의자를 우연히 발견한 경우 등과 같이 긴급을 요하여 군판사로부터 체포영장을 발부받을 시간적 여유가 없어야 한다.

긴급성 요건을 판단함에 있어 '우연성'의 개념은 군사법경찰관의 합리적 판단에 의하여 체포의 목적을 달성하는 데 위험하다고 인정되면 족한 것으로 해석함이 상당하다.

예컨대, 피의자가 조사 도중 범죄혐의가 밝혀짐에 따라 구속을 우려하여 귀가를 요구하거나, 귀가 후 출석요구에 응하지 않을 염려가 있는 경우에는 우연성의 요소가 다소 희박하더라도 도주 및 증거를 없앨 우려가 현저하고 체포영장청구서의 작성과 체포영장의 청구에 상당한 시간이 소요되므로 긴급체포 할 수 있다고 보아야 한다. 이 경우 긴급성의 요건을 소명하기 위하여 피의자의 태도 등에 관한 상세한 수사보고서를 작성하여 첨부할 필요가 있다.

### 라. 재체포의 제한

긴급체포 후 구속영장을 청구하지 아니하거나 발부받지 못하여 석방된 피의자는 영장없이는 같은 범죄사실로 다시 체포하지 못한다(법 제232조의4 제3항).

따라서 피의자를 긴급체포하려고 할 때에는 반드시 동일한 범죄사실에 의하여 긴급체포된 전력이 있는지 여부를 확인하여야 한다.

## 2. 긴급체포서의 작성

군사법경찰관이 긴급체포한 때에는 즉시 피의자의 성명·주민등록번호·소속·계급·군번·주거, 변호인, 긴급체포한 일시 및 장소, 범죄사실 및 긴급체포한 사유, 인치·구금한 장소, 체포자의 관직·성명 등을 기재한 긴급체포서를 작성한다(법 제232조의3 제3항, 제4항, 부령 제39조 제1항). 「군사법원법」 제232조의3 제1항에 따라 긴급체포를 하였을 때에는 같은 법 제232조의3 제3항에 따라 즉시 긴급체포서를 작성하고, 긴급체포원부에 적어야 한다.

'긴급체포한 사유'란에는 체포영장을 발부받을 시간적 여유가 없었고, 증거를 없앨 우려가 있거나 도주 또는 도주의 우려가 있다는 점을 설득력 있게 기재한다. 한편, 구속영장청구에 대비하여 필요한 경우 체포의 과정과 상황 등을 자세히 기재한 수사보고서를 작성하여 구속영장청구기록에 편철하여야 한다.

### 3. 긴급체포의 승인

#### 가. 승인요청

군사법경찰관은 법 제232조의3제2항에 따라 긴급체포 후 12시간 내에 군검사에게 긴급체포의 승인을 요청해야 한다(준칙 제21조 제1항).

제1항에 따라 긴급체포의 승인을 요청할 때에는 1. 범죄사실의 요지, 2. 긴급체포의 일시·장소, 3. 긴급체포의 사유, 4. 체포를 계속해야 하는 사유, 5. 그 밖에 필요한 사항이 포함된 긴급체포 승인요청서로 요청해야 한다. 다만, 긴급한 경우에는 팩스 또는 그 밖의 방법으로 긴급체포의 승인을 요청할 수 있다(준칙 제21조 제2항).

수사준칙 제21조 제2항 본문에 따른 긴급체포 승인요청서는 별지 제31호 서식에 따른다(부령 제39조 제2항).

#### 나. 승인

군검사는 제1항에 따른 군사법경찰관의 긴급체포 승인 요청이 이유 있다고 인정하는 경우에는 지체 없이 긴급체포 승인서를 군사법경찰관에게 송부해야 한다(준칙 제21조 제3항).

#### 다. 불승인 통보

군검사는 제1항에 따른 군사법경찰관의 긴급체포 승인 요청이 이유 없다고 인정하는 경우에는 지체 없이 군사법경찰관에게 불승인 통보를 해야 한다. 이 경우 군사법경찰관은 긴급체포된 피의자를 즉시 석방하고 그 석방 일시와 사유 등을 군검사에게 보고해야 한다(준칙 제21조 제4항).

군사법경찰관은 수사준칙 제21조 제4항 후단에 따라 긴급체포된 피의자의 석방 일시와 사유 등을 군검사에게 통보하는 경우에는 별지 제32호 서식의 석방 통보서에 따른다

(부령 제39조 제3항).

긴급체포한 피의자를 석방한 때에는 긴급체포원부에 석방일시 및 석방사유를 적어야 한다.

### 4. 피의사실의 요지와 체포이유 등의 고지, 체포의 통지

체포영장에 의한 체포의 경우와 같다(법 제232조의5, 제232조의6, 제127조 제1항, 제2항).

### 5. 체포 후의 조치

#### 가. 구속영장의 신청 및 구속기간기산

군사법경찰관은 긴급체포한 피의자를 구속하려면 지체 없이 군검사에게 신청하여 군검사의 청구로 관할 군사법원 군판사에게 구속영장을 청구하여야 한다. 이 경우 구속영장은 피의자를 체포한 때부터 48시간 이내에 청구하여야 하며, 「긴급체포서」를 첨부하여야 한다(법 제232조의4 제1항). 여기서 '지체 없이'라고 함은 '불필요한 지체 없이'라는 의미이므로 긴급체포 후 영장청구 전에 추가조사가 필요한 경우에는 당연히 가능하다고 할 것이다.

그 밖에 긴급체포와 구속기간 기산, 피의자심문기간의 구속기간 불산입 등은 체포영장에 의한 체포의 경우와 같다(법 제232조의4 제1항, 제238조의2, 제239조).

#### 나. 피의자의 석방

체포영장에 의한 체포의 경우와 같다(법 제232조의4 제2항). 군검사 또는 군사법경찰관은 구속영장을 신청하지 않고 긴급체포한 피의자를 석방하려는 경우에는 1. 긴급체포 후 석방된 사람의 인적사항, 2. 긴급체포의 일시·장소와 긴급체포하게 된 구체적 이유, 3. 석방의 일시·장소 및 사유, 4. 긴급체포 및 석방한 군사법경찰관의 성명이 포함된 피의자 석방서를 작성해야 한다(준칙 제30조 제1항).

수사준칙 제30조 제1항에 따른 피의자 석방서는 별지 제46호 서식 또는 별지 제47호 서식에 따른다(부령 제48조 제1항).

군사법경찰관은 긴급체포한 피의자를 석방한 경우 법 제232조의4제6항에 따라 즉시 군검사에게 석방사실을 보고하고, 그 보고서 사본을 사건기록에 편철한다(준칙 제30조 제2항).

군사법경찰관은 군검사에게 수사준칙 제30조 제2항 제2호에 따라 석방사실을 보고하는 경우에는 별지 제48호 서식의 석방 통보서에 따른다(부령 제48조 제2항).

### 다. 체포의 적부심사

영장에 의하여 체포 또는 구속된 자 이외에 긴급체포되거나 현행범인으로 체포된 피의자 또는 위법하게 체포된 피의자도 체포적부심사를 청구할 수 있다.

### 라. 법원에의 통지 등

군검사는 긴급체포된 피의자에 대하여 구속영장을 청구하지 아니하고 석방한 경우에는 석방한 날부터 30일 이내에 긴급체포서의 사본을 첨부하여 서면으로 긴급체포 후 석방된 사람의 인적사항, 긴급체포의 일시·장소와 긴급체포하게 된 구체적 이유, 석방의 일시·장소 및 사유, 긴급체포 및 석방한 사법경찰관의 성명을 법원에 통지하여야 한다. 이 경우 긴급체포서 사본을 첨부하여야 한다(법 제232조의4 제4항).

군사법경찰관은 긴급체포한 피의자에 대하여 구속영장을 신청하지 아니하고 석방한 경우에는 즉시 군검사에게 보고하여야 한다(법 제232조의4 제6항).

긴급체포 후 석방된 사람 또는 그 변호인, 법정대리인, 배우자, 직계친족, 형제자매는 통지서와 관련 서류를 열람하거나 복사할 수 있다(법 제232조의4 제5항).

## IV. 현행범인의 체포

### 1. 요건

현행범인 및 현행범인으로 간주되는 자는 누구든지 영장 없이 체포할 수 있다(법 제248조).

헌법은 강제처분에 관하여 영장주의를 선언하면서도 현행범인에 대하여는 긴급체포와 함께 영장 없이 체포할 수 있는 근거를 두고 있다(제12조 제3항 단서).

그러나 현행범인의 체포 역시 영장주의 원칙에 대한 예외이므로 인권의 침해가 없도록 신중을 기하여야 한다.

군사법경찰관리는 법 제248조에 따라 현행범인을 체포할 때에는 현행범인에게 도망 또는 증거인멸의 우려가 있는 등 당장에 체포하지 않으면 안 될 정도의 급박한 사정이 있는지 또는 체포 외에는 현행범인의 위법행위를 제지할 다른 방법이 없는지 등을 고려해야 한다(부령 제40조 제1항).

### 가. 현행범인(법 제247조 제1항)

1) 범죄의 실행 중인 사람

범죄의 실행행위에 착수하여 아직 범죄종료에 이르지 아니한 자를 말하고, 미수범의 경우 실행의 착수가 있으면 충분하며, 교사범·방조범의 경우에는 정범의 실행행위가 개시된 때에 실행행위에 착수한 것으로 본다.

2) 범죄의 실행 직후의 사람

범행과의 시간적·장소적 근접성이 있는 자를 말한다. 근접성은 범행 후의 경과, 범인의 거동, 휴대품, 범죄의 태양과 결과, 범죄의 경중 등을 고려하여 합리적으로 판단한다.

### 나. 준현행범인(형사소송법 제247조 제2항)

범인으로 불리어 추적되고 있는 사람, 장물이나 범죄에 사용하였다고 인정하기에 충분한 흉기 또는 그 밖의 물건을 지니고 있는 사람, 신체 또는 의복류에 뚜렷한 증거 흔적이 있는 사람, 누구인지 물었더니 도주하려는 사람을 말한다.

### 다. 범인의 명백성

체포 시점의 현장상황에 의하여 특정한 범죄의 범인임이 명백하여야 한다.

### 라. 경미사건 현행범인체포의 제한

다액 50만 원 이하의 벌금, 구류 또는 과료에 해당하는 죄의 현행범에 대하여는 범인의 주거가 분명하지 아니할 때에만 현행범인으로 체포할 수 있다(법 제251조).

## 2. 현행범인체포서의 작성

군사법경찰관리는 법 제248조에 따라 현행범인을 체포한 때에는 별지 제33호 서식의 현행범인체포서를 작성해야 한다(부령 제40조 제2항). 군사법경찰관리는 현행범인을 체포한 경우에는 현행범인체포원부에 필요한 사항을 적어야 한다.

군사법경찰관리는 제2항의 현행범인체포서를 작성하는 경우 현행범인에 대해서는 범죄와의 시간적 접착성과 범죄의 명백성이 인정되는 상황을, 준현행범인에 대해서는 범죄와의 관련성이 인정되는 상황을 구체적으로 적어야 한다(부령 제40조 제3항). 군사법경찰관리는 다른 수사부대(서)의 장의 관할구역 내에서 현행범인을 체포하였을 때에는 체포지를 관할하는 수사부대(서)의 장에 인도하는 것을 원칙으로 한다.

구속영장 청구에 대비하여 체포의 사유란에 체포하지 않으면 범인의 신병을 확보할 수 없어 도망 또는 증거인멸의 염려가 있다는 점을 설득력 있게 기재하여야 한다.

## 3. 체포된 현행범인의 인수

군사법경찰관리는 법 제249조에 따라 현행범인을 인도받은 때에는 별지 제34호 서식의 현행범인인수서를 작성해야 한다(부령 제40조 제2항).

군사법경찰관리는 현행범인인수서를 작성할 때에는 체포자로부터 성명, 주민등록번호(외국인인 경우에는 외국인등록번호, 해당 번호들이 없거나 이를 알 수 없는 경우에는 생년월일 및 성별, 이하 "주민등록번호등"이라 한다), 주거, 계급, 군번, 체포일시·장소 및 체포의 사유를 청취하여 적어야 한다. 필요한 때에는 체포한 사람에게 대하여 군사법경찰관서에 동행함을 요구할 수 있다(법 제249조 제2항). 군사법경찰관리는 현행범인을 인도받은 경우에는 현행범인체포원부에 필요한 사항을 적어야 한다.

군사법경찰관리는 현행범인인수서를 작성하는 경우 현행범인에 대해서는 범죄와의 시간적 접착성과 범죄의 명백성이 인정되는 상황을, 준현행범인에 대해서는 범죄와의 관련성이 인정되는 상황을 구체적으로 적어야 한다(부령 제40조 제3항).

## 4. 피의사실의 요지와 체포이유 등의 고지, 체포의 통지

영장에 의한 체포의 경우와 같다(법 제232조의5, 제232조의6, 제127조 제1항, 제2항).

## 5. 체포 후의 조치

### 가. 구속영장의 신청 및 구속기간기산

영장에 의한 체포의 경우와 같다(법 제250조, 제232조의2 제5항, 제238조의2, 제240조의2). 군사법경찰관이 구속영장을 신청하는 경우 현행범인 체포서 또는 현행범인 인수서를 첨부하여야 한다.

### 나. 피의자의 석방

군사법경찰관은 법 제248조 또는 제249조에 따라 현행범인을 체포하거나 체포된 현행범인을 인도받았을 때에는 조사가 현저히 곤란하다고 인정되는 경우가 아니면 지체 없이 조사해야 한다(준칙 제22조 제1항).

군사법경찰관은 제1항에 따른 조사 결과 계속 구금할 필요가 없다고 인정할 때에는 현행범인을 즉시 석방해야 하며(준칙 제22조 제2항), 체포된 현행범인에 대하여 48시간 이내에 구속영장을 청구하지 아니하는 때에는 즉시 석방하여야 한다(법 제250조, 제232조의2 제5항).

군검사 또는 군사법경찰관은 제2항에 따라 현행범인을 석방했을 때에는 석방 일시 및 사유 등을 적은 피의자 석방서를 작성하여 사건기록에 편철해야 하며, 군사법경찰관은 석방 후 지체 없이 군검사에게 석방 사실을 보고해야 한다(준칙 제22조 제3항).

군사법경찰관리는 현행범인을 석방할 때에는 소속 수사부대(서)의 장의 지휘를 받아야 한다. 군사법경찰관리는 제1항에 따라 체포한 현행범인을 석방하는 때에는 현행범인 체포원부에 석방일시 및 석방사유를 적어야 한다.

수사준칙 제22조 제3항 전단에 따른 피의자 석방서는 제35호 서식에 따른다(부령 제41조 제1항).

군사법경찰관은 수사준칙 제22조 제3항 후단에 따라 군검사에게 현행범인의 석방사실을 통보하는 경우에는 별지 제36호 서식의 석방 통보서에 따른다(부령 제41조 제2항).

### 다. 체포의 적부심사

긴급체포에서 설명한 바와 같다.

# [3] 피의자의 구속

## I. 의의

구속은 체포에 비하여 보다 장기간 피의자를 구금하는 것을 의미한다. 따라서 피의자의 인신을 구속하기 위해서는 당연히 법관의 영장에 의하여야 한다.

원래 구속이란 형사절차의 진행과 형벌의 집행을 확보함을 그 목적으로 하여 인정되는 강제처분으로서 필요최소한에 국한되어야 한다.

또 구속은 형집행의 확보를 하나의 목적으로 하고 있으므로 구속은 당해 사건의 의미와 그것에 대하여 기대되는 형벌에 비추어 상당한 때에만 허용된다는 내재적 제약을 받게 된다.

## II. 요건

피의자가 죄를 범하였다고 의심할 만한 상당한 이유가 있고 군사법원법 제110조 제1항 각호의 어느 하나에 해당하는 사유가 있어야 한다(법 제238조 제1항).

### 1. 범죄혐의

구속영장발부를 위한 첫째 요건으로서 우선 범죄혐의가 인정되어야 한다. 즉 피의자가 죄를 범하였다고 의심할 만한 상당한 이유가 있어야 한다(법 제238조 제1항 본문).

범죄혐의는 객관적으로 범죄가 행하여졌다는 사실과 주관적으로 피의자가 그 범죄사실의 범인이라는 점을 포괄한다. 범죄혐의는 수사기관의 주관적 혐의만으로는 충분하지 않고, 범죄혐의의 유무는 합리적 평균인을 기준으로 판단하여야 한다.

구속영장발부 요건으로서의 범죄혐의는 유죄 판결을 받을 수 있는 개연성이 높은 것이어야 한다. 따라서 소송조건이 구비되지 아니하였거나 위법성조각사유나 책임조각사유 등과 같이 범죄성립조각사유가 명백할 때에는 범죄혐의를 인정할 수 없다고 할 것이다.

다만 심신장애로 인하여 책임능력이 없거나 책임능력이 제한된 자에 대해서는 치료감호법상의 치료감호영장(치료감호법 제6조)에 의하여 신체의 자유를 제한할 수 있다.

## 2. 구속사유

### 가. 일정한 주거가 없는 때

일정한 주거가 없는 때라고 함은 일정한 주소나 거소가 없는 때를 말한다. 일정한 주거가 없는 때에 해당하는지 여부를 판단함에 있어서는 (i) 주거의 종류(집, 여관, 여인숙, 고시원, 기숙사, 임시 숙소 등), (ii) 거주기간, (iii) 주민등록과 주거의 일치 여부 및 주민등록 말소 여부, (iv) 거주형태(임차 계약의 형태 기간, 임료의 지급방법 상황 등), (v) 가족의 유무, (vi) 가재도구의 현황, (vii) 피의자의 성행, 조직·지역사회 정착성 등의 요소를 고려하여야 한다.

일정한 주거의 유무는 실질적으로 고찰하여야 하며, 주민등록이 되어 있더라도 일정한 주거가 없는 경우가 있을 수 있는 반면 주민등록이 되어 있지 않더라도 반드시 일정한 주거가 없다고 할 수도 없다.

따라서 피의자를 신문할 때 피의자의 주민등록상 주소와 실제 주거가 동일한지 여부, 다르다면 그 이유, 동거인이 있는지 여부, 동거인과 연락이 가능한지 여부 등을 비롯하여 위와 같은 고려요소들을 자세히 조사한다. 피의자가 성명, 주거를 묵비한 경우에는 객관적으로 일정한 주거가 있더라도 위 요건에 해당한다고 본다.

### 나. 증거를 없앨 우려가 있을 때

피의자가 증거를 없애는 경우로는 증거물이나 증거서류 등 물적 증거방법을 위조, 변조, 은닉, 손괴, 멸실하는 경우와 공범자, 증인, 참고인 등 인적 증거방법에 허위의 진술을 부탁하는 등 부정한 영향력을 행사하는 경우 등을 들 수 있다.

증거인멸 우려의 유무는 자백여부 피의사건의 내용 범행의 태양 등과 함께, (i) 범죄의 성격에 따른 증거 인멸·왜곡의 용이성, (ii) 사안의 경중, (iii) 거의 수집정도, (iv) 피의자의 성행, 지능과 환경, (v) 물적 증거의 존재 여부와 현재 상태, (vi) 공범의 존재 여부와 현재 상태, (vii) 피해자, 참고인 등 사건 관계인과 피의자와의 관계, (viii) 수사 협조 등 범행 후의 정황, (ix) 범죄 전력 등의 여러 요소를 고려하여야 한다.

따라서 피의자가 범행을 자백하지 아니하거나 범죄사실을 다투는 경우 그 자체만으로는 증거인멸의 염려가 있다고 할 수 없다.

피의자가 범행을 자백하고 있더라도 참고인에게 영향력을 행사하여 증거를 인멸할 염려가 있을 수 있으므로 자백한다고 하여 증거인멸의 염려가 없다고 섣불리 속단하여서는 안 된다.

증거인멸의 우려가 있다는 것은 피의자가 구속되지 않으면 증거상황을 변경시킬 것이라는 점이 상당한 개연성의 정도로 인정될 수 있는 때라 할 것이다. 피의자가 불구속 상태에서 적극적으로 범죄의 죄증을 없애려고 한 적이 있었거나, 불리한 서면자료들을 수사기관이 취득하지 못하도록 조치한 경우, 폭력, 협박 또는 자신의 종속관계 등을 이용하거나 진실에 반하는 약속 등으로 영향을 미침으로써 사실관계의 규명을 어렵게 한 일이 있는 경우 등을 들 수 있을 것이며, 피의자가 다른 사건에서 이미 위증이나 범인은닉 등으로 유죄판결을 받은 일이 있는 경우도 증거인멸의 우려를 나타내주는 징표가 될 수 있다.

또한, 범죄의 성질상 행위 시와 행위 후에 사실을 오도하려는 행위나 은폐행위 등이 예상되는 특정한 범죄유형에 있어서도 증거인멸의 우려가 상당히 짙다고 할 수 있는데, 뇌물공여, 사기, 문서위조 등이 이에 해당한다 할 수 있다.

### 다. 도주하거나 도주할 우려가 있을 때

피의자가 도주한 때라고 함은 피의자가 수사를 피할 의사로 주거를 이탈한 때를 말한다. 예컨대 피의자가 정당한 사유 없이 주거를 이탈하여 일정한 주거로 연락이 어려운 때, 피의자가 형사처분을 면할 목적으로 국외에 있는 때 또는 피의자가 정당한 사유 없이 소재불명되어 체포영장이 발부되어 있는 때 등을 가리킨다. 도망할 염려가 있는 때란 피의자가 수사, 공판, 형집행 등 일련의 형사절차를 피하여 영구히 또는 장기간 숨으려 할 염려가 있는 것을 말한다.

도주할 우려의 유무는 (i) 사안의 경중, (ii) 범행의 동기, 수단과 결과, (iii) 전문적 영업적 범죄인지 여부, (iv) 피의자의 성행, 연령, 건강 및 가족 관계, (v) 피의자의 직업, 재산, 교우, 조직·지역 사회 정착성, 사회적 환경, (vi) 주거의 형태 및 안정성, (vii) 국외 근거지의 존재 여부, 출국 행태 및 가능성, (viii) 수사 협조 등 범행 후의 정황, (ix) 범죄 전력, (x) 자수여부, (xi) 피해자와의 관계, 피해 회복 및 합의 여부 등의 여러 요소를 고려하여야 한다.

### 라. 구속의 제한

1) 경미사건

다액 50만 원 이하의 벌금·구류 또는 과료에 해당하는 경미 사건에 관하여는 일정한 주거가 없는 경우에 한하여 구속할 수 있다(법 제238조 제1항 단서).

### 마. 구속사유 심사 시의 고려사항

군사법원법 제110조 제1항의 구속사유를 심사함에 있어서는 범죄의 중대성, 재범의 위험성, 피해자 및 중요 참고인 등에 대한 위해 우려 등을 고려하여야 한다(법 제110조 제2항). '범죄의 중대성'은 중대 범죄를 저지른 자에게는 높은 처단형이 예상되는 만큼 주로 구속사유 중 '도주의 우려'를 판단할 때 적극적인 요소로 고려될 수 있다. '재범의 위험성'은 피의자의 전과에 의하여 당해 범죄가 누범 또는 상습범에 해당하거나 범죄의 특성상 반복 범죄의 개연성이 높을 것을 의미하는 것으로 해석되고, 역시 재범의 위험성이 높은 자에 대해서는 높은 처단형이 예상되므로 주로 구속사유 중 '도주의 우려'를 판단할 때 적극적인 요소로 고려될 수 있을 것이다. '피해자 중요 참고인 등에 대한 위해 우려'는 피해자 중요 참고인 등에 대한 위해와 증거인멸을 방지하려는 것으로 구속사유 중 '증거인멸 우려'를 판단하는 주요 기준이 된다.

## III. 구속영장의 신청

### 1. 신청권자

군사법경찰관은 군검사에게 신청하여 군검사의 청구로 관할 군사법원 군판사의 구속영장을 발부받는다(법 제238조 제1항).

군사법경찰관은 구속영장을 신청하는 경우에 법 제246조에 따라 준용되는 법 제110조제2항의 필요적 고려사항이 있을 때에는 구속영장 청구서 또는 신청서에 그 내용을 적어야 한다(준칙 제23조 제1항).

수사준칙 제23조에 따른 구속영장 신청서는 별지 제37호 서식부터 별지 제40호 서식까지에 따른다(부령 제42조).

군사법경찰관리는「군사법원법」제238조 제1항 및「수사준칙」제23조 제1항에 따라 구속영장을 신청할 때에는 범죄의 중대성, 재범의 위험성, 피해자 및 중요 참고인 등에 대한 위해 우려, 피의자의 연령, 건강상태 그 밖의 제반사항 등을 고려하여야 한다. 군사법경찰관리는「군사법원법」제232조의2 제5항 및「수사준칙」제23조 제2항에 따라 체포한 피의자에 대해 구속영장을 신청할 때에는 구속영장 신청서에 제1항의 사유를 인정할 수 있는 자료를 첨부해야 하며, 긴급체포 후 구속영장을 신청할 때에는「군사법원법」제232조의3 제1항의 사유를 인정할 수 있는 자료도 함께 첨부해야 한다. 군사법경찰관리는「군사법원법」제232조의2 제5항(같은 법 제250조에서 준용하는 경우를 포함한다) 및「군사법원법」제232조의4 제1항에 따라 체포한 피의자를 구속하고자 할 때에는 체포한 때부터 48시간 내에 구속영장을 신청하되 검사의 영장청구에 필요한 시한을 고려하여야 한다. 군사법경찰관리는 구속영장을 신청하였을 때에는 구속영장신청부에 필요한 사항을 적어야 한다.

## 2. 구속영장신청서의 기재사항

구속영장신청서에는 (ⅰ) 피의자의 성명・소속・계급・직업・군번, 주민등록번호・주거, (ⅱ) 변호인이 있는 때에는 그 성명, (ⅲ) 죄명 및 범죄사실의 요지, (ⅳ) 7일을 넘는 유효기간을 필요로 하는 때에는 그 취지 및 사유, (ⅴ) 여러 통의 영장을 청구하는 때에는 그 취지 및 사유, (ⅵ) 인치구금할 장소, (ⅶ) 구속을 필요로 하는 사유, (ⅷ) 피의자의 체포여부 및 체포된 경우에는 그 형식, (ⅸ) 체포통지 상대방의 성명과 연락처 등을 기재하고 신청하는 군사법경찰관이 서명날인하여야 한다(법 제246조, 제114조).

그 기재요령은 체포영장청구서와 동일하고 구속영장의 유효기간은 실무상 구속영장 청구일부터 7일간으로 하여 청구하는 것이 보통이다.

구속영장을 재신청하는 경우에는 다시 구속영장을 신청하는 취지 및 이유를 기재하고 그에 관한 소명자료를 제출하여야 한다(법 제238조 제5항). 군사법경찰관이 동일한 범죄사실로 구속영장을 재신청하고자 할 때에는 그 취지를 구속영장 신청서에 적어야 한다(준칙 제25조).

### 3. 구속영장 첨부서류 및 소명자료 제출

군사법경찰관은 체포한 피의자에 대해 구속영장을 신청할 때에는 구속영장 신청서에 체포영장, 긴급체포서, 현행범인 체포서 또는 현행범인 인수서를 첨부해야 한다(준칙 제23조 제2항). 구속의 이유와 필요성을 입증하기 위하여 체포영장을 청구할 때보다 더욱 구체적인 소명자료를 제출하여야 한다.

## Ⅳ. 구속영장의 심사

### 1. 구속 전 피의자심문제도

군사법원법은 영장에 의한 체포·긴급체포 또는 현행범인의 체포에 따라 체포된 피의자에 대하여 구속영장을 청구받은 군사법원 군판사는 지체 없이 피의자를 심문하여야 하고(법 제238조의2 제1항), 체포되지 아니한 피의자에 대하여 구속영장을 청구받은 군사법원 군판사는 피의자가 죄를 범하였다고 의심할 만한 이유가 있는 경우에 구인을 위한 구속영장을 발부하여 피의자를 구인한 후 심문하여야 한다. 다만, 피의자가 도주하는 등의 사유로 심문할 수 없는 경우에는 그러하지 아니하다(같은 조 제2항).

체포된 피의자에 대한 구속 전 피의자심문은 지체 없이 하여야 하고, 이 경우 특별한 사정이 없는 한 구속영장이 청구된 다음날까지 심문하여야 한다(같은 조 제1항 후문).

### 2. 미체포 피의자 심문을 위한 구인절차

#### 가. 구인을 위한 구속영장의 발부

미체포 피의자에 대하여 피의자심문결정을 하고 구인을 위한 구속영장(구인영장)을 발부하는 경우의 절차는 피고인의 구인에 관한 규정이 준용된다(법 제238조의2 제10항, 제114조).

군사법경찰관은 법 제238조의2제3항 및 같은 조 제10항에서 준용하는 법 제119조제1항에 따라 군판사가 통지한 피의자 심문 기일과 장소에 피의자를 출석시켜야 한다(준칙 제24조).

### 나. 구속영장의 집행 및 인치 후 고지절차

구인영장의 집행은 집행지휘, 영장제시, 접견교통 등에 있어서 구속영장 집행에 준한다(법 제238조의2 제10항).

구인영장 원본은 특별한 사정이 없는 한 군검사에게 송부하여 군검사가 집행을 지휘하도록 한다(법 제238조의2 제10항, 제119조 제1항, 제3항, 제121조, 군사소송규칙 제51조).

### 다. 인치 후 유치절차

구인한 피고인을 군사법원에 인치(引致)한 경우 구금할 필요가 없다고 인정하면 인치한 때부터 24시간 이내에 석방하여야 한다(법 제238조의2 제10항, 제111조).

군사법원은 인치한 피고인을 유치할 필요가 있을 때에는 군교도소 또는 군미결수용실에 유치(留置)할 수 있다. 이 경우 유치기간은 인치한 때부터 24시간을 초과할 수 없다(법 제238조의2 제10항, 제111조의2).

### 라. 구속영장 발부결정 시한

군판사는 피의자가 법원에 인치된 때로부터 24시간 이내에 피의자심문을 하고 구금영장 발부 여부를 결정하여야 한다. 이 경우 군판사는 발부시각이 인치일시로부터 24시간 이내임을 명백히 할 필요가 있을 때에는 구금영장의 '발부일자'란에 발부일시를 기재할 수 있다. 24시간 이내에 구금영장이 발부된 경우 구금의 집행 시까지 피의자를 계속 유치할 수 있다(같은 예규 제39조).

## 3. 심문기일의 지정 및 통지

군사법원 군판사는 체포된 피의자에 대하여 구속영장이 청구된 경우에는 즉시, 미체포 피의자에 대하여 구속영장이 청구된 경우에는 피의자를 인치한 후 즉시 군검사, 피의자 및 변호인에게 심문기일과 장소를 통지하여야 한다(형사소송법 제238조의2 제3항).

### 4. 군판사의 피의자심문

#### 가. 심문요령

1) 심문의 집중, 비공개, 분리

군판사는 구속여부를 판단하기 위하여 필요한 사항에 관하여 신속하고 간결하게 심문하여야 한다. 피의자에 대한 심문절차는 공개하지 아니한다. 다만, 군판사는 상당하다고 인정하는 경우에는 피의자의 친족, 피해자 등 이해관계인의 방청을 허가할 수 있다.

군판사는 다수의 피의자를 함께 심문할 필요가 있는 경우 외에는 심문장소에 공범 기타 다른 피의자가 재정 또는 재실하게 하여서는 아니되고, 공범의 분리심문이나 그 밖에 수사상의 비밀보호를 위한 적절한 조치를 하여야 한다(법 제238조의2 제5항). 피의자의 심문은 법정에서 하여야 하나, 피의자가 출석을 거부하거나 질병 기타 부득이한 사유로 군사법원에 출석할 수 없는 때에는 군미결수용실 등 기타 적당한 법정 외의 장소에서 심문할 수 있다(법 제67조의 2 참조).

#### 나. 피의자 등의 출석

1) 체포된 피의자의 출석

군사법경찰관은 군판가 통지한 피의자 심문기일과 장소에 체포된 피의자를 출석시켜야 한다(법 제238조의2 제3항, 준칙 제24조). 이 경우 피의자가 장애인 등 특별히 보호를 요하는 자인 경우에는 피의자와 신뢰관계에 있는 사람을 동석하게 할 수 있다(같은 법 제238조의2 제10항, 제236조의5).

군사법원의 피의자심문결정에 의하여 군사법경찰관리가 피의자를 출석시키는 경우에 수사상의 비밀보호를 위하여 필요한 조치를 취하여야 하는 때에는 그 사실을 군사법경찰관에게 통지하여야 하고, 이 경우 군사법경찰관은 피의자를 호송할 때 공범의 분리 등 필요한 조치를 취하여야 한다.

2) 군검사, 변호인 등의 출석

군검사는 필요한 경우 구속이 필요한 사유 등을 기재한 의견서를 법원에 제출하거나 심문기일에 출석하여 그에 관한 의견을 진술할 수 있다(법 제238조의2 제4항).

피의자의 변호인도 심문기일에 출석하여 의견을 진술할 수 있다(형사소송법 제201조의2 제4항).

3) 변호인의 선정

심문할 피의자에게 변호인이 없는 때에는 군사법원 군판사는 직권으로 변호인을 선정하여야 한다. 이 경우 변호인 선정은 피의자에 대한 구속영장 청구가 기각되어 효력이 소멸한 경우를 제외하고는 제1심까지 효력이 있다(법 제238조의2 제8항), 군사법원은 변호인의 사정이나 그 밖의 사유로 변호인 선정결정이 취소되어 변호인이 없게 되었을 때에는 직권으로 변호인을 다시 선정할 수 있다(같은 조 제9항).

### 다. 심문순서

피의자심문은 (ⅰ) 진술거부권의 고지, (ⅱ) 인정심문, (ⅲ) 구속영장신청서에 기재된 범죄사실 및 구속사유의 고지, (ⅳ) 군판사의 피의자에 대한 심문, (ⅴ) 군판사의 제3자에 대한 심문, (ⅵ) 군검사 및 변호인의 의견진술, (ⅶ) 피의자의 의견진술의 순서로 진행한다.

군판사는 증거인멸 또는 도주의 우려를 판단하기 위하여 필요한 때에는 피의자의 경력, 가족관계나 교우관계 등 개인적인 사항에 관하여 심문할 수 있고 필요한 경우에는 심문장소에 출석한 피해자 그 밖의 제3자를 심문할 수 있다.

군검사와 변호인은 판사의 심문이 끝난 후에 의견을 진술할 수 있으며 필요한 경우에는 심문 도중에도 군판사의 허가를 얻어 의견을 진술할 수 있다.

### 라. 구속 전 피의자심문조서의 작성

구속 전 피의자 심문 후에는 심문조서를 공판조서에 준하여 작성하여야 한다(법 제238조의2 제10항, 제82조, 제85조, 제87조). 군사법원이 구속 전 피의자심문조서를 작성하는 때에는 조서 작성의 일반 원칙에 따라 조서 기재내용의 정확성 여부를 진술자에게 확인하고, 조서에 간인하여 기명날인 또는 서명을 받아야 하며, 군검사 피의자 또는 변호인이 조서 기재의 정확성에 관하여 이의를 제기한 때에는 그 진술의 요지를 기재하고 군판사 및 참여한 서기 등이 조서에 기명날인 또는 서명하여야 한다. 또한 군검사, 피의자, 변호인은 심문과정의 속기・녹음・영상녹화를 신청할 수 있으며 사후 속기록・녹음물・영상녹화물 사본을 신청할 수도 있다(같은 법 제238조의2 제10항, 제87조의3).

한편 이와 같은 구속전 피의자심문조서는 군사법원법 제368조(당연히 증거능력이 있는 서류) 제3호 소정의 "그 밖에 특히 신빙할 만한 정황에 따라 작성된 문서"에 해당한다.

### 마. 구속기간에의 불산입

구속영장이 청구된 피의자에 대하여 군판사가 구속전 피의자심문을 실시하는 경우 군사법원이 구속영장청구서・수사 관계 서류 및 증거물을 접수한 날부터 구속영장을 발부하여 군검찰부에 반환한 날까지의 기간은 군사법원법 제239조 및 제240조의 적용에 있어서 그 구속기간에 이를 산입하지 아니한다(법 제238조의2 제7항).

체포 또는 구인된 피의자에 대한 같은 법 제239조 및 제240조 소정의 구속기간은 구속영장 발부 시부터가 아니라 실제로 체포 또는 구인된 날로부터 기산해야하는 것이지만(같은 법 제240조의2), 구속영장이 청구된 사건에 대하여 구속 전 피의자심문이 실시되는 경우에는 그 기간 동안에는 수사기관이 수사를 할 수 없게 되므로 구속 전 피의자심문에 소요된 기간만큼은 수사기관의 구속기간에서 제외시키도록 한 것이다.

## V. 구속영장신청에 대한 판단

### 1. 구속영장의 발부

군판사는 구속영장의 청구가 상당하다고 인정할 때에는 구속영장을 발부한다(법 제238조 제5항 본문). 피의자에 대하여 피의자심문을 한 경우에 구속영장 발부 여부의 결정은 피의자심문을 종료한 때로부터 지체 없이 하여야 한다.

구속영장에는 피의자의 성명(분명하지 아니할 때에는 인상, 체격, 기타 피의자를 특정할 수 있는 사항)·주민등록번호·소속·계급·군번·주거, 변호인이 있는 경우 변호인의 성명, 피의자의 체포여부 및 체포된 피의자의 경우 체포된 형식, 청구서 접수일시, 기록반환 일시, 심문여부, 죄명 및 범죄사실의 요지, 구속영장의 유효기간 및 그 기간을 경과하면 집행에 착수하지 못하며 영장을 반환하여야 할 취지, 구금할 장소, 구속사유, 발부연원일, 영장을 청구한 검사의 관직·성명과 그 검사의 청구에 의하여 발부한다는 취지를 기재하여야 한다(군사소송규칙 제99조의2). 군판사는 구속영장을 발부하는 경우 구속영장의 해당란에 구속의 사유를 표시하여야 한다. 다만, 필요한 경우에는 증거를 인멸할 염려 또는 도망할 염려가 있다고 인정하는 주된 요소를 간략하게 기재할 수 있다.

## 2. 구속영장의 기각

군판사가 구속영장의 청구를 기각하는 경우에는 구속영장청구서 하단의 해당란 또는 별지에 구속영장을 기각하는 취지와 이유를 적고 서명날인하여 청구한 군검사에게 준다(법 제238조 제5항).

# Ⅵ. 구속영장의 집행 및 후속조치

## 1. 구속영장 집행의 절차

구속영장집행의 절차 및 요령은 체포영장의 집행과 같다. 즉, 구속영장은 군검사의 지휘에 따라 군사법경찰관리가 집행한다(군사법원법 제246조, 제119조 제1항 본문).

군사법경찰관리는 구속영장을 집행할 때에는 신속하고 정확하게 해야 한다(부령 제43조 제1항). 구속영장의 집행은 군검사가 서명 또는 날인하여 교부한 영장이나 군검사가 영장의 집행에 관한 사항을 적어 교부한 서면에 따른다(부령 제43조 제2항).

이를 집행함에 있어서는 미리 피의자에게 피의사실의 요지, 구속의 이유 및 변호인을 선임할 수 있음을 말하고 변명의 기회를 주어야 하며(법 제232조의5), 진술거부권이 있음을 알려 주어야 한다(준칙 제26조 제1항).

이때 피의자에게 알려 주어야 하는 진술거부권의 내용은 법 제236조의3 제1항 제1호 어떤 진술도 하지 아니하거나 각각의 질문에 대하여 진술하지 아니할 수 있다는 것, 제

2호 진술하지 아니하더라도 불이익을 받지 아니한다는 것, 제3호 진술을 거부할 권리를 포기하고 한 진술은 법정에서 유죄의 증거로 사용될 수 있다는 것으로 한다(준칙 제26조 제2항).

군사법경찰관은 제1항에 따라 피의자에게 그 권리를 알려 준 경우에는 피의자로부터 권리 고지 확인서를 받아 사건기록에 편철해야 한다(준칙 제26조 제3항).

수사준칙 제26조 제3항에 따른 권리 고지 확인서는 별지 제41호 서식에 따른다. 다만, 피의자가 권리 고지 확인서에 기명날인 또는 서명하기를 거부하는 경우에는 피의자를 구속하는 군사법경찰관리가 확인서 끝부분에 그 사유를 적고 기명날인 또는 서명해야 한다(부령 제43조 제3항). 구속영장을 집행할 때에는 피의자에게 반드시 제시하여야 하며 신속히 지정된 장소에 인치하여야 한다(법 제246조, 제123조 제1항, 제3항, 제4항). 군사법경찰관은 피의자를 체포·구속하는 과정에서 피의자 및 현장에 있는 가족 등 지인들의 인격과 명예를 침해하지 않도록 유의해야 한다(준칙 제5조 제2항).

군사법경찰관은 피의자를 구속하였을 때에는 소속 부대장과 변호인이 있으면 변호인에게, 변호인이 없으면 피의자의 법정대리인, 배우자, 직계친족 및 형제자매 중 피의자가 지정한 사람에게 24시간 이내에 서면으로 1. 사건명, 2. 구속의 일시·장소, 3. 범죄사실의 요지, 4. 구속의 이유, 5. 변호인 선임권을 통지해야 한다(법 제246조, 제127조 제1항, 제2항, 준칙 제27조 제1항). 군사법경찰관은 제1항에 따른 통지를 하였을 때에는 그 통지서 사본을 사건기록에 편철해야 한다. 다만, 변호인 및 구속통지의 상대방에 해당하는 사람이 없어서 구속의 통지를 할 수 없을 때에는 그 취지를 수사보고서에 적어 사건기록에 편철해야 한다(준칙 제27조 제2항).

군사법경찰관은 수사준칙 제27조 제1항에 따라 구속의 통지를 하는 경우에는 별지 제42호 서식의 구속 통지서에 따른다(부령 제45조).

체포의 통지는 긴급을 요하는 경우 전화, 모사전송, 전자우편, 휴대전화 문자전송, 기타 상당한 방법으로 할 수 있으나, 사후에 지체 없이 서면통지를 하여야 한다.

군사법경찰관리는 「군사법원법」 제246조에서 준용하는 같은 법 제130조 제2항에 따라 구속된 피의자가 변호인 선임을 의뢰한 경우에는 해당 변호인 또는 가족 등에게 그 취지를 통지하여야 하며 그 사실을 적은 서면을 해당 사건기록에 편철하여야 한다.

## 2. 체포·구속 시의 주의사항

### 가. 체포·구속 시의 주의사항

군사법경찰관리는 피의자를 체포·구속할 때에는 필요한 한도를 넘어서 실력을 행사하는 일이 없도록 하고 그 시간·방법을 고려하여야 한다. 군사법경찰관리는 다수의 피의자를 동시에 체포·구속할 때에는 각각의 피의자별로 피의사실, 증거방법, 체포·구속 시의 상황, 인상, 체격 그 밖의 특징 등을 명확히 구분하여 체포·구속, 압수·수색 또는 검증 그 밖의 처분에 관한 서류의 작성, 조사, 증명에 지장이 생기지 않도록 하여야 한다. 군사법경찰관리는 피의자를 체포·구속할 때에는 피의자의 건강상태를 조사하고 체포·구속으로 인하여 현저하게 건강을 해할 염려가 있다고 인정할 때에는 그 사유를 소속 수사부대(서)의 장에게 보고하여야 한다. 군사법경찰관리는 피의자가 도주, 자살 또는 폭행 등을 할 염려가 있을 때에는 수갑·포승 등 경찰장구를 사용할 수 있다.

### 나. 체포·구속된 피의자의 처우

수사부대(서)의 장은 체포·구속된 피의자에게 공평하고 상당한 방법으로 급식, 위생, 의료 등을 제공하여야 한다.

### 다. 피의자의 도주 등

군사법경찰관리는 구금 중에 있는 피의자가 도주 또는 사망하거나 그 밖에 이상이 발생하였을 때에는 즉시 소속 수사부대(서)의 장에게 보고하고, 수사부대(서)의 장은 상급 수사부대(서)의 장에게 보고한다.

## 3. 구속사건의 표시 및 구속기간 산정 유의

군사법경찰관은 피의자를 구속한 경우 10일 이내에 피의자를 군검사에게 인치하지 아니하면 석방하여야 한다(법 제239조).

기간의 계산에 관하여는 시로써 계산하는 것은 즉시부터 기산하고 일, 월 또는 년으로써 계산하는 것은 초일을 산입하지 아니한다. 단, 시효와 구속기간의 초일은 시간을 계산함이 없이 1일로 산정한다(법 제103조 제1항), 기간의 말일이 공휴일 또는 토요일에 해당하는 날은 기간에 산입하지 아니한다. 단, 시효와 구속의 기간에 관하여는 예외로 한다(같은 조 제3항).

체포·긴급체포·현행범인체포 후 구속한 경우에는 체포한 날로부터, 미체포 피의자를 구인한 후 구속한 경우에는 구인한 날부터 구속기간을 계산하고(법 제240조의2), 특히 구속영장 발부과정에서 군판사가 구속전 피의자심문을 하는 경우에는 군사법원이 구속영장청구서·수사 관계 서류 및 증거물을 접수한 날부터 구속영장을 발부하여 군검찰부에 반환한 날까지의 기간은 구속기간에 이를 산입하지 아니한다(같은 법 제238조의2 제7항).

### 4. 미집행시의 조치

군사법경찰관은 구속영장의 유효기간 내에 영장의 집행에 착수하지 못했거나 그 밖의 사유로 영장의 집행이 불가능하거나 불필요하게 되었을 때에는 즉시 해당 영장을 군사법원에 반환해야 한다. 이 경우 구속영장이 여러 통 발부된 경우에는 모두 반환해야 한다(준칙 제29조 제1항).

군사법경찰관이 구속영장을 반환하는 경우에는 그 영장을 청구한 군검사에게 반환하고, 군검사는 군사법경찰관이 반환한 영장을 군사법원에 반환해야 한다(준칙 제29조 제3항).

군사법경찰관은 구속영장을 반환하는 경우에는 반환사유 등을 적은 영장반환서에 해당 영장을 첨부하여 반환하고, 그 사본을 사건기록에 편철해야 한다(준칙 제29조 제2항).

수사준칙 제29조 제2항에 따른 영장반환서는 별지 제42호 서식에 따른다(부령 제46조).

군사법경찰관리는 해당 영장을 군검사에게 반환하고자 할 때에는 신속히 소속 수사부대(서)의 장에게 그 취지를 보고하여 지휘를 받아야 하고, 영장을 반환할 때에는 영장 사본을 사건기록에 편철해야 한다.

## Ⅶ. 접견금지 등

군사법경찰관은 구속된 피의자가 외부와 연락하여 도망하거나 죄증을 인멸할 염려가 있다고 인정할 만한 상당한 이유가 있을 때에는 변호인, 변호인이 되려는 자 및 의사 이외의 자와의 접견을 금지하거나 수수할 서류 기타 물건의 검열, 수수의 금지 또는 압수를 할 수 있다. 다만 의류, 양식, 의료품의 주고받는 행위를 금지하거나 압수할 수 없다(법 제246조, 제131조, 제63조).

군사법경찰관은 법 제232조의6 및 제246조에서 준용하는 법 제131조 또는 「군에서의 형의 집행 및 군수용자의 처우에 관한 법률」 제42조에 따라 체포 또는 구속된 피의자와 법 제63조에서 규정한 변호인 또는 변호인이 되려는 사람이 아닌 사람과의 접견 등을 금지하려는 경우에는 별지 제44호 서식의 피의자 접견 등 금지 결정서에 따른다(부령 제47조 제1항). 군사법경찰관은 제1항의 결정을 취소하는 것이 타당하다고 인정되어 피의자 접견 등의 금지를 취소하는 경우에는 별지 제45호 서식의 피의자 접견 등 금지 취소 결정서에 따른다(부령 제47조 제2항). 제1항의 피의자 접견 등 금지 결정은 군사법경찰관의 사건 송치와 동시에 그 효력을 상실한다(부령 제47조 제3항).

군사법경찰관리는 변호인 또는 변호인이 되려는 사람으로부터 체포·구속된 피의자와의 접견, 서류 또는 물건의 수수, 의사의 진료(이하 "접견등"이라 한다) 신청이 있을 때에는 정당한 사유가 없는 한 응하여야 한다. 군사법경찰관리는 변호인 아닌 사람으로부터 제1항의 신청이 있을 때에는 면밀히 검토하여 피의자가 도망 또는 죄증을 인멸할 염려가 없고 유치장의 보안상 지장이 없다고 판단되는 경우에는 제1항에 준하여 처리한다. 군사법경찰관리는 「군사법원법」 제232조의6 및 제246조에서 준용하는 같은 법 제129조에 따라 체포·구속된 피의자로부터 타인과의 접견등의 신청이 있을 때에는 도망 또는 죄증을 인멸할 염려가 있거나 유치장의 보안상 지장이 있다고 판단되는 경우를 제외하고 응하여야 한다. 군사법경찰관리는 체포·구속된 피의자와의 접견 등의 신청에 응하였을 때에는 체포·구속인접견부, 체포·구속인교통부, 물품차입부 또는 체포·구속인수진부에 그 상황을 상세히 적어야 한다.

## Ⅷ. 구속의 집행정지 및 구속의 취소

### 1. 구속의 집행정지

군사법경찰관은 상당한 이유가 있는 때에는 군검사에게 구속집행정지신청을 하여 구속된 피의자를 영내거주자이면 그 소속 부대장에게 부탁하고, 영내거주자가 아니면 친족, 보호단체, 그 밖의 적당한 사람에게 부탁하거나 피고인의 주거를 제한할 수 있다(법 제246조, 제141조 제1항).

구속의 집행정지를 받은 피의자가 1. 도주한 경우, 2. 도주하거나 범죄증거를 없앨 우려가 있다고 믿을 만한 충분한 이유가 있는 경우, 3. 소환을 받고 정당한 사유 없이 출석하지 아니한 경우, 4. 피해자, 해당 사건의 재판에 필요한 사실을 알고 있다고 인정되는 사람 또는 그 친족의 생명·신체나 재산에 해를 끼치거나 그럴 우려가 있다고 믿을 만한 충분한 이유가 있는 경우, 5. 주거의 제한이나 그 밖에 군사법원이 정한 조건을 위반한 경우에는 군사법경찰관은 군검사에게 구속집행정지 취소신청을 할 수 있다(법 제246조, 제142조 제2항). 구속집행정지기간을 정하여 구속의 집행을 정지한 경우에는 구속집행정지취소결정 없이도 기간이 만료되면 재수용하게 된다.

군사법경찰관은 법 제246조에서 준용하는 법 제141조 제1항에 따라 구속의 집행을 정지하는 경우에는 별지 제53호 서식의 구속집행정지 결정서에 따른다(부령 제50조 제1항). 구속의 집행을 정지한 군사법경찰관은 지체 없이 별지 제54호 서식의 구속집행정지 통보서를 작성하여 군검사에게 그 사실을 통보하고, 그 통보서 사본을 사건기록에 편철해야 한다(부령 제50조 제2항). 군사법경찰관은 법 제246조에서 준용하는 법 제142조 제2항에 따라 구속집행정지 결정을 취소하는 경우에는 별지 제55호 서식의 구속집행정지 취소 결정서에 따른다(부령 제50조 제3항).

## 2. 구속의 취소

군사법경찰관은 피의자에 대하여 구속의 사유가 없거나 소멸된 때에는 군검사에게 구속취소신청을 할 수 있다(법 제246조, 제133조).

군사법경찰관은 법 제246조에서 준용하는 법 제133조에 따라 구속을 취소하여 피의자를 석방하는 경우에는 별지 제51호 서식의 구속취소 결정서에 따른다. 다만, 법 제283조 제1항에 따라 군검사에게 송치해야 하는 사건인 경우에는 사전에 별지 제52호 서식의 구속취소 동의 요청서에 따라 군검사의 동의를 받아야 한다(부령 제49조 제1항).

## IX. 구속피의자의 석방 및 재구속의 제한

### 1. 구속피의자의 석방

군검사는 구속한 피의자를 구속기간의 만료·구속의 집행정지·구속의 취소 등에 의하여 석방하였을 때에는 지체 없이 영장을 발부한 군사법원에 그 사유를 서면으로 통지하여야 한다(법 제241조).

군사법경찰관이 구속한 피의자를 석방한 경우에는 지체 없이 별지 제52호 서식의 석방 통보서를 작성하여 군검사에게 석방사실을 통보하고, 그 통보서 사본을 사건기록에 편철해야 한다(부령 제49조 제2항).

### 2. 재구속의 제한

군사법경찰관에게 구속되었다가 석방된 사람은 다른 중요한 증거를 발견한 경우를 제외하고는 같은 범죄사실로 다시 구속하지 못한다(법 제245조 제1항).

여기에서 같은 범죄사실이라 함은 죄명에 관계없이 기본적 사실이 동일함을 말하므로 포괄일죄 처분상의 일죄(상상적경합)가 포함됨은 물론이고 실체적 경합관계라고 하더라도 1개의 목적을 위하여 동시 또는 수단·결과의 관계에서 한 행위는 같은 범죄사실로 본다(법 제245조 제2항).

그러나 구속적부심사결정에 의하여 석방된 피의자가 도주하거나 범죄증거를 없애는 경우에도 같은 범죄사실로 재구속될 수 있다(법 제253조 제1항).

위와 같은 재구속제한의 원칙(1죄1구속의 원칙)을 적용할 때「다른 중요한 증거를 발견한 경우」란 구속수사 중 증거가 불충분하여 구속을 취소하고 석방한 후 수사를 계속하여 다른 증거를 발견한 경우(예컨대, 공범자의 미체포로 석방한 후 공범자를 검거하여 충분한 증거를 확보한 경우 등)와 구속취소결정 후 그 결정이 잘못되었음을 뒷받침하는 결정적인 증거가 새로 발견된 경우(예컨대, 친고죄에 있어서 고소취소를 이유로 구속취소 하였으나 그 후 그 고소취소가 강압에 의한 것으로서 진의가 아니었음을 증명한 경우 등) 등이 있을 수 있다.

「재구속영장청구서」에는 일반적인 기재사항 이외에 재구속영장의 청구라는 취지와 새로 발견한 중요한 증거의 요지 등 군사법원법 제245조 제1항, 제253조에 규정한 재구속사유를 기재하여야 한다(법 제238조 제6항).

## X. 구속의 적부심사

### 1. 심사의 청구

구속된 피의자 또는 그 변호인, 법정대리인, 배우자, 직계친족, 형제자매, 가족, 동거인 또는 고용주는 관할 군사법원에 구속의 적부심사를 청구할 수 있다(법 제252조 제1항). 피의자를 구속한 군사법경찰관은 구속된 피의자와 변호인, 법정대리인, 배우자, 직계친족, 형제자매, 가족, 동거인 또는 고용주 중에서 피의자가 지정하는 사람에게 구속적부심사를 청구할 수 있음을 알려야 한다(법 제252조 제2항, 준칙 제27조 제3항). 그 청구를 위하여 구속영장 등본의 교부를 청구하면 군사법경찰관은 그 등본을 교부해야 한다(준칙 제28조).

군사법경찰관리는 구속영장 등본을 교부한 때에는 구속영장등본교부대장에 교부사항을 적어야 한다.

### 2. 법원의 심사

구속영장을 발부한 군판사는 심문, 조사 및 결정에 관여하지 못하나 그 군판사 외에는 심문, 조사 및 결정을 할 군판사가 없는 경우에는 예외이다(법 제252조 제12항).

구속의 적부심사는 구속의 적법 여부뿐만 아니라 구속의 당부, 즉 구속을 계속할 필요 여부를 판단기준으로 하되, 적부심사 시까지의 변경된 사정도 고려하여야 한다. 사안에 따라 무조건의 석방명령이 부적당하다고 보일 경우에는 보증금납입을 조건으로 한 석방명령을 활용할 수 있다.

#### 가. 심문 없이 즉시 기각하는 경우

법원은 (i) 청구권자가 아닌 사람이 청구하거나, (ii) 같은 체포영장 또는 구속영장의 발부에 대하여 재청구하였을 때, (iii) 공범 또는 공동피의자가 차례로 청구한 것이 수사를 방해할 목적임이 명백할 때에는 심문 없이 결정으로 청구를 기각할 수 있다(법 제252조 제3항).

### 나. 심문기일의 지정 및 통지

적부심사의 청구를 받은 군사법원은 심문기일을 지정하여 지체 없이 청구인, 변호인, 군검사 및 피의자를 구금하고 있는 관서의 장에게 심문기일과 장소를 통지하여야 한다(군사소송규칙 제106조의3 제1항). 심문기일의 통지는 서면 이외에 구술, 전화, 모사전송, 전자우편, 휴대전화 문자전송 그 밖에 적당한 방법으로 신속하게 하여야 한다(군사소송규칙 제100조의12 제3항).

### 다. 수사기록 등 송부

군사법경찰관리는 체포·구속적부심사 심문기일과 장소를 통보받은 경우에는 위 심문기일까지 수사관계서류와 증거물을 군검사를 거쳐 군사법원에 제출하여야 하고, 위 심문기일에 피의자를 군사법원에 출석시켜야 한다. 군사법경찰관리는 수사관계서류 및 증거물을 제출하는 경우에는 수사관계서류 등 제출서에 소정의 사항을 작성하고, 「군사법원법」 제252조 제5항 각 호의 사유가 있거나 같은 조 제6항에 따른 석방조건을 부가할 필요가 있는 경우 및 같은 조 제11항에 따른 공범의 분리심문이나 그 밖의 수사상의 비밀보호를 위한 조치가 필요한 때에는 그 뜻을 적은 서면을 수사관계서류 등 제출서에 첨부한다.

### 라. 피의자심문 및 조사

군사법원은 심문기일에 구속된 피의자를 심문하고 수사 관계 서류와 증거물을 조사한다(법 제252조 제4항). 피의자에게 변호인이 없고 법 제66조의 사유가 있는 때에는 국선변호인을 선정하여야 한다(법 제252조 제10항, 제66조). 심문기일에 출석한 군검사, 변호인, 청구인은 의견을 진술할 수 있으며(법 제252조 제9항), 피의자, 변호인 또는 청구인은 피의자에게 유리한 자료를 제출할 수 있다(군사소송규칙 제107조 제3항). 군사법원은 심문을 하는 경우 공범의 분리심문이나 그 밖에 수사상의 비밀 보호를 위한 적절한 조치를 하여야 한다(법 제252조 제11항).

심문기일에 피의자를 심문하는 경우 서기는 심문의 요지 등을 조서로 작성하여야 한다(법 제252조 제14항, 제238조의2 제6항). 이 경우 심문조서는 앞에서 살펴본 구속 전 피의자심문조서와 같이 공판조서의 원칙적 작성방법(법 제82조)에 따라 작성되어야 하고 공판조서 작성상의 특례규정(같은 법 제88조)에 의할 수는 없다(같은 법 제252조 제14항, 제238조의2 제6항, 제10항). 이와 같은 심문조서는 같은 법 제368조 제3호의 당연히 증거능력 있는 서류에 해당한다.

## 3. 법원의 결정

군사법원의 구속적부심사청구에 대한 결정은 피의자에 대한 심문이 종료된 때부터 24시간 이내에, 청구서가 접수된 때부터 48시간 이내에 이를 하여야 하며(법 제252조 제4항, 군사소송규칙 제109조), 청구의 기각 또는 석방의 결정에 대하여는 항고할 수 없다(법 제252조 제8항), 심사청구 후 당해 사건에 대한 공소제기가 있는 경우에도 기각 또는 석방의 결정을 해야 한다(같은 조 제4항).

### 가. 기각결정

군사법원의 심사결과 그 청구가 이유 없다고 인정된 때에는 결정으로 기각한다(같은 조 제4항).

### 나. 석방결정

군사법원이 적부심사의 청구를 이유 있다고 인정한 때에는 결정으로 구속된 피의자의 석방을 명하여야 한다(법 제252조 제4항).

1) 석방지휘

구속적부심사결정등본을 군사법원으로부터 송부받은 군검사는 군사법경찰관에게 교부하여 수사기록에 편철케 한다.

군사법경찰관리는 군사법원이 석방결정을 한 경우에는 피의자를 즉시 석방하여야 한다.

2) 재구속의 제한

구속적부심사결정에 의하여 석방된 피의자는 도주하거나 범죄증거를 없앨 경우를 제외하고는 같은 범죄사실로 다시 구속하지 못한다(법 제253조 제1항).

### 다. 보증금납입조건부 피의자석방

1) 요건

구속된 피의자 또는 그 변호인 등이 구속의 적부심사를 청구한 경우 법원은 1. 범죄증거를 없앨 우려가 있다고 믿을 만한 충분한 이유가 있는 경우, 2. 피해자, 해당 사건의 재판에 필요한 사실을 알고 있다고 인정되는 사람 또는 그 친족의 생명·신체·재산에 해를 끼치거나 그럴 우려가 있다고 믿을 만한 충분한 이유가 있는 경우를 제외하고는 피의자의 출석을 보증할 만한 보증금의 납입을 조건으로 하여 결정으로 피의자의 석방을 명할 수 있다(법 제252조 제5항).

2) 보증금액의 결정 기타 조건의 부가

법원은 보증금납입조건부 피의자석방결정을 명함에 있어서는 범죄의 성질, 죄상, 증거의 증명력, 피의자의 전과, 성격, 환경 및 자산을 고려하여 피의자의 출석을 보증할 만한 보증금을 정하여야 하며 피의자의 자금 능력 또는 자산 정도로는 납입할 수 없는 보증금액을 정할 수 없다(법 제252조 제7항, 제138조).

이 경우에 주거의 제한, 군사법원 또는 군검사가 지정하는 일시, 장소에 출석할 의무, 그 밖의 적당한 조건을 부가할 수 있다(법 제252조 제6항).

3) 집행

보증금납입조건부 피의자석방결정은 보증금을 납입한 후가 아니면 집행하지 못한다(법 제252조 제7항, 제140조 제1항).

군사법원은 유가증권 또는 피의자 이외의 자가 제출한 보증서로써 보증금에 갈음함을 허가할 수 있고, 이 보증서에는 보증금액을 언제든지 낼 것을 적어야 한다(같은 법 제252조 제7항, 제140조 제3항, 제4항).

군사법경찰관리는 군사법원이 보증금의 납입을 조건으로 석방결정을 한 경우에는 보증금 납입증명서를 제출받은 후 석방하여야 한다.

4) 재구속의 제한

보증금납입조건부 피의자석방결정에 의하여 석방된 피의자는 도망한 때, 도망하거나 죄증을 인멸할 염려가 있다고 믿을 만한 충분한 이유가 있는 때, 출석요구를 받고 정당한 이유 없이 출석하지 아니한 때, 주거의 제한 기타 법원이 정한 조건을 위반한 때에 해당하는 사유가 있는 경우를 제외하고는 동일한 범죄사실에 관하여 재차 구속하지 못한다(법 제253조 제2항).

5) 보증금의 몰수

법원은 보증금납입조건부로 석방된 자를 (i) 법 제253조 제2항에 열거된 사유로 재차 구속할 때, (ii) 공소가 제기된 후 군사법원이 같은 범죄사실로 다시 구속할 때에는 직권 또는 군검사의 청구에 의하여 결정으로 피의자가 납입한 보증금의 전부 또는 일부를 몰취할 수 있다(임의적 몰수: 법 제253조의2 제1항).

보증금납입조건부로 석방된 자가 같은 범죄사실에 관하여 형의 선고를 받고 그 판결이 확정된 후, 집행하기 위한 소환을 받고 정당한 이유 없이 출석하지 아니하거나 도주한 때에는 직권 또는 검사의 청구에 따라 결정으로 보증금의 전부 또는 일부를 몰취하여야 한다(필요적 몰수: 같은 법 제253조의2 제2항).

## 4. 구속기간에의 불산입

군사법원이 수사 관계 서류와 증거물을 접수한 때부터 구속적부심사결정 후 검찰부에 반환할 때까지의 기간은 군사법경찰관의 구속기간에 산입하지 아니한다(법 제253조의2 제13항).

이 경우 불산입되는 기간은 구속전피의자심문신청이 있는 경우와 같이 날을 기준으로 하여 수사 관계 서류 등 접수일과 반환일이 같으면 1일이, 수사 관계 서류 등 접수일 익일이 반환일이면 2일이 불산입된다.

# [4] 압수·수색·검증

## Ⅰ. 압수와 수색

### 1. 의의

압수는 증거물 또는 몰수할 것으로 생각되는 물건의 점유를 강제적으로 취득하는 처분이고(법 제258조, 제146조 제1항), 수색은 위와 같은 물건이나 사람을 발견하기 위하여 사람의 신체, 물건, 주거나 그 밖의 장소에 강제력을 행사하는 처분을 말한다(법 제258조, 제149조).

수사기관의 대인적 강제처분인 피의자의 체포·구속이 피의자의 신병확보, 피의자의 도주 및 증거인멸의 방지를 목적으로 함에 대하여 대물적 강제처분인 압수·수색·검증은 주로 증거의 수집·확보를 목적으로 하고 있다. 다만 수색은 피의자의 발견을 위해서도 행하여진다(법 제255조 제1항 제1호).

압수와 수색은 성질상 서로 별개의 처분이지만 실제로는 같은 기회에 같은 장소에서 행하여지는 것이 보통이다. 따라서 압수영장과 수색영장을 따로 발부받지 아니한다(법 제258조, 제154조).

### 2. 영장주의

#### 가. 원칙

강제처분으로서의 압수수색은 개인의 재산권, 주거권, 인격권 등 기본적 인권에 관계되는 것이므로 수사기관이 이를 임의로 할 수 없음은 물론이다.

즉, 군사법경찰관은 군검사에게 신청하여 군검사의 청구로 관할 군사법원 군판사가 발부한 압수·수색영장에 따라 압수·수색 또는 검증을 할 수 있다(법 제254조 제2항, 헌법 제12조 제3항).

## 나. 예외

위와 같은 사전영장의 원칙에 대하여는 다음과 같은 예외가 인정되고 있다.

① 군사법경찰관은 피의자를 구속영장에 의한 구속, 체포영장에 의한 체포, 긴급체포, 현행범인 체포를 하는 경우에 필요한 때에는 영장 없이 다른 사람의 주거나 타인이 간수하는 가옥, 건조물, 항공기, 선박 또는 차량 내에서 피의자 수사를 할 수 있다(법 제255조 제1항 제1호).

일반인이 현행범인 체포를 위하여 타인의 주거에 들어간 것에 대하여 주거침입이 성립한다는 판례가 있다(대법원 1965. 12. 12. 선고 65도899 판결).

제1호는 수사기관이 피의자를 구속·체포하기 위하여 필요한 때에는 수색영장 없이 타인의 주거 등에 들어갈 수 있다는 취지를 규정한 것으로 본호 소정의 '피의자 수사'는 피의자를 체포·구속하기 위한 수색을 의미한다. 따라서 피의자를 구속하거나 현행범인을 체포한 후에는 본호에 의한 수색은 인정되지 않는다.

② 군사법경찰관은 피의자를 구속영장에 의한 구속, 체포영장에 의한 체포, 긴급체포, 현행범인 체포를 하는 경우에 필요한 때에는 영장 없이 그 체포현장에서 압수·수색 또는 검증을 할 수 있다(법 제255조 제1항 제2호).

체포현장이라고 하는 것은 체포의 장소와 동일성이 인정되는 범위 내의 장소를 가리키는 일정한 범위의 장소적 개념이다.

피의자에 대한 체포 현장에서 행하는 압수·수색 또는 검증에 영장을 요하지는 않지만, 압수를 계속할 필요가 있는 때에는 지체 없이 압수수색영장을 청구하여야 한다. 이 경우 압수수색영장의 청구는 체포한 때부터 48시간 이내에 하여야 한다(법 제256조 제2항). 만약 청구한 압수수색영장을 발부받지 못한 때에는 압수한 물건을 즉시 반환하여야 한다(법 제256조 제3항).

제2호에 의한 압수수색은 체포 또는 구속의 원인이 되는 범죄사실과 관련이 있는 물건에 대하여만 허용된다. 즉 그 범죄사실과 관련하여 몰수할 것으로 사료되거나 그 범죄사실에 관한 증거를 수집·보전하기 위하여 필요한 경우에 한한다. 그 범죄사실이 아닌 별개 범죄사실의 증거에 대하여는 그 적법성에 관하여 별도로 판단하여야 한다.

③ 군사법경찰관이 피고인에 대한 구속영장을 집행하는 경우에 필요한 때에는 집행현장에서 압수·수색 또는 검증할 수 있다(법 제255조 제2항).

제2항은 피고인에 대한 구속영장을 집행함에 있어 그 집행기관이 영장집행의 현장에서 압수·수색·검증영장 없이 압수·수색·검증을 할 수 있다는 취지를 규정한 것이다.

피고인에 대한 구속영장의 집행 그 자체는 집행기관의 활동으로서 수사처분은 아니나 구속영장집행의 현장에서 행하는 압수·수색·검증은 수사기관의 지위에서 행하는 수사처분에 속한다. 따라서 그 결과를 군판사에게 보고하거나 압수물을 제출할 것을 요하는 것은 아니다.

④ 범행 중 또는 범행 직후의 범죄장소에서 상황이 긴급하여 영장을 발부받을 수 없는 때에는 영장 없이 압수·수색·검증을 할 수 있다. 이 경우에는 사후에 지체 없이 압수·수색·검증영장을 발부받아야 한다(법 제255조 제3항).

본항은 압수·수색의 긴급성에 대처하기 위하여 사전영장주의의 예외를 인정한 것으로서, 피의자의 체포·구속을 전제로 하지 않는다는 점에서 체포현장에서의 압수수색과 다르다.

수사기관이 범죄의 신고를 받고 그 현장에 도착하였을 때 범인이 이미 도주한 후이거나 범죄가 경미하여 체포·구속의 필요성이 없는 경우에도 통상적으로 범죄장소에는 범죄에 관한 증거가 많고 또한 증거인멸의 방지를 위한 압수·수색의 긴급성이 요청되는 경우에 대비하여 본항을 규정한 것이다. 즉, 본항의 경우에는 범행직후의 범죄장소이면 족하고 범인이 범행현장에 있음을 요하지 아니하며 범인을 체포하지 않더라도 무방하다.

본항에 의하여 압수·수색을 한 후 사후영장을 발부받지 못한 때에는 압수한 물건을 즉시 반환하여야 한다.

⑤ 군사법경찰관은 긴급체포된 자가 소유·소지 또는 보관하는 물건에 대하여 긴급히 압수할 필요가 있는 경우에는 24시간 이내에만 영장 없이 압수·수색 또는 검증을 할 수 있다(법 제256조 제1항).

긴급체포의 경우에도 체포현장에서의 압수·수색 또는 검증은 제255조 제1항 제2호에 의하여 영장 없이 할 수 있으므로 본조의 처분은 긴급체포에 따른 부수처분이라고 할 수 없으며, 본조를 적용하는 경우에 체포와의 장소적 동일성을 요하는 것은 아니다.

긴급체포된 자로부터 압수한 물건을 계속 압수할 필요가 있는 경우에는 지체 없이 압수수색영장을 청구하여야 한다. 이 경우 압수수색영장의 청구는 체포한 때부터 48시간 이내에 하여야 한다. 만약 청구한 압수수색영장을 발부받지 못한 때에는 압수한 물건을 즉시 반환하여야 한다(법 제256조 제2항, 제3항).

## 3. 요건

### 가. 범죄혐의

압수수색을 함에 있어서는 체포, 구속과 마찬가지로 범죄혐의의 존재가 요구된다. 군사법원법은 「범죄수사에 필요할 때에는 피의자가 죄를 범하였다고 의심할 만한 정황이 있고」라는 점을 명시하여 이를 밝히고 있다(법 제254조). 범죄혐의가 없다면 처음부터 수사를 개시할 수 없기 때문이다.

한편, 군사법원법상 압수수색의 경우에는 "피의자가 죄를 범하였다고 의심할 만한 정황"을 요건으로 하고 있고(법 제254조), 체포·구속의 경우에는 "죄를 범하였다고 의심할 만한 상당한 이유를 요건으로 하고 있다(법 제232조의2 제1항, 제232조의3 제1항, 제238조 제1항).

따라서, 압수·수색의 요건으로서 범죄혐의는 체포·구속시의 범죄혐의와 동일한가의 문제가 있다.

그러나 압수·수색의 경우에는 체포·구속에 비하여 범죄혐의의 정도가 낮아도 무방하다고 보는 것이 타당하다.

왜냐하면, 군사법원법은 위와 같이 압수·수색과 체포·구속의 요건을 달리 규정하고 있고, 압수·수색은 대부분 체포·구속에 앞서 행하여지고 있기 때문이다.

### 나. 압수·수색의 필요성

수사상 압수·수색은 범죄수사에 필요한 때에 이를 행할 수 있다(법 제254조 제1항, 제2항).

압수수색의 필요성은 자의적 판단에 의할 것이 아니라 합리적인 평균인의 관점에서 판단하여야 한다.

수사상 압수수색의 필요성은 범죄의 형태와 경중, 대상물의 증거가치, 중요성 및 멸실의 염려, 처분을 받는 자의 불이익의 정도 등 제반사정을 고려하여 결정해야 한다.

### 다. 해당 사건과의 관련성

해당 사건과 관계가 있다고 인정할 수 있는 것에 한정하여 압수·수색을 할 수 있다(법 제254조).

군사법경찰관은 압수·수색 또는 검증영장을 청구하거나 신청할 때에는 압수·수색 또는 검증의 범위를 범죄 혐의의 소명에 필요한 최소한으로 정해야 하고, 수색 또는 검증할 장소·신체·물건 및 압수할 물건 등을 구체적으로 특정해야 한다(준칙 제31조).

이 경우 압수·수색 또는 검증의 필요성 및 해당 사건과의 관련성을 인정할 수 있는 자료를 신청서에 첨부해야 한다(부령 제51조 제1항). ② 압수·수색 또는 검증영장의 집행 및 반환에 관하여는 제50조 제1항·제2항 및 제53조를 준용한다(부령 제51조 제2항).

## 4. 절차

### 가. 압수·수색영장(사전)의 신청

군사법경찰관은 수사준칙 제31조에 따라 압수·수색 또는 검증영장을 신청하는 경우에는 별지 제56호 서식부터 별지 제58호 서식까지의 압수·수색·검증영장 신청서에 따른다(부령 제51조 제1항).

압수·수색·검증영장청구서에는 (i) 피의자의 성명, 죄명, 압수할 물건, 수색할 장소·신체·물건, 범죄사실 및 압수·수색의 사유, 신청하는 군사법경찰관의 성명 등 영장에 기재할 사항(법 제258조, 제154조) 이외에 (ii) 청구하는 영장의 유효기간, 일출 전 또는 일몰 후에 압수·수색할 필요가 있는 때에는 그 취지 및 사유 등을 기재하여야 한다(군사소송규칙 제110조).

압수수색영장을 신청할 때에는 피의자에게 범죄의 혐의가 있다고 인정되는 자료와 압수수색의 필요 및 해당 사건과의 관련성을 인정할 수 있는 자료를 제출하여야 하고(군사소송규칙 제110조 제1항), 피의자가 아닌 자의 신체, 물건, 주거 기타장소의 수색을 위한 영장의 신청을 할 때에는 그곳에 압수하여야 할 물건이 있다고 인정될 만한 자료를 제출하여야 한다(군사소송규칙 제110조 제2항).

군사법경찰관리는 「군사법원법」제254조 제2항에 따라 압수·수색·검증영장을 신청할 때에는 압수·수색·검증영장신청부에 신청의 절차, 발부 후의 상황 등을 명확히 적어야 한다.

군사법경찰관리는 피의자 아닌 자의 신체, 물건, 주거 그 밖의 장소에 대하여 압수·수색영장을 신청할 때에는 압수할 물건이 있다는 개연성을 소명할 수 있는 자료를 기록에 첨부하여야 한다. 군사법경찰관리는 우편물 또는 전신에 관한 것으로서 체신관서 그 밖의 자가 소지 또는 보관하는 물건(피의자가 발송한 것이나 피의자에 대하여 발송된 것을 제외한다)에 대한 압수·수색영장을 신청할 때에는 그 물건과 해당 사건의 관련성을 인정할 수 있는 자료를 기록에 첨부하여야 한다.

### 나. 압수·수색영장의 집행

1) 집행지휘

압수·수색영장은 군검사의 지휘에 따라 군사법경찰관리가 집행한다(법 제258조, 제156조 제1항 본문).

압수·수색영장의 기각 및 집행지휘의 방법은 체포영장의 경우와 같다.

2) 집행의 방법

**가) 영장의 제시 등**

압수·수색영장은 처분을 받는 사람에게 반드시 제시하여야 한다(제258조, 제158조). 군사법경찰관은 법 제258조에서 준용하는 법 제159조에 따라 영장을 제시할 때에는 피압수자에게 군판사가 발부한 영장에 따른 압수·수색 또는 검증이라는 사실과 영장에 기재된 범죄사실 및 수색 또는 검증할 장소·신체·물건, 압수할 물건 등을 명확히 알리고, 피압수자가 해당 영장을 열람할 수 있도록 해야 한다(준칙 제32조 제1항). 군사법경찰관리는 영장에 따라 압수·수색·검증을 할 때에는 처분을 받는 자에게 반드시 제시하여야 하고, 처분을 받는 자가 피의자인 경우에는 그 사본을 교부할 수 있다. 다만, 처분을 받는 자가 현장에 없는 등 영장의 제시나 그 사본의 교부가 현실적으로 불가능한 경우 또는 처분을 받는 자가 영장의 제시나 사본의 교부를 거부한 때에는 예외로 한다.

제1항에 따라 사본을 교부하는 경우에는 영장 사본 교부 확인서에 따른다. 제1항의 경우에 부득이한 사유로 해당 처분을 받는 자에게 영장을 제시할 수 없을 때에는 참여인에게 이를 제시하여야 한다.

압수·수색 또는 검증의 처분을 받는 자가 여럿인 경우에는 모두에게 개별적으로 영장을 제시해야 한다(준칙 제32조 제2항). 현장에서 압수·수색을 당하는 사람이 여러 명일 경우에는 그 사람들 모두에게 개별적으로 영장을 제시해야 하는 것이 원칙이다. 수사기관이 압수·수색에 착수하면서 그 장소의 관리책임자에게 영장을 제시하였다고 하더라도, 물건을 소지하고 있는 다른 사람으로부터 이를 압수하고자 하는 때에는 그 사람에게 따로 영장을 제시하여야 한다(대법원 2009. 3. 12. 선고 2008도763 판결).

압수·수색영장의 집행 중에는 다른 사람의 출입을 금지할 수 있고, 이에 위반한 사람에 대하여는 퇴거하게 하거나 집행을 마칠 때까지 감시인을 붙일 수 있으며(법 제258조, 제160조), 영장집행을 중지한 경우에 필요하면 집행이 종료될 때까지 그 장소를 폐쇄하거나 감시인을 둘 수 있다(법 제258조, 제168조). 군사법경찰관리는 압수·수색 또는 검증에 착수한 후 이를 일시 중지하는 경우에는 그 장소를 폐쇄하거나 관리자를 선정하여 사후의 압수·수색 또는 검증을 계속하는 데에 지장이 없도록 하여야 한다. 압수·수색영장을 집행할 때에는 자물쇠를 열거나 개봉, 그 밖에 필요한 처분을 할 수 있다(같은 법 제258조, 제161조).

하나의 압수·수색영장으로 수회의 집행이 가능한지에 관하여 판례는 "형사소송법 제215조에 의한 압수·수색영장은 수사기관의 압수·수색에 대한 허가장으로서 거기에 기재되는 유효기간은 집행에 착수할 수 있는 종기를 의미하는 것일 뿐이므로, 수사기관이 압수수색영장을 제시하고 집행에 착수하여 압수·수색을 실시하고 그 집행을 종료하였다면 이미 그 영장은 목적을 달성하여 효력이 상실되는 것이고, 동일한 장소 또는 목적물에 대하여 다시 압수수색할 필요가 있는 경우라면 그 필요성을 소명하여 법원으로부터 새로운 압수·수색영장을 발부 받아야 하는 것이지, 앞서 발부 받은 압수수색영장의 유효기간이 남아 있다고 하여 이를 제시하고 다시 압수·수색을 할 수는 없다."고 판시하고 있다(대법원 1999. 12. 1.자 99모161 결정).

### 나) 참여

피의자, 변호인은 압수수색영장의 집행에 참여할 수 있다(법 제258조, 제162조). 따라서 압수수색영장을 집행할 때는 미리 집행의 일시와 장소를 피의자와 변호인에게 통지하여야 한다. 단 피의자, 변호인이 참여하지 아니한다는 의사를 표명하거나 긴급한 경우에는 그러하지 아니하다(법 제163조).

군사법원법 제163조 단서에 의하여 긴급한 경우 피의자 또는 변호인에게 일시, 장소를 통지하지 않고 압수·수색영장을 집행하나, 통상의 경우 압수·수색할 장소에 도착한 후 영장을 집행하기 전에 구두나 전화로 피의자 또는 변호인에게 집행의 일시, 장소를 통지하여 참여의 기회를 부여하고 있다.

관공서나 병영, 그 밖의 군사용 청사, 항공기 또는 함선에서 압수·수색영장을 집행할 때에는 그 장 또는 그를 대리하는 사람에게 참여할 것을 통지하여야 한다(법 제258조, 제164조 제1항). 그 밖의 다른 사람의 주거나 관리자가 있는 가옥, 건조물, 항공기, 선박 또는 차량에서 압수·수색영장을 집행할 때에는 주거주(住居主)·관리자 또는 이에 준하는 사람을 참여하게 하여야 하고, 이들이 참여하지 못할 때에는 이웃사람 또는 지방공공단체의 직원을 참여하게 하여야 한다(법 제258조, 제164조 제2항, 제3항).

군사법경찰관리는 「군사법원법」 제164조 제1항 및 제2항 이외의 장소에서 압수·수색 또는 검증영장을 집행하는 경우에도 되도록 제3자를 참여하게 하여야 한다. 제1항의 경우에 제3자를 참여시킬 수 없을 때에는 다른 군사법경찰관리를 참여하게 하고 압수·수색 또는 검증을 하여야 한다.

또한, 여자의 신체를 수색할 때에는 성년의 여자를 참여하게 하여야 한다(법 제258조, 제165조).

### 다) 압수·수색 또는 검증 시 주의사항

군사법경찰관리는 범죄에 관계가 있다고 인정되는 물건을 발견한 경우에 있어서 그 물건이 소유자, 소지자 또는 보관자로부터 임의의 제출을 받을 가망이 없다고 인정한 때에는 즉시 그 물건에 대한 압수영장의 발부를 신청하는 동시에 은닉·멸실·산일 등의 방지를 위한 적절한 조치를 하여야 한다.

군사법경찰관리는 압수·수색 또는 검증을 할 때에는 부득이한 사유가 있는 경우 이외에는 건조물, 기구 등을 파괴하거나 서류 그 밖의 물건을 흩어지지 않게 하여야 하고, 이를 종료하였을 때에는 원상회복하여야 한다. 군사법경찰관리는 압수를 할 때에는 지문 등 수사자료가 손괴되지 않도록 주의하는 동시에 그 물건을 되도록 원상태로 보존하기 위한 적당한 조치를 하여 멸실, 파손, 변질, 변형, 혼합 또는 산일되지 않도록 주의하여야 한다.

### 라) 증명서·압수목록의 교부

수색한 경우에 증거물 또는 몰수할 물건이 없을 때에는 그 취지의 증명서를 발급하여야 한다(같은 법 제258조, 제169조).

군사법경찰관은 법 제254조에 따라 수색을 한 경우에는 수색의 상황과 결과를 명백히 한 별지 제63호 서식의 수색조서를 작성해야 한다(부령 제53조 제1항). 법 제258조에서 준용하는 법 제169조에 따라 증거물 또는 몰수할 물건이 없다는 취지의 증명서를 교부하는 경우에는 별지 제64호 서식의 수색증명서에 따른다(부령 제53조 제2항).

군사법경찰관리는 수색영장을 집행함에 있어서 처분을 받는 사람에게 수색영장을 제시하지 못하였거나 참여인을 참여시킬 수 없었을 때에는 수색조서에 그 취지와 이유를 명백히 적어야 한다. 군사법경찰관리는 주거주 또는 관리자가 임의로 승낙하는 등 피처분자의 동의를 얻어 영장 없이 수색하는 경우에도 수색조서에 그 취지와 이유를 명백히 적어야 한다.

군사법경찰관이 증거물 또는 몰수할 물건을 발견한 때에는 이를 압수하고 목록을 작성하여 소유자, 소지자, 보관자 또는 그 밖에 이에 준하는 사람에게 주어야 한다(법 제258조, 제170조). 법 제258조에서 준용하는 법 제170조에 따라 압수목록을 교부하는 경

우에는 별지 제61호 서식의 압수목록 교부서에 따른다. (부령 제53조제2항)

### 마) 압수조서 등의 작성

군사법경찰관은 증거물 또는 몰수할 물건을 압수했을 때에는 압수의 일시·장소, 압수 경위 등을 적은 압수조서와 압수물건의 품종·수량 등을 적은 압수목록을 작성해야 한다. 다만, 피의자신문조서, 진술조서, 검증조서에 압수의 취지를 적은 경우는 예외로 한다(준칙 제34조).

수사준칙 제34조 본문에 따른 압수조서는 별지 제60호 서식에 따르고, 압수목록은 별지 제61호 서식에 따른다(부령 제52조 제1항).

## 5. 압수·수색의 제한

### 가. 우체물

군사법경찰관은 우체물 또는 「통신비밀보호법」 제2조제3호에 따른 전기통신에 관한 것으로서 필요한 때에는 피고사건과 관계가 있다고 인정할 수 있는 것에 한정하여 체신 관서나 그 밖의 관계 기관 등이 지니거나 보관하는 물건을 압수할 수 있다(법 제258조, 제147조 제1항). 따라서 피의자가 발신인이거나 수신인인 경우에도 피의사건과 관계가 없는 경우에는 압수할 수 없다. 이를 압수한 때에는 발신인이나 수신인에게 그 취지를 통지하여야 하지만, 수사에 방해될 염려가 있는 경우에는 그러하지 아니하다(법 제219조, 제147조 제3항).

압수의 대상이 되는 우체물은 반드시 증거물 또는 몰수할 것으로 사료되는 물건일 필요는 없다. 왜냐하면 우체물은 그것을 개피하여 그 내용을 파악하지 않으면 그것이 증거물 또는 몰수대상물에 해당하는지 알 수 없기 때문이다.

### 나. 군사상 기밀

군사상 기밀이 요구되는 장소에는 그 장 또는 그를 대리하는 사람의 승낙 없이는 압수하거나 수색할 수 없다. 그 책임자는 국가의 중대한 이익을 해치는 경우를 제외하고는 승낙을 거부하지 못한다(법 제258조, 제150조). 이 경우에는 그 책임자에게 승낙 확인서를 제시하여 책임자로 하여금 승낙 여부를 서면에 작성하도록 하여야 한다. 그리고 군사기밀을 압수할 때에는 국방보안업무훈령에 따라 원본 또는 사본을 제출받고, 특수압수물(봉인 후 목록작성)로 처리해야 한다.

### 다. 공무상 비밀

공무원이거나 공무원이었던 사람이 지니거나 보관하는 물건에 관하여는 본인 또는 해당 관공서의 장이 직무상 비밀에 관한 것임을 신고한 경우에는 그 소속 관공서 또는 그 감독 관공서의 장의 승낙 없이는 압수하지 못한다. 그러나 소속 관공서 또는 감독 관공서의 장은 국가의 중대한 이익을 해치는 경우를 제외하고는 승낙을 거부하지 못한다(법 제258조, 제151조).

### 라. 업무상 비밀

변호사, 변리사, 공증인, 공인회계사, 세무사, 관세사, 감정평가사, 법무사, 행정사, 의사, 약종상, 한약사, 치과의사, 약사, 한약업자, 조산사, 간호사, 종교의 직에 있는 사람 또는 이러한 직에 있었던 사람이 그 업무상 위탁을 받아 지니거나 보관하는 물건으로서 타인의 비밀에 관한 것은 압수를 거부할 수 있다. 다만, 그 타인의 승낙이 있거나 중대한 공익상 필요가 있을 때에는 그러하지 아니하다(법 제258조, 제152조).

### 마. 야간집행의 제한

일출 전과 일몰 후에는 압수·수색영장에 야간집행을 할 수 있다고 적혀있지 아니하면 그 영장을 집행하기 위하여 다른 사람의 주거나 관리자 있는 가옥, 건조물, 항공기, 선박 또는 차량에 들어가지 못한다(법 제258조, 제166조).

그러나 「제255조에 따른 처분을 할 때에 긴급한 경우에는 제164조 제2항, 제166조에 따르지 아니할 수 있다.」라는 군사법원법 제259조의 규정에 의하여 긴급을 요하는 군사법원법 제255조의 강제처분의 경우에는 주거주 등 참여인의 참여 없이 압수·수색을 행할 수 있고, 야간에도 이를 행할 수 있다. 군사법원법 제259조에 의한 요급처분은 같은 법 255조의 처분을 할 때에만 허용되며 같은 법 제256조에 의한 압수·수색 또는 검증을 할 경우에는 허용되지 않는다.

또한, 도박이나 그 밖에 풍속을 해치는 행위에 상시 이용된다고 인정되는 장소, 공개된 시간 내의 여관, 음식점, 그 밖에 기타 야간에 일반인이 출입할 수 있는 장소에서의 압수·수색은 그러한 제한을 받지 아니한다(법 제258조, 제167조).

### 6. 압수물의 처리

#### 가. 활용

범죄수사와 공소유지에 중요한 증명자료이므로 압수물에 대하여는 그 상실 또는 파손 등의 방지를 위하여 적절한 조치를 하여야 한다(법 제258조, 제172조).

#### 나. 보관 및 폐기

압수물은 수사기관이 스스로 보관·관리함이 원칙이다. 군사법경찰관은 압수물에 사건명, 피의자의 성명, 제52조 제1항의 압수목록에 적힌 순위·번호를 기입한 표찰을 붙여야 한다(부령 제55조 제1항). 군사법경찰관리는 압수물을 보관할 때에는 압수물에 사건명, 피의자의 성명 및 압수목록에 적은 순위·번호를 기입한 표찰을 붙여 견고한 상자 또는 보관에 적합한 창고 등에 보관하여야 한다.

운반하거나 보관하기 불편한 압수물에 관하여는 관리자를 두거나 소유자 또는 적당한 사람의 승낙을 받아 보관하게 할 수 있다(법 제258조, 제171조 제1항). 군사법경찰관은 법 제258조에서 준용하는 법 제171조 제1항에 따라 압수물을 다른 사람에게 보관하게 하려는 경우에는 별지 제68호 서식의 압수물 처분 동의요청서를 작성하여 군검사에게 제출해야 한다(부령 제55조 제2항). 군사법경찰관은 제2항에 따라 압수물을 다른 사람에게 보관하게 하는 경우 적절한 보관인을 선정하여 성실하게 보관하게 하고 보관인으로부터 별지 제69호 서식의 압수물 보관 서약서를 받아야 한다(부령 제55조 제3항).

군사법경찰관리는 압수금품 중 현금, 귀금속 등 중요금품과 유치인으로부터 제출받은 임치 금품은 별도로 지정된 보관담당자로 하여금 금고에 보관하게 하여야 한다. 군사법경찰관리는 압수물이 유가증권일 때에는 원형보존 필요 여부를 판단하고, 그 취지를 수사보고서에 작성하여 수사기록에 편철하여야 한다. 위험이 발생할 우려가 있는 압수물은 폐기하거나 그 밖에 필요한 처분을 할 수 있다(법 제258조, 제171조 제2항). 군사법경찰관은 법 제258조에서 준용하는 법 제171조 제2항 및 제3항에 따라 압수물을 폐기하려는 경우에는 별지 제70호 서식의 압수물 처분 동의요청서를 작성하여 군검사에게 제출해야 한다(부령 제56조 제1항).

폐기는 재생이 불가능한 방식으로 하여야 하며, 다른 법령에서 폐기에 관하여 별도의 규정을 두고 있는 경우는 그에 따라야 한다.

군사법경찰관은 압수물을 폐기하는 경우에는 별지 제71호 서식의 압수물 폐기 조서를 작성하고 사진을 촬영하여 사건기록에 편철해야 한다(부령 제56조 제2항). 군사법경찰관은 법 제258조에서 준용하는 법 제171조 제3항에 따라 압수물을 폐기하는 경우에는 소유자 등 권한 있는 사람으로부터 별지 제72호 서식의 압수물 폐기 동의서를 제출받거나 진술조서 등에 그 취지를 적어야 한다(부령 제56조 제3항).

폐기처분은 개인의 재산권에 대한 중대한 침해이므로 위험 발생의 염려는 폭발물이나 오염된 어패류 육류 등과 같이 그 개연성이 매우 큰 경우로 한정하여 해석하여야 한다.

법령상 생산·제조·소지·소유 또는 유통이 금지된 압수물로서 부패할 우려가 있거나 보관하기 어려운 것은 소유자 등 권한 있는 사람의 동의를 받아 폐기할 수 있다(법 제258조, 제171조 제3항).

몰수하여야 할 압수물이 멸실, 파손, 부패 또는 현저한 가치 감소의 우려가 있거나 보관하기 어려운 경우에는 매각하여 대가(代價)를 보관할 수 있다(법 제258조, 제173조 제1항). 이때에는 군검사, 피해자, 피고인 또는 변호인에게 미리 통지하고 의견을 물어야 한다(법 제258조, 제176조). 다만, 군사법경찰관이 제171조, 제173조 및 제175조에 따른 처분을 할 때에는 군검사의 동의를 받아야 한다(법 제258조 단서, 제173조 제1항).

환부하여야 할 압수물 중 환부받을 자가 누구인지 알 수 없거나 그 소재가 분명하지 아니한 경우로서 멸실, 파손, 부패 또는 현저한 가치 감소의 우려가 있거나 보관하기 어려운 것은 매각하여 대가를 보관할 수 있다(법 제258조, 제173조 제2항).

군사법경찰관은 법 제258조에서 준용하는 법 제173조에 따라 압수물을 매각하여 대가를 보관하려는 경우에는 압수물 처분 동의요청서를 작성하여 군검사에게 제출해야 한다(부령 제57조 제1항). 군사법경찰관은 대가보관의 처분을 했을 때에는 압수물 대가

보관 조서를 작성한다(부령 제57조 제2항).

군사법경찰관리는 압수물에 관하여 폐기 또는 대가보관의 처분을 할 때에는 1. 폐기처분을 할 때에는 사전에 반드시 사진을 촬영해 둘 것, 2. 그 물건의 상황을 사진, 도면, 모사도 또는 기록 등의 방법에 따라 명백히 할 것, 3. 특히 필요가 있다고 인정될 때에는 해당 압수물의 성질과 상태, 가격 등을 감정해 둘 것. 이 경우에는 재감정할 경우를 고려하여 그 물건의 일부를 보존해 둘 것, 4. 위험발생, 멸실, 파손 또는 부패의 염려가 있거나 보관하기 어려운 물건이라는 등 폐기 또는 대가보관의 처분을 하여야 할 상당한 이유를 명백히 할 것에 주의하여야 한다.

### 다. 환부·가환부

환부란 압수물을 종국적으로 소유자 또는 제출인에게 반환하는 압수물처분이고, 가환부란 압수의 효력을 존속시키면서 압수물을 소유자, 소지자 또는 보관자 등에게 잠정적으로 반환하는 압수물처분이다. 환부에는 가환부대로 본환부, 제출인환부, 피해자환부가 있다.

군검사는 사본을 확보한 경우 등 압수를 계속할 필요가 없다고 인정되는 압수물 및 증거에 사용할 압수물에 대하여 공소제기 전이라도 소유자, 소지자, 보관자 또는 제출인의 청구가 있는 때에는 환부 또는 가환부하여야 한다(법 제257조의2 제1항).

위 소유자 등의 청구에 대하여 군검사가 이를 거부하는 경우에는 신청인은 해당 군검사의 소속 보통검찰부에 대응한 군사법원에 압수물의 환부 또는 가환부 결정을 청구할 수 있고, 군사법원이 환부 또는 가환부를 결정하면 군검사는 신청인에게 압수물을 환부 또는 가환부하여야 한다(법 제257조의2 제2항, 제3항).

군사법경찰관의 환부 또는 가환부 처분에 관하여는 제1항부터 제3항까지의 규정을 준용한다. 이 경우 군사법경찰관은 군검사의 동의를 받아야 한다(법 제257조의2 제4항).

군사법경찰관은 법 제257조의2 제1항 및 제4항에 따라 압수물에 대해 그 소유자, 소지자, 보관자 또는 제출인(이하 이 조에서 "소유자등"이라 한다)으로부터 환부 또는 가환부의 청구를 받거나 법 제258조에서 준용하는 법 제175조에 따라 압수장물을 피해자에게 환부하려는 경우에는 별지 제65호 서식의 압수물 처분 동의요청서를 작성하여 군검사에게 제출해야 한다(부령 제54조 제1항). 군사법경찰관은 제1항에 따른 압수물의 환부 또는 가환부의 청구를 받은 경우 소유자등으로부터 별지 제66호 서식의 압수물 환부·가환부 청구서를 제출받아 별지 제66호 서식의 압수물 처분 동의요청서에 첨부한다(부령 제54조 제2항). 군사법경찰관은 압수물을 환부 또는 가환부한 경우에는 피해자 및 소유자등으로부터 별지 제67호 서식의 압수물 환부·가환부 영수증을 받아야 한다(부령 제54조 제3항).

수사기관의 환부처분에 의하여 수사상 압수는 그 효력을 상실한다. 압수물건에 대한 환부처분의 효력은 압수상태를 해제하는 효력이 있을 뿐, 환부처분에 의하여 환부를 받을 자에게 환부목적물에 대한 소유권 기타 실체법상의 권리를 부여하거나 이러한 권리를 확정시키는 효력이 있는 것은 아니다(대법원 1962. 7. 21. 선고 62다211 판결).

압수물을 환부받을 사람의 소재가 분명하지 아니하거나 그 밖의 사유로 환부할 수 없는 경우에는 군검사는 그 사유를 관보에 공고하여야 한다. 공고한 후 3월 이내에 환부의 청구가 없는 때에는 그 물건은 국고에 귀속한다. 이 기간 내에도 가치 없는 물건은 폐기할 수 있고 보관하기 곤란한 물건은 공매하여 그 대가를 보관할 수 있다(법 제258조, 제528조).

가환부할 것인지 여부는 범죄의 태양·경중, 압수물의 증거로서의 가치, 압수물이 은닉·인멸·손괴될 위험, 수사나 공판진행상의 지장 유무, 압수에 의하여 받는 피압수자의 불이익 정도 등 여러 사정을 종합적으로 판단하여 결정한다(대법원 1994. 8. 18.자 94모42 결정, 대법원 1992. 9. 18.자 92모22 결정).

압수물건의 환부 가환부를 하고자 하면 미리 피해자와 피의자(또는 변호인)에게 통지하여야 하고, 군사법경찰관이 환부 또는 가환부의 처분을 하고자 하면 사전에 군검사의 동의를 받아야 한다(같은 법 제258조, 제176조). 미리 피해자와 피의자 등에게 통지하는 이유는 그들로 하여금 압수물의 환부·가환부에 대한 의견을 진술할 기회를 주기 위한 것이므로 이를 생략한 압수물 환부 가환부 조치는 위법하다(대법원 1980. 2. 5.자 80모3 결정).

그리고 압수물건에 대하여 환부 가환부의 처분을 함에 있어서는 이해관계가 대립되는 자 사이에서 정당한 권리자에게 회복할 수 없는 손해가 발생할 위험성이 있음을 명심하여 신중을 기하여야 한다.

군사법경찰관리는 압수물의 폐기, 대가보관, 환부 또는 가환부의 처분을 하였을 때에는 그 물건에 해당한 압수목록의 비고란에 그 요지를 적어야 한다.

### 7. 압수 · 수색 또는 검증영장의 재청구 · 재신청 등

압수 · 수색 또는 검증영장의 재청구 · 재신청(압수 · 수색 또는 검증영장의 청구 또는 신청이 기각된 후 다시 압수 · 수색 또는 검증영장을 청구하거나 신청하는 경우와 이미 발부받은 압수 · 수색 또는 검증영장과 동일한 범죄사실로 다시 압수 · 수색 또는 검증영장을 청구하거나 신청하는 경우를 말한다)과 반환에 관하여는 제25조 및 제29조를 준용한다(준칙 제33조).

## II. 검증

### 1. 의의

검증이라 함은 사람의 신체나 장소 또는 물건의 존재형태 움직임을 오관의 작용으로 직접 경험하는 강제처분이다. 실황조사도 일종의 검증이라 할 수 있으나 실황조사는 통상 강제력이 수반되지 않는다.

또 검증조서에 검증 시 참여한 자의 어떠한 진술의 취지가 기재되어 있는 경우에는 그 부분에 대하여는 일반조서와 같이 취급하고 있다.

### 2. 절차

검증의 절차에 관하여는 영장주의의 원칙과 그 예외, 영장의 제시, 참여, 검증조서의 작성, 검증의 제한 등이 모두 압수수색의 경우와 같다(법 제254조 내지 제217조, 제256조).

검증을 함에 있어서 피고인에게 검증기일을 통지하여 참여할 기회를 준 이상 피고인이 실제로 참여하지 아니하였다 하더라도 검증결과를 증거로 채택할 수 있다.

### 3. 방법

검증의 방법에 관하여는 특별한 제한이 없다. 즉, 검증을 함에 있어서는 신체의 검사,

사체의 해부, 분묘의 발굴, 물건의 파괴 기타 필요한 처분을 할 수 있다(법 제258조, 제181조).

다만 신체의 검사는 인권에 직접 관계되는 중대한 처분이므로 피검사자의 성별, 연령, 건강상태 기타의 사정을 고려하여 그 사람의 건강과 명예를 해하지 아니하도록 주의하여야 하고, 피의자 아닌 자의 신체에 대한 검사는 그 검사로 증적의 존재를 확인할 수 있다는 현저한 사유가 있는 때에 한하여 할 수 있으며, 여자의 신체를 검사하는 경우에는 의사나 성년의 여자를 참여하게 하여야 한다(법 제258조, 제182조 제1항 내지 제3항).

군사법경찰관리는 「군사법원법」 제258조에서 준용하는 같은 법 제182조 제1항에 따라 신체검사를 하는 경우 필요하다고 인정할 때에는 의사 그 밖의 전문적 지식을 가진 자의 조력을 얻어서 하여야 한다. 군사법경찰관리는 부상자의 부상부위를 신체검사 할 때에는 그 상황을 촬영 등의 방법에 의하여 명확히 기록하고 되도록 단시간에 끝내도록 하여야 한다.

그리고 「사체의 해부」나 「분묘의 발굴」은 유족의 종교감정에 중대한 침해를 가하게 되므로 예를 잊지 아니하도록 주의하여야 하고 미리 유족에게 통지하여야 한다(법 제258조, 제182조 제4항). 군사법경찰관리는 「군사법원법」 제258조에서 준용하는 같은 법 제182조 제4항에 따라 시체의 해부, 분묘의 발굴 등을 하는 때에는 수사상 필요하다고 인정되는 시체의 착의, 부착물, 분묘 내의 매장물 등은 유족으로부터 임의제출을 받거나 압수·수색 또는 검증영장을 발부받아 압수하여야 한다.

### 4. 검증조서의 작성방법

#### 가. 기재사항

군사법경찰관은 검증을 한 경우에는 검증의 일시·장소, 검증경위 등을 적은 검증조서를 작성해야 한다(준칙 제37조). 수사준칙 제37조에 따른 검증조서는 별지 제19호 서식에 따른다(부령 제58조).

검증조서에는 피의자의 성명, 사건명, 검증관의 관직과 성명, 검증일시, 검증을 한장소 또는 물건, 검증목적, 참여인(성명, 직업, 생년월일, 연령 등), 현장의 위치, 현장부근의 상황, 현장의 상황, 피해상황, 증거물, 참여인의 지시설명, 검증관의 의견이나 판단,

도면 사진 등 구체적이고 실질적으로 기재하여야 한다.

### 나. 검증내용의 기재요령

첫째, 사건에 관련된다고 판단되는 사항은 경중을 막론하고 기재하여야 한다. 둘째, 도면이나 사진을 첨부한다. 도면 작성자가 따로 있을 때에는 작성일자와 작성자의 직책과 성명 등을 표시해 둘 필요가 있다. 사진은 검증시의 관찰순서에 따라 전경사진, 현장 주변사진, 범행현장사진, 피해상황, 유류품 등의 사진순으로 촬영한다. 셋째, 참여인의 지시설명이 있을 때에는 이를 기재한다. 다만, 지시설명의 범위를 넘을 때에는 별도로 조서를 작성하는 것이 좋다. 넷째, 검증관의 의견이나 판단을 기재하여야 한다. 다섯째, 반드시 현장에서 조서를 작성하여야 하는 것은 아니다. 사정에 따라 적당한 일시, 장소에서 작성하여도 무방하다.

# [5] 전자정보의 압수·수색

## I. 개념

### 1. 용어의 정의

군사법경찰관은 압수의 목적물이 컴퓨터용 디스크, 그 밖에 이와 비슷한 정보저장매체(이하 "정보저장매체등"이라 한다)인 경우에는 기억된 정보의 범위를 정하여 출력하거나 복제하여 제출받아야 한다. 다만, 범위를 정하여 출력 또는 복제하는 방법이 불가능하거나 압수의 목적을 달성하기에 현저히 곤란하다고 인정되는 때에는 정보저장매체등을 압수할 수 있다(법 제258조, 제146조 제3항).

군 디지털포렌식 수사에서 사용하는 용어의 뜻은 다음과 같다(포렌식훈령 제3조).

| 전자정보 | 「군사법원법」 제146조제3항에 따른 정보저장매체 등에 기억된 정보 |
|---|---|
| 디지털 증거 | 범죄와 관련하여 디지털 형태로 저장되거나 전송되는 증거로서의 가치가 있는 정보 |
| 디지털포렌식 | 디지털 증거를 수집·보존·분석·현출·보관 및 폐기하는데 적용되는 과학기술 및 절차 |
| 정보저장체 등 | 군사법원법 제146조제3항에서 정하고 있는 컴퓨터용 디스크, 그 밖에 이와 비슷한 정보저장매체 |
| 정보저장체 등의 복제 | 법률적으로 유효한 증거로 사용될 수 있도록 수집 대상 정보저장매체 등에 저장된 전자정보를 동일하게 파일로 생성하거나, 다른 정보저장매체에 동일하게 저장하는 것 |
| 이미지 파일 | 법률적으로 유효한 증거로 사용될 수 있도록 정보저장매체 등에 저장된 전자정보를 포렌식 도구를 사용하여 비트열 방식으로 동일하게 복사하여 생성한 파일 |
| 증거파일 | 법률적으로 유효한 증거로 사용될 수 있도록 정보저장매체 등에 저장된 전자정보를 파일 또는 디렉터리 단위로 복사하여 생성한 파일 |
| 가선별 | 압수·수색·검증 현장에서 사건과 관련이 있는 전자정보만 선별하여 압수하는 것이 어려운 경우 일정한 기준에 따라 전체 전자정보 중 일부를 복제하여 현장 이외의 장소로 반출하는 것 |
| 전자정보상세목록 | 전자정보의 탐색·복제·출력을 완료하여 압수한 전자정보에 대한 목록 |

## 2. 디지털 증거 압수·수색의 특징

'디지털 증거'란 범죄와 관련하여 디지털 형태로 저장되거나 전송되는 증거로서의 가치가 있는 정보를 말하므로(포렌식훈령 제3조 제2호), 유체물이 아니어서 어느 매체에 저장되어 있든지 동일한 가치를 가지고, 일정한 변환절차를 거쳐 모니터 화면으로 출력되거나 프린터를 통하여 인쇄된 형태로 출력되었을 때 비로소 가시성과 가독성을 가진다. 또한 디지털 증거는 삭제 변경 등이 용이하고, 디지털 증거의 수집과 분석에 전문적인 기술이 사용되므로 디지털 증거의 압수·수색 등에 있어 포렌식 전문가의 도움이 필요하다는 등 특징을 가지고 있다.

판례는 정보저장매체에 기억된 문자정보 또는 그 출력물을 증거로 사용하기 위한 요건과 관련하여 "압수물인 컴퓨터용 디스크 그 밖에 이와 비슷한 정보저장매체에 입력하여 기억된 문자정보 또는 그 출력물을 증거로 사용하기 위해서는 정보저장매체 원본에 저장된 내용과 출력 문건의 동일성이 인정되어야 하고, 이를 위해서는 정보저장매체 원본이 압수 시부터 문건 출력 시까지 변경되지 않았다는 사정, 즉 무결성이 담보되어야 한다. 특히 정보저장매체 원본을 대신하여 저장매체에 저장된 자료를 '하드카피' 또는 '이미징'한 매체로부터 출력한 문건의 경우에는 정보저장매체 원본과 '하드카피' 또는 '이미징'한 매체 사이에 자료의 동일성도 인정되어야 할뿐만 아니라, 이를 확인하는 과정에서 이용한 컴퓨터의 기계적 정확성, 프로그램의 신뢰성, 입력 처리·출력의 각 단계에서 조작자의 전문적인 기술능력과 정확성이 담보되어야 한다."고 판시하고 있다(대법원 2013. 7. 26. 선고 2013도2511 판결).

따라서 디지털 증거는 압수·수색·검증한 때로부터 법정에 제출하는 때까지 훼손 또는 변경되지 아니하여야 하며(같은 규정 제4조), 그 수집 및 분석 과정에서 이용된 도구와 방법의 신뢰성이 유지되어야 한다(같은 규정 제5조). 압수의 목적물이 컴퓨터용디스크, 그 밖에 이와 비슷한 정보저장매체인 경우에는 기억된 정보의 범위를 정하여 출력하거나 복제하여 제출받아야 하고, 범위를 정하여 출력 또는 복제하는 방법이 불가능하거나 압수의 목적을 달성하기에 현저히 곤란하다고 인정되는 때에는 정보저장매체등을 압수할 수 있다(법 제258조, 제146조 제3항). 또한 위와 같은 압수·수색을 행하는 경우에는 책임자 등을 참여시키고 압수·수색한 디지털 증거에 대하여 해시값(HashValue)

을 생성하여, 책임자 등의 확인 서명을 받아야 한다(같은 규정 제15조 제3항). 판례는 전자정보의 복제탐색 출력 시 피압수자 등에게 참여의 기회를 보장하여야 하고, 혐의사실과 무관한 전자정보의 임의적인 복제 등을 막기 위한 적절한 조치를 취하여야 하며, 탐색과정에서 별도의 범죄혐의와 관련된 전자정보를 우연히 발견한 경우라면 수사기관은 더 이상의 추가 탐색을 중단하고 법원에서 별도의 범죄혐의에 대한 압수수색영장을 발부받아야 하고, 피압수자의 참여권 보장 및 압수한 전자정보목록 교부 등 적절한 조치가 필요하다고 판시하고 있다(대법원 2015. 7. 16. 선고 2011모1839).

## II. 디지털 증거 압수·수색·검증 절차

### 1. 압수·수색·검증의 준비

　군사법경찰관리는 전자정보를 압수·수색·검증하고자 할 때에는 사전에 1. 사건의 개요, 압수·수색·검증 장소 및 대상, 2. 압수·수색·검증할 컴퓨터 시스템의 네트워크 구성 형태, 시스템 운영체제, 서버 및 대용량 저장장치, 전용 소프트웨어, 3. 압수대상자가 사용 중인 정보저장매체등, 4. 압수·수색·검증에 소요되는 인원 및 시간, 5. 디지털 증거 분석 전용 노트북, 쓰기방지 장치 및 하드디스크 복제장치, 복제용 하드디스크, 하드디스크 운반용 박스, 정전기 방지장치 등 압수·수색·검증에 필요한 장비를 고려하여야 한다.

### 2. 압수·수색·검증영장의 신청

　군사법경찰관리는 압수·수색·검증영장을 신청하는 때에는 전자정보와 정보저장매체등을 구분하여 판단하여야 한다.

　군사법경찰관리는 전자정보에 대한 압수·수색·검증영장을 신청하는 경우에는 혐의사실과의 관련성을 고려하여 압수·수색·검증할 전자정보의 범위 등을 명확히 하여야 한다. 이 경우 영장 집행의 실효성 확보를 위하여 1. 압수·수색·검증 대상 전자정보가 원격지의 정보저장매체 등에 저장되어 있는 경우 등 특수한 압수·수색·검증방식의 필요성, 2. 압수·수색·검증영장에 반영되어야 할 압수·수색·검증 장소 및 대상의 특수성을 고려하여야 한다.

　군사법경찰관리는 1. 정보저장매체 등이 그 안에 저장된 전자정보로 인하여 형법 제

48조 제1항의 몰수사유에 해당하는 경우, 2. 정보저장매체 등이 범죄의 증명에 필요한 경우에 해당하여 필요하다고 판단하는 경우 전자정보와 별도로 정보저장매체 등의 압수·수색·검증영장을 신청할 수 있다.

### 3. 지원요청 및 처리

수사과정에서 전자정보 압수·수색·검증의 지원이 필요한 경우 디지털포렌식 전문수사관에게 압수·수색·검증에 관한 지원을 요청할 수 있다.

디지털포렌식 전문수사대는 압수·수색·검증에 관한 지원을 요청받은 경우 특별한 사유가 없는 한 지원하여야 한다.

압수·수색·검증과정을 지원하는 디지털포렌식 전문수사관은 성실한 자세로 기술적 지원을 하고, 군사법경찰관리는 압수·수색·검증영장 및 수사 내용 등을 디지털포렌식 전문수사관에게 사전에 충실히 제공 및 설명하는 등 수사의 목적이 달성될 수 있도록 상호 협력하여야 한다.

### 4. 디지털포렌식 의뢰

군사법경찰관리는 디지털포렌식 증거분석 의뢰서를 작성하여 별지에 디지털포렌식 증거분석 의뢰 공문에 첨부하여야 한다. 디지털포렌식을 의뢰하는 경우 분석의뢰물을 봉인하여야 한다. 이 경우 충격, 자기장, 습기 및 먼지 등에 의해 손상되지 않도록 안전하게 보관할 수 있는 용기에 담아 직접 운반하거나 등기우편 등 신뢰할 수 있는 방법으로 송부하여야 한다.

군사법경찰관리는 디지털포렌식 증거분석 의뢰서와 전자정보 확인서, 정보저장매체 복제 및 이미징 등 참관여부 확인서, 분석의뢰물 등을 관련된 서류 및 정보를 디지털포렌식 전문수사관에게 제공하여야 한다.

### 5. 디지털포렌식 접수

디지털포렌식 임무를 수행하는 군사경찰부대 소속 수사부대(서)의 장은 의뢰사항, 분석의뢰물, 관련 서류 등을 확인한 후 디지털포렌식 의뢰를 접수하여야 한다.

### 6. 신뢰성 확보 조치

의뢰받은 분석의뢰물의 포렌식 분석은 디지털포렌식 전문수사관이 수행하여야 하며, 디지털 증거의 수집 및 분석 시에는 정확성과 신뢰성이 있는 과학적 기법, 장비 및 프로그램을 사용하여야 한다.

디지털포렌식 분석실 및 증거물 보관실은 디지털포렌식 전문수사관 등 관계자 외 출입을 엄격히 제한하여야 한다.

### 7. 분석 중 별건혐의인지

군사법경찰관리는 선별분석 작업 도중 별건 혐의사실을 인지한 경우 분석 진행을 멈추고 해당 분석 장비를 봉인 조치한 후 당사자에게 통보하고, 봉인일시, 담당자, 별건범죄 인지 내용 등을 포함한 수사보고서를 작성하여야 한다.

군사법경찰관리는 제1항의 별건 혐의사실을 수사할 경우에는 별건혐의 범죄사실을 증명할 자료 등에 대하여 압수·수색·검증영장을 신청하여야 한다.

### 8. 분석결과 통보

디지털포렌식 전문수사관은 분석결과를 분석의뢰자에게 신속히 통보하고 증거분석이 완료된 분석의뢰물 등을 반환하여야 한다.

### 9. 보관 및 삭제·폐기

디지털포렌식 전문수사관은 디지털 증거에 대한 압수절차를 완료한 경우, 지체 없이 보관하고 있는 디지털 데이터 중 전자정보 확인서에 제외된 데이터를 삭제·폐기하여야 한다.

## III. 전자정보의 압수·수색 또는 검증 방법

### 1. 원칙

군사법경찰관은 법 제258조에서 준용하는 법 제146조제3항에 따라 컴퓨터용디스크 또는 그 밖에 이와 비슷한 정보저장매체(이하 이 조에서 "정보저장매체등"이라 한다)에 기억된 정보(이하 "전자정보"라 한다)를 압수할 때에는 해당 정보저장매체등의 소재지에서 수색 또는 검증한 후 범죄사실과 관련된 전자정보의 범위를 정하여 출력하거나 복제하는 방법으로 해야 한다(준칙 제35조 제1항).

그럼에도 이 방법으로는 압수가 불가능하거나 압수의 목적을 달성하는 것이 현저히 곤란한 경우에는 압수·수색 또는 검증 현장에서 정보저장매체등에 들어있는 전자정보 전부를 복제하여 그 복제본을 정보저장매체등의 소재지 외의 장소로 반출할 수 있다(준칙 제35조 제2항).

이 방법으로도 압수가 불가능하거나 압수의 목적을 달성하는 것이 현저히 곤란한 경우에는 피압수자 또는 법 제164조에 따라 압수·수색영장을 집행할 때 참여하게 해야 하는 사람(이하 "피압수자등"이라 한다)이 참여한 상태에서 정보저장매체등의 원본을 봉인(封印)하여 정보저장매체등의 소재지 외의 장소로 반출할 수 있다(준칙 제35조 제3항).

## 2. 전자정보의 압수·수색 또는 검증 시 유의사항

군사법경찰관은 전자정보의 탐색·복제·출력을 완료한 경우에는 지체 없이 피압수자등에게 압수한 전자정보의 목록을 교부해야 한다(준칙 제36조 제1항).

이 경우 수사준칙 제35조 제1항에 따른 전자정보에 대한 압수목록 교부서는 전자파일의 형태로 복사해 주거나 전자우편으로 전송하는 등의 방식으로 교부할 수 있다(부령 제52조 제2항). 군사법경찰관은 제1항의 목록에 포함되지 않은 전자정보가 있는 경우에는 해당 전자정보를 지체 없이 삭제 또는 폐기하거나 반환해야 한다. 이 경우 삭제·폐기 또는 반환확인서를 작성하여 피압수자등에게 교부해야 한다(준칙 제36조 제2항).

수사준칙 제36조 제2항 후단에 따른 삭제·폐기·반환 확인서는 별지 제62호 서식에 따른다. 다만, 제2항에 따른 압수목록 교부서에 삭제·폐기 또는 반환했다는 내용을 포함시켜 교부하는 경우에는 삭제·폐기·반환 확인서를 교부하지 않을 수 있다(부령 제52조 제3항).

군사법경찰관은 전자정보의 복제본을 취득하거나 전자정보를 복제할 때에는 해시값(파일의 고유값으로서 전자지문의 일종을 말한다)을 확인하거나 압수·수색 또는 검증의 과정을 촬영하는 등 전자적 증거의 동일성과 무결성(無缺性)을 보장할 수 있는 적절한 방법과 조치를 해야 한다(준칙 제36조 제3항).

군사법경찰관은 압수·수색 또는 검증의 전 과정에 걸쳐 피압수자 등이나 변호인의 참여권을 보장해야 하며, 피압수자등과 변호인이 참여를 거부하는 경우에는 신뢰성과 전문성을 담보할 수 있는 적절한 방법으로 압수·수색 또는 검증을 해야 한다(준칙 제36조 제4항).

군사법경찰관은 제4항에 따라 참여한 피압수자 등이나 변호인이 압수 대상 전자정보와 사건의 관련성에 관하여 의견을 제시한 경우에는 그 의견을 조서에 적어야 한다(준칙 제36조 제5항).

## Ⅳ. 디지털 증거의 수집

### 1. 전자정보의 압수·수색·검증의 수행과 참여권 보장

전자정보의 압수·수색·검증은 디지털포렌식 수사관이 수행한다. 다만, 부득이한 사유가 있는 경우 디지털포렌식 관련 자격 또는 소정의 교육을 이수한 수사관이 수행할 수 있다(포렌식훈령 제20조 제1항).

압수·수색·검증을 하려는 자는 「군사법원법」 제162조, 제163조에 따라 전자정보를 압수·수색·검증하는 과정에서 피압수자 또는 변호인(이하 "피압수자 등"이라 한다)에게 참여의 기회를 보장하여야 한다. 다만, 피압수자 등의 소재 불명, 참여지연 또는 참여 불능 등의 사유로 피압수자 등의 참여 없이 압수·수색·검증을 하는 경우와 피압수자 등이 정당한 사유 없이 참여를 중단하여 그 집행을 계속하기 어려운 경우에는 「군사법원법」 제164조에서 정하는 참여인을 참여하게 할 수 있다(포렌식훈령 제20조 제2항).

그럼에도 불구하고 피압수자 등의 참여 기회 보장을 위하여 압수·수색·검증을 중지하는 경우에는 해당 장소를 봉인하여 집행 재개 시까지 그 장소를 폐쇄할 수 있다. 다만, 피압수자 등이 수사를 지연시킬 목적으로 예정된 기일에 출석하지 않거나 정당한 이유 없이 2회 이상 예정된 기일에 출석하지 않은 경우에는 동영상 촬영과 같이 참여의 기회를 보장하는 것에 준하는 상당한 방법으로 압수·수색·검증을 할 수 있다(포렌식훈령 제20조 제3항).

피압수자 등에게 압수·수색·검증 개시 전 참여에 대한 동의 여부를 확인하고, 참여의 중단·재개·서명 거부 등 정상적인 참여가 이루어지지 않은 경우 그 사유를 서면으로 작성한다(포렌식훈령 제20조 제4항).

압수·수색·검증에 대한 참여가 정상적으로 완료되었을 경우 이에 대한 확인서를 수리하고 피압수자 등이 확인서에 대한 서명을 거부하였을 때에는 그 사유를 서면으로 작성한다(포렌식훈령 제20조 제5항).

## 2. 전자정보의 단계적 압수·수색·검증

전자정보의 압수는 해당 정보저장매체 등의 소재지(이하 "현장"이라 한다)에서 범죄사실과 관련된 전자정보의 범위를 정하여 출력하거나 복제하는 방법으로 한다(포렌식훈령 제21조 제1항).

이에 압수·수색·검증이 불가능하거나 그 방법으로는 압수·수색·검증의 목적을 달성하는 것이 현저히 곤란한 경우에는 현장에서 정보저장매체 등에 들어 있는 전자정보 전부를 하드카피 또는 이미징하여 그 복제본을 현장 외의 장소로 반출할 수 있다(포렌식훈령 제21조 제2항).

여기서 "그 방법으로는 압수·수색·검증의 목적을 달성하는 것이 현저히 곤란한 경우"란 1. 피압수자 등이 협조하지 않거나, 협조를 기대할 수 없는 경우, 2. 혐의사실과 관련될 개연성이 있는 전자정보가 삭제·폐기된 정황이 발견되는 경우, 3. 출력·복사에 의한 집행이 피압수자 등의 영업활동이나 사생활의 평온을 침해하는 경우, 4. 기타 이에 준하는 경우를 말한다(포렌식훈령 제21조 제3항).

그럼에도 불구하고, 그 방법으로는 1. 집행현장에서의 하드카피·이미징이 물리적·기술적으로 불가능하거나 극히 곤란한 경우, 2. 하드카피·이미징에 의한 진행이 피압수자 등의 영업활동이나 사생활의 평온을 현저히 침해하는 경우, 3. 기타 이에 준하는 경우와 같은 사정으로 압수·수색·검증의 목적을 달성하는 것이 현저히 곤란한 경우에는 피압수자 등이 참여한 상태에서 정보저장매체 등의 원본을 현장 외의 장소로 반출할 수 있다(포렌식훈령 제21조 제4항).

## 3. 전자정보 압수의 범위

　담당군사법경찰관은 압수·수색·검증 영장에 기재된 피의자나 공범의 범죄혐의사실과 관련된 전자정보를 압수·수색·검증한다. 이 경우 수집한 전자정보의 출처 증명, 기타 디지털 증거의 정확성과 신뢰성의 입증에 필요한 범위 내의 전자정보 등을 함께 압수할 수 있다(포렌식훈령 제22조 제1항).

　압수·수색·검증 과정에 참여한 피압수자 등이 압수 대상 전자정보와 사건의 관련성에 관하여 의견을 제시한 때에는 이를 조서에 적는다. 다만, 피압수자 등이 서면으로 의견을 제출한 경우에는 이를 조서 말미에 첨부하는 것으로 조서 기재에 갈음할 수 있다(포렌식훈령 제22조 제2항).

## 4. 임의제출 정보저장매체 등에 대한 조치

　전자정보가 저장된 정보저장매체 등을 임의제출 받은 경우에는 임의제출의 취지와 범위를 확인한다(포렌식훈령 제23조 제1항).

　정보저장매체 등에 저장된 전자정보를 임의제출하는 것으로서 전자정보에 대한 탐색·복제·출력이 필요한 경우에는 본 장에서 규정한 절차를 준용한다(포렌식훈령 제23조 제2항).

## 5. 원격지에 저장된 전자정보의 압수·수색·검증

　압수·수색·검증의 대상인 정보저장매체와 정보통신망으로 연결되어 있고 압수 대상인 전자정보를 저장하고 있다고 인정되는 원격지의 정보저장매체에 대하여는 압수·수색·검증의 대상인 정보저장매체의 시스템을 통해 접속하여 압수·수색·검증을 수행한다(포렌식훈령 제24조 제1항).

　이에 따른 압수·수색·검증에서 피압수자 등이 정보통신망으로 정보저장매체에 접속하여 기억된 정보를 임의로 삭제할 우려가 있을 경우에는 정보통신망 연결을 차단할 수 있다(포렌식훈령 제24조 제1항).

## 6. 전자정보의 암호화 등에 대한 특례

압수·수색·검증의 대상인 정보저장매체 등이나 전자정보에 암호가 설정되어 있는 등 1. 정보저장매체 등이 물리적으로 손상된 것이 확인되어 수리가 필요한 경우, 2. 정보저장매체 등에 암호가 걸려있고 피압수자 등이 협조하지 않는 경우, 3. 정보저장매체 등의 특성상 적합한 장비나 프로그램의 개발이 필요한 경우, 4. 사건과 개연성이 있는 전자정보가 조작·삭제된 정황이 발견되어 사건과 관련이 있는 전자정보의 선별에 앞서 정보저장매체 등에 대한 종합적인 분석이 필요한 경우, 5. 안티포렌식 등으로 인해 통상적인 방식으로는 저장된 전자정보에 접근하는 것이 어려운 경우, 6. 그 밖의 각 호에 사유에 준하는 경우에는 저장되어 있는 전자정보에 접근하여 탐색할 수 있는 기술적 조치가 이루어진 이후에 사건과 관련 있는 전자정보를 압수한다(포렌식훈령 제25조).

## 7. 현장에서 디지털 증거의 압수 시 조치

디지털 증거를 압수하는 경우에는 해시값을 생성하고 별지 제1호 서식의 "현장조사확인서"를 작성하여 피압수자 등의 서명을 받는다(포렌식훈령 제26조 제1항).

디지털포렌식 수사관은 제1항에 따라 디지털 증거를 압수한 경우에는 지체없이 전자정보상세목록을 작성하여 피압수자에게 교부한다(포렌식훈령 제26조 제2항).

전자정보상세목록은 국방부 및 각 군 수사기관의 장이 별도로 정한 양식으로 하되, 서면 이외에 파일 또는 전자메일 등의 형태로 교부할 수 있다(포렌식훈령 제26조 제3항).

현장에서 전체 전자정보 중 일부만 가선별하는 경우에는 제27조를 준용한다(포렌식훈령 제26조 제4항).

## 8. 전자정보의 전부 복제 시 조치

전자정보의 전부를 복제하는 경우 전체 복제본에 대한 해시값을 확인하거나 압수·수색·검증 과정을 촬영하는 등 디지털 증거의 동일성과 무결성을 담보할 수 있는 적절한 방법과 조치를 한다(포렌식훈령 제27조 제1항).

전자정보 전부를 복제하여 현장 이외의 장소로 반출하는 경우에는 별지 제2호의 "압수물 봉인지" 및 별지 제3호의 "정보저장매체 복제 및 이미징 등 참관여부 확인서"를 작성한다(포렌식훈령 제27조 제2항).

담당군사법경찰관은 제2항에 따른 정보저장매체 등의 전부 복제본 반출 사실도 압수목록에 기재하여 피압수자에게 교부한다(포렌식훈령 제27조 제3항).

### 9. 정보저장매체 등 원본 반출 시 조치

정보저장매체 등의 원본을 현장 이외의 장소로 반출하는 경우에는 별지 제2호의 "압수물 봉인지" 및 별지 제4호의 "정보저장매체 제출 및 이미징 등 참관여부 확인서"를 작성한다(포렌식훈령 제28조 제1항).

담당군사법경찰관은 제1항에 따른 정보저장매체 등의 원본 반출 사실도 압수목록에 기재하여 피압수자에게 교부한다(포렌식훈령 제28조 제2항).

### 10. 정보저장매체 등의 운반 및 봉인 해제

정보저장매체 등을 소재지 외의 장소로 반출하는 경우에는 운반과정에서 매체가 파손되거나 기억된 전자정보가 손상되지 않도록 정전기 차단·충격 방지 등의 조치를 한다(포렌식훈령 제29조).

반출한 정보저장매체 등의 봉인을 해제하는 경우 부착되어 있던 별지 제2호의 "압수물 봉인지"에 봉인해제일시와 그 사유를 기재하고, 참관인의 서명을 받으며, 촬영 등 디지털 증거에 대한 보관의 연속성을 확보하는 방법으로 보관한다. 다만, 참관인의 서명을 받을 수 없는 경우에는 그 사유를 기재한다(포렌식훈령 제30조).

### 11. 현장 외에서 전자정보의 탐색·복제·출력

봉인을 해제한 이후에는 현장에서 사전 생성한 이미지 파일의 무결성을 검증하거나 동 매체에 저장된 전자정보에 대한 이미지 파일을 새로 생성한다. 다만, 이미지 파일을 생성할 필요가 없거나 곤란한 경우에는 그러하지 아니하다(포렌식훈령 제31조 제1항).

사건과 관련이 있는 전자정보의 탐색은 원칙적으로 제1항에 따라 동일성과 무결성이 확인되었거나 새로 생성한 이미지 파일을 이용하여 진행하되, 제1항 단서와 같이 이미지 파일을 생성하지 아니한 경우에는 정보저장매체 등에 저장된 전자정보를 직접 탐색할 수 있다(포렌식훈령 제31조 제2항).

　탐색을 통해 사건과 관련이 있는 전자정보를 파일 형태로 복제하여 압수하는 경우에는 선별된 전자정보에 대한 이미지 파일을 생성하고 그에 대한 해시값을 확인한다(포렌식훈령 제31조 제3항).

　전자정보의 탐색·복제·출력을 완료한 경우에는 지체 없이 피압수자 등에게 전자정보상세목록을 교부하고, 별지 제5호의 "참관확인서"와 별지 제6호의 "전자정보상세목록 교부확인서"를 작성하여 피압수자 등의 서명을 받는다. 다만, 피압수자 등이 중간에 참관을 포기하고 퇴실하는 등으로 피압수자 등의 서명을 받을 수 없는 경우에는 그 사유를 기재한다(포렌식훈령 제31조 제4항).

　목록에 없는 전자정보는 삭제·폐기함을 원칙으로 한다. 다만, 사건 담당 군검사는 법정에서 디지털 증거의 재현이나 검증을 위하여 필요한 경우 제1항의 이미지 파일을 보관할 것을 지휘할 수 있다(포렌식훈령 제31조 제5항).

## V. 디지털 증거의 분석

　디지털 증거의 분석은 이미지 파일로 한다. 다만, 이미지 파일로 복제하는 것이 곤란한 경우에는 압수 또는 복제한 정보저장매체 등을 직접 분석할 수 있다. 이 경우 정보저장매체 등의 형상이나 내용이 변경·훼손되지 않도록 적절한 조치를 한다(포렌식훈령 제32조 제1항).

　압수된 디지털 증거의 분석 과정에서 군 수사기관이 직접 분석할 수 없는 기술적 제한사항이 발생할 경우 해당 분야 전문가의 조력을 받을 수 있다. 이 경우, 해당 군 수사기관의 담당군사법경찰관은 수사내용 유출을 방지하기 위한 보호조치를 한다(포렌식훈령 제32조 제2항).

# [6] 통신수사

군사법경찰관리는 통신수사를 할 때에는 통신 및 대화의 비밀을 침해하지 않도록 필요 최소한도로 실시하여야 한다(훈령 제131조).

## Ⅰ. 통신제한조치

### 1. 의의

통신제한조치는 우편물의 검열 및 전기통신의 감청으로 이루어진다(통신비밀보호법 제2조 제1호 내지 제3호, 제3조 제2항). 우편물의 검열이라 함은 우편물에 대하여 당사자의 동의 없이 이를 개봉하거나 기타의 방법으로 그 내용을 지득 또는 채록하거나 유치하는 것을 말하고(통신비밀보호법 제2조 제6호), 전기통신의 감청이라 함은 전기통신에 대하여 당사자의 동의 없이 전자장치 기계장치 등을 사용하여 통신의 음향·문언·부호·영상을 청취·공독하여 그 내용을 지득 또는 채록하거나 전기통신의 송·수신을 방해하는 것을 말하며(같은 조 제7호), 모두 국민의 통신 및 대화의 비밀에 관한 자유를 제한하는 강제수사의 한 방법이다.

한편, 대법원은 감청과 관련하여 "통신비밀보호법 제2조 제3호 및 제7호에 의하면 같은 법상 '감청'은 전자적 방식에 의하여 모든 종류의 음향·문언·부호 또는 영상을 송신하거나 수신하는 전기통신에 대하여 당사자의 동의 없이 전자장치 기계장치 등을 사용하여 통신의 음향·문언·부호·영상을 청취·공독하여 그 내용을 지득 또는 채록하거나 전기통신의 송·수신을 방해하는 것을 말한다. 그런데 해당 규정의 문언이 송신하거나 수신하는 전기통신 행위를 감청의 대상으로 규정하고 있을 뿐 송·수신이 완료되어 보관 중인 전기통신 내용은 대상으로 규정하지 않은 점, 일반적으로 감청은 다른 사람의 대화나 통신 내용을 몰래 엿듣는 행위를 의미하는 점 등을 고려하여 보면, 통신비밀보호법상 '감청'이란 대상이 되는 전기통신의 송·수신과 동시에 이루어지는 경우만을 의미하고, 이미 수신이 완료된 전기통신의 내용을 지득하는 등의 행위는 포함되지 않는다."라고 판시하고 있다(대법원 2012. 10. 25. 선고 2012도4644 판결).

## 2. 절차

### 가. 범죄수사를 위한 통신제한조치

1) 신청권자

범죄수사를 위한 통신제한조치는 통신비밀보호법 제5조제1항의 요건이 구비된 경우에 군사법경찰관이 군검사에 대하여 각 피의자별 또는 각 피내사자별로 통신제한조치에 대한 허가를 신청하고, 군검사는 군사법원에 대하여 그 허가를 청구할 수 있다(통신비밀보호법 제6조 제2항).

2) 허가의 요건 및 대상

통신제한조치는 절도 강도 등 같은 법 제5조 제1항 각호의 범죄를 계획 또는 실행하고 있거나 실행하였다고 의심할 만한 충분한 이유가 있고(범죄혐의), 다른 방법으로는 그 범죄의 실행을 저지하거나 범인의 체포 또는 증거의 수집이 어려운 경우에 한하여(보충성) 허가될 수 있다(통신비밀보호법 제5조 제1항 본문).

통신제한조치는 위와 같은 요건에 해당하는 자가 발송 수취하거나 송·수신하는 특정한 우편물이나 전기통신 또는 그 해당자가 일정한 기간에 걸쳐 발송 수취하거나 송·수신하는 우편물이나 전기통신을 대상으로 한다(같은 조 제2항).

3) 법원

통신제한조치청구사건의 관할법원은 그 제한조치를 받을 통신당사자의 쌍방 또는 일방의 주소지 소재지, 범죄지 또는 통신당사자와 공범관계에 있는 자의 주소지 소재지를 관할하는 보통군사법원으로 한다(같은 법 제6조 제3항).

4) 신청방법

통신제한조치의 청구는 필요한 통신제한조치의 종류 목적 대상 범위 기간 집행장소 방법 및 당해 통신제한조치가 같은 법 제5조 제1항의 허가요건을 충족하는 사유 등의 청구이유를 기재한 서면으로 하여야 하며, 청구이유에 대한 소명자료를 첨부하여야 한다(같은 조 제4항).

군사법경찰관리는 통신제한조치 허가신청을 할 때에는 「통신비밀보호법」 제5조, 제6조에서 규정한 대상범죄, 신청방법, 관할군사법원, 허가요건 등을 충분히 검토하여 남용되지 않도록 하여야 한다.

군사법경찰관리는 「통신비밀보호법」 제6조 제2항 및 제4항에 따라 군검사에게 통신제한조치 허가를 신청하는 경우에는 통신제한조치 허가신청서에 따른다. 군사법경찰관리가 「통신비밀보호법」 제6조 제7항에 따라 군검사에게 통신제한조치 기간연장을 신청하는 경우에는 통신제한조치 기간연장 신청서에 따른다. 군사법경찰관리는 통신제한조치 허가를 신청한 경우에는 통신제한조치 허가신청부에 필요한 사항을 적어야 한다.

5) 기간

통신제한조치의 기간은 2월을 초과하지 못하고 그 기간 중 통신제한조치의 목적이 달성되었을 경우에는 즉시 종료하여야 한다(같은 조 제7항).

## 나. 국가안보를 위한 통신제한조치

대통령령이 정하는 정보수사기관의 장(이하 "정보수사기관의 장"이라 한다)은 국가안전보장에 상당한 위험이 예상되는 경우 또는 「국민보호와 공공안전을 위한 테러방지법」 제2조제6호의 대테러활동에 필요한 경우에 한하여 그 위해를 방지하기 위하여 이에 관한 정보수집이 특히 필요한 때에는 고등법원 수석부장판사의 허가 또는 대통령의 승인을 얻어 통신제한조치를 할 수 있는데 통신의 일방 또는 쌍방 당사자가 내국인인 때에는 고등법원 수석부장판사의 허가를 받아야 하고, 대한민국에 적대하는 국가, 반국가활동의 혐의가 있는 외국의 기관·단체와 외국인, 대한민국의 통치권이 사실상 미치지 아니하는 한반도내의 집단이나 외국에 소재하는 그 산하단체의 구성원의 통신인 때 등에는 대통령의 승인을 얻어야 한다(같은 법 제7조 제1항).

이 경우 통신제한조치의 기간은 4월을 초과하지 못하고, 그 기간 중 통신제한조치의 목적이 달성되었을 경우에는 즉시 종료하여야 하며, 같은 법 제7조 제1항의 요건이 존속하는 경우에는 소명자료를 첨부하여 고등법원 수석부장판사의 허가 또는 대통령의 승인을 얻어 4월의 범위 안에서 통신제한조치의 기간을 연장할 수 있다. (같은 조 제2항).

### 다. 긴급통신제한조치

군사법경찰관은 통상의 절차를 거칠 수 없는 긴급한 사유가 있는 때에는 군사법원의 허가 없이 통신제한조치를 할 수 있다(같은 법 제8조 제1항). 이 경우에는 긴급통신제한조치의 집행착수 후 지체 없이 같은 법 제6조 또는 제7조 제3항의 규정에 의하여 군사법원에 허가청구를 하여야 하며, 그 긴급통신제한조치를 한 때부터 36시간 이내에 군사법원의 허가를 받지 못한 때에는 즉시 그 통신제한조치를 중지하여야 한다(같은 조 제2항).

군사법경찰관이 긴급통신제한조치를 할 경우에는 미리 군검사의 지휘를 받아야 하고, 다만 특히 급속을 요하여 미리 지휘를 받을 수 없는 사유가 있는 경우에는 위 조치의 집행착수 후 지체 없이 군검사의 승인을 얻어야 한다(같은 조 제3항).

군사법경찰관리가 「통신비밀보호법」 제8조 제1항에 따라 긴급통신제한조치를 하는 경우에는 긴급검열·감청서에 따른다. 군사법경찰관리가 「통신비밀보호법」 제8조 제2항에 따라 긴급통신제한조치를 하고 군검사에게 사후 통신제한조치 허가를 신청하는 경우에는 통신제한조치 허가신청서에 따른다. 군사법경찰관리가 「통신비밀보호법」 제8조 제3항에 따라 군검사의 지휘를 받아야 할 때는 긴급통신제한조치 지휘요청서, 군검사의 승인을 얻어야 할 때는 긴급통신제한조치 승인요청서에 따른다. 군사법경찰관리는 제1항에 따른 긴급통신제한조치를 한 경우에는 긴급통신제한조치 대장에 소정의 사항을 적어야 한다. 군사법경찰관리는 「통신비밀보호법」 제8조 제5항에 따라 긴급통신제한조치가 단시간 내에 종료되어 군사법원의 허가를 받을 필요가 없는 경우에는 지체 없이 긴급통신제한조치 통보서를 작성하여 관할 군검찰부에 제출하여야 한다.

## 3. 통신제한조치의 집행 및 통지

### 가. 집행

범죄수사를 위한 통신제한조치(같은 법 제6조), 국가안보를 위한 통신제한조치(같은 법 제7조), 긴급통신제한조치(같은 법 제8조)는 이를 신청한 군사법경찰관이 집행한다. 이 경우 체신관서 기타 관련기관 등에 그 집행을 위탁하거나 집행에 관한 협조를 요청할 수 있다(같은 법 제9조 제1항).

군사법경찰관리는 「통신비밀보호법」 제9조 제1항에 따라 통신제한조치 집행위탁을 하는 경우에는 통신제한조치 집행위탁 의뢰서에 따른다. 이 경우 통신제한조치 집행위탁의뢰서의 비고란에는 녹취교부까지 포함하는지 또는 청취만 위탁하는지 등 구체적인 업무위탁의 범위를 기재할 수 있다. 군사법경찰관리는 집행위탁한 통신제한조치의 통신제한조치 허가기간을 연장한 경우에는 통신제한조치 기간연장 통지서로 수탁기관에 통지한다. 군사법경찰관리는 「통신비밀보호법」 제9조 제1항에 따라 통신제한조치를 집행하는 경우 또는 통신제한조치의 집행을 위탁하는 경우에는 통신제한조치 집행대장에 소정의 사항을 적어야 한다. 통신제한조치를 집행한 군사법경찰관리는 통신제한조치 집행조서를 작성하여야 한다. 군사법경찰관리는 통신제한조치의 집행이 불가능하거나 필요 없게 된 때에는 통신제한조치 허가서 반환서를 작성하여 군검사에게 「통신비밀보호법」 제9조 제2항의 통신제한조치 허가서를 반환하여야 한다. 군사법경찰관리가 통신제한조치의 집행이 필요 없게 되어 통신제한조치를 중지하고자 하는 경우에는 통신제한조치 집행중지 통지서를 수탁기관에 통지한다.

### 나. 통지

군사법경찰관은 군검사로부터 공소를 제기하거나 제기하지 아니하는 처분(기소중지 결정을 제외한다)의 통보를 받거나 내사사건에 관하여 입건하지 아니하는 처분을 한 때에는 그 처분을 한 때로부터 30일 이내에 우편물 검열의 경우에는 그 대상자에게, 감청의 경우에는 그 대상이 된 전기통신의 가입자에게 통신제한조치를 집행한 사실과 집행기관 및 그 기간 등을 서면으로 통지하여야 한다. 일정한 사유가 있을 경우 통지를 유예할 수 있으나 그 사유가 해소된 때에는 위와 같은 통지를 하여야 한다(같은 법 제9조의2).

군사법경찰관리는 「통신비밀보호법」 제9조의2 제2항 또는 제6항에 따라 우편물 검열의 대상자 또는 감청의 대상이 된 전기통신의 가입자에게 통신제한조치를 집행한 사실과 집행기관 및 그 기간 등을 통지하는 경우에는 통신제한조치 집행사실 통지서에 따른다. 이 경우 군사법경찰관리는 통신제한조치 집행사실 통지부에 소정의 사항을 적어야 한다. 군사법경찰관리는 「통신비밀보호법」 제9조의2 제5항 및 같은 법 시행령 제19조 제1항에 따라 통신제한조치 집행사실의 통지유예에 관한 관할 군검찰부장의 승인을 얻고자 하는 경우에는 통신제한조치 집행사실 통지유예 승인신청서에 따른다. 군사법경찰관리는 승인신청을 하거나 관할 군검찰부장의 승인을 얻은 때에는 통신제한조치 집행사실 통지유예 승인신청부에 해당 사항을 적어야 한다.

### 4. 취득자료의 비공개 및 사용제한

통신제한조치에 관여한 공무원 또는 그 직에 있었던 자 및 통신기관의 직원 또는 그 직에 있었던 자는 직무상 알게 된 통신제한조치에 관한 사항을 외부에 공개하거나 누설하여서는 아니 되며 이들 이외의 자들도 통신제한조치로 취득한 내용은 같은 법의 규정에 의하여 사용하는 경우 외에는 이를 외부에 공개하거나 누설하여서는 아니 된다(같은 법 제11조).

통신제한조치의 집행에 의하여 취득한 우편물 또는 그 내용과 전기통신의 내용은 통신제한조치의 목적이 된 같은 법 제5조 제1항에 규정된 범죄나 이와 관련되는 범죄를 수사·소추하거나 그 범죄를 예방하기 위하여 사용하는 경우, 위 범죄로 인한 징계절차에 사용하는 경우, 통신의 당사자가 제기하는 손해배상청구소송에서 사용하는 경우, 기타 다른 법률의 규정에 의하여 사용하는 경우 외에는 사용할 수 없다(같은 법 제12조).

## II. 통신사실 확인자료제공 요청

### 1. 의의

가입자의 전기통신 일시, 전기통신 개시·종료시간, 발 착신 통신번호 등 상대방의 가입자번호, 사용도수, 컴퓨터통신 또는 인터넷의 로그기록, 정보통신망에 접속된 정보통신기기의 발신기지국 위치추적자료, 컴퓨터통신 인터넷 사용자의 접속지 추적자료 등의 자료는 통신제한조치와는 구별되는 통신사실 확인자료(통신비밀보호법 제2조 제11호)로서 법원의 허가 등을 얻어야 열람이 가능하며, 국민의 통신 및 대화의 비밀에 관한 자유를 제한하는 또 다른 강제수사의 한 방법이다.

컴퓨터와 통신의 발전에 따라 '정보통신망 가입자명의 (ID)', 'IP(Internet Protocol 주소)', '접속기록(Log File)' 및 '전자우편(Electronic Mail)'을 활용하여 인적사항과 소재를 파악하는 방법도 많이 활용하고 있으며, 최근에는 휴대폰 실시간위치추적 정보를 문자메시지(SMS)로 전달받아 피의자의 검거 등에 자주 활용하고 있다.

군사법경찰관리는 통신사실확인자료 제공 요청 허가신청을 할 때에는 요청사유, 해당 가입자와의 연관성, 필요한 자료의 범위 등을 명확히 하여 남용되지 않도록 하여야 한다.

## 2. 범죄수사 또는 형의 집행을 위한 통신사실 확인자료제공 요청

### 가. 신청권자

군사법경찰관은 범죄수사 등을 위하여 필요한 경우 전기통신사업법에 의한 전기통신사업자에게 통신사실 확인자료제공을 요청할 수 있다(통신비밀보호법 제13조 제1항, 제2항). 이때 군사법경찰관은 군검사에 대하여 그 허가를 신청하고, 군검사는 군사법원에 대하여 그 허가를 청구한다(같은 법 제13조 제9항, 제6조 제1항, 제2항).

### 나. 허가의 요건

통신사실 확인자료제공 요청의 허가는 범죄수사 또는 형의 집행을 위하여 필요한 경우이면 이를 청구할 수 있다(같은 법 제13조 제1항), 통신제한조치의 경우보다. 그 요건이 완화되어 있고, 통신제한조치의 경우와는 달리 범죄수사 목적 외에 형의 집행을 위해서도 허가를 청구할 수 있다.

참고로 소방서 등 긴급구조기관은 급박한 위험으로부터 생명·신체를 보호하기 위하여 개인위치정보주체의 배우자 등의 긴급구조요청이 있는 경우 긴급구조 상황 여부를 판단하여 위치정보사업자에게 개인위치정보의 제공을 요청할 수 있다(위치정보의 보호 및 이용 등에 관한 법률 제29조).

### 다. 관할법원

관할법원은 통신제한조치의 경우와 같다(같은 법 제13조 제9항, 제6조 제3항).

### 라. 청구방법

군사법경찰관리는 「통신비밀보호법」 제13조 제3항 및 같은 조 제9항에서 준용하는 같은 법 제6조 제2항에 따라 군검사에게 통신사실확인자료 제공요청허가를 신청하는 경우에는 통신사실확인자료 제공요청 허가신청서(사전)에 따른다. 군사법경찰관리는 제1항에 따라 허가를 신청한 경우에는 통신사실확인자료 제공요청 허가신청부에 해당 사항을 적어야 한다.

### 마. 통신사실확인자료 제공 요청 등

군사법경찰관리는 「통신비밀보호법」 제13조 제1항에 따라 전기통신사업자에게 통신사실확인자료 제공을 요청하는 경우에는 통신사실확인자료 제공요청서에 따르고, 통신사실확인자료 제공요청 집행대장(사전허가용)에 해당 사항을 적어야 한다. 통신사실확인자료 제공을 요청한 군사법경찰관리는 통신사실확인자료 제공요청 집행조서를 작성하여야 한다. 군사법경찰관리는 통신사실확인자료 제공을 요청하는 것이 불가능하거나 필요 없게 된 때에는 통신사실확인자료 제공요청 허가서 반환서를 작성하여 군검사에게 통신사실확인자료 제공요청 허가서를 반환하여야 한다. 군사법경찰관리는 통신사실확인자료 제공요청이 필요 없게 된 경우에는 통신사실확인자료 제공요청 중지 통지서를 해당 전기통신사업자에게 통지하여야 한다. 군사법경찰관리는 전기통신사업자로부터 통신사실 확인자료를 제공받은 때에는 통신사실확인자료 회신대장에 해당 사항을 적어야 한다.

### 바. 긴급 통신사실 확인자료제공 요청

군사법경찰관은 법원의 허가를 받을 수 없는 긴급한 사유가 있을 때는 통신사실 확인자료를 요청한 후 지체 없이 그 허가를 받아 전기통신사업자에게 송부하여야 한다(같은 법 제13조 제2항 단서).

이 경우 통신사실 확인자료를 제공받았으나 법원의 허가를 받지 못한 경우에는 지체 없이 제공받은 통신사실 확인자료를 폐기하여야 한다(같은 조 제3항).

군사법경찰관리는 「통신비밀보호법」 제13조 제3항 단서 및 같은 조 제9항에서 준용하는 같은 법 제6조 제2항에 따라 전기통신사업자에게 긴급 통신사실확인자료 제공을 요청하는 경우에는 긴급 통신사실확인자료 제공요청서에 따른다. 군사법경찰관리는 제1항에 따라 긴급 통신사실확인자료 제공을 요청하고, 사후에 군검사에게 통신사실 확인자료 제공요청 허가를 신청하는 경우에는 통신사실확인자료 제공요청 허가신청서(사후)에 따른다. 군사법경찰관리는 제1항에 따라 긴급 통신사실확인자료 제공을 요청한 경우에는 통신사실확인자료 제공요청 집행대장(사후허가용)에 해당 사항을 적어야 한다.

### 사. 통신사실 확인자료제공의 통지

군사법경찰관은 군검사로부터 공소를 제기하거나 제기하지 아니하는 처분(기소중지 결정을 제외한다)의 통보를 받거나 내사사건에 대하여 입건하지 아니하는 처분을 한 날로부터 30일 이내에 통신사실 확인자료제공을 받은 사실과 제공요청기관 및 그 기간 등을 그 가입자에게 서면으로 통지를 하여야 한다(같은 법 제13조의3 제1항, 제2항, 제9조의2).

군사법경찰관리는 「통신비밀보호법」 제13조의3 제1항에 따라 통신사실확인자료 제공의 대상이 된 당사자에게 통신사실확인자료를 제공받은 사실과 제공요청기관 및 그 기간 등을 통지하는 경우에는 통신사실확인자료 제공요청 집행사실 통지서에 따른다. 이 경우 군사법경찰관리는 통신사실확인자료 제공요청 집행사실 통지부에 해당 사항을 적어야 한다. 군사법경찰관리는 「통신비밀보호법」 제13조의3 제2항·제3항 및 「통신비밀보호법 시행령」 제37조 제3항에서 준용하는 같은 법 시행령 제19조 제1항에 따라 통신사실확인자료 제공요청 집행사실의 통지유예에 관한 관할 군검찰부장의 승인을 얻고자 하는 경우에는 통신사실확인자료 제공요청 집행사실 통지유예 승인신청서에 따른다. 군사법경찰관리는 승인신청을 하거나 관할 군검찰부장의 승인을 얻은 때에는 통신사실확인자료 제공요청 집행사실 통지유예 승인신청부에 해당 사항을 적어야 한다.

### 아. 비밀준수의무 및 자료의 사용제한

통신제한조치의 경우와 같다(같은 법 제13조의5).

### 3. 국가안보를 위한 통신사실 확인자료제공 요청

대통령령이 정하는 정보수사기관의 장은 국가안전보장에 대한 위해를 방지하기 위하여 정보수집이 필요한 경우에는 통신 주체의 국적 및 통신 내용 등에 따라 고등법원 수석부장판사의 허가 또는 대통령의 승인을 얻어 전기통신사업자에게 통신사실 확인자료 제공을 요청할 수 있다.

그 요건과 절차, 긴급한 경우의 방법 및 통지 등에 대하여는 국가안보를 위한 통신제한조치 허가를 청구하는 경우와 같으며, 긴급통신사실 확인자료 제공요청에 따른 자료의 폐기 등에 대하여는 범죄수사를 위한 통신사실 확인자료제공의 경우와 같다(같은 법 제13조의4 제2항).

## III. 통신자료 제공요청

군사법경찰관리는 「전기통신사업법」 제83조 제3항에 따라 전기통신사업자에게 통신자료 제공을 요청하는 경우에는 통신자료 제공요청서에 따른다. 제1항에 따른 통신자료 제공요청서에는 「전기통신사업법 시행령」 제53조 제5항에 따라 수사관서의 중령 이상의 군인(소령이 부대장인 군 수사기관의 경우에는 소령을 포함한다) 또는 4급 이상 군무원(5급 군무원이 수사부대(서)의 장인 경우에는 5급 군무원을 포함한다) 결재권자의 직책, 계급, 성명을 명기하여야 한다.

## IV. 기타

### 1. 압수·수색 또는 검증의 집행에 관한 통지절차 등

군사법경찰관리는 「통신비밀보호법」 제9조의3 제2항에 따라 수사대상이 된 가입자에게 송·수신이 완료된 전기통신에 대한 압수·수색 또는 검증의 집행사실을 통지하는 경우에는 송·수신이 완료된 전기통신에 대한 압수·수색·검증 집행사실 통지서에 따른다. 이 경우 군사법경찰관리는 송·수신이 완료된 전기통신에 대한 압수·수색·검증

집행사실 통지부에 해당 사항을 적어야 한다.

## 2. 집행결과보고

군사법경찰관리는 「통신비밀보호법 시행령」 제18조 제2항 또는 제37조 제3항에 따라 군검사에게 보고할 때에는 통신제한조치 집행결과 보고 또는 통신사실 확인자료 제공요청 집행결과 보고에 따른다.

## 3. 통신수사 종결 후 조치

다른 수사부대(서) 또는 다른 수사기관에서 통신수사를 집행한 사건을 이송받아 입건 전 조사한 후 입건 전 조사 종결한 경우는 입건 전 조사 종결한 군사법경찰관리의 소속부대(서) 또는 다른 수사기관에서 통신제한조치 또는 통신사실 확인자료 제공요청 허가서를 청구한 군검찰 또는 검찰청에 집행결과를 보고한 후 허가서를 신청한 군사법경찰관리의 소속부대(서) 또는 다른 수사기관으로 사건처리결과를 통보하고, 통보를 받은 군사법경찰관리의 소속부대(서) 또는 다른 수사기관은 담당자를 지정하여 통지하도록 하여야 한다.

# [7] 그 밖의 강제수사 등

## Ⅰ. 증거보전

### 1. 의의

증거보전이라 함은 공판기일에서의 정상적인 증거조사를 기다리다가는 증거를 사용하기 곤란한 사정이 있는 때에 군검사, 피고인, 피의자, 변호인 등의 청구에 의하여 제1회 공판기일 전에 군판사가 압수, 수색, 검증, 증인신문, 감정을 하여 두는 제도를 말한다(법 제226조 제1항).

성폭력범죄의 피해자나 그 법정대리인 또는 경찰은 피해자가 공판기일에 출석하여 증언하는 것에 현저히 곤란한 사정이 있을 때에는 영상물 또는 그 밖의 증거에 대하여 해당 성폭력범죄를 수사하는 검사에게 법 제226조 제1항에 따른 증거보전의 청구를 할 것을 요청할 수 있다(성폭력범죄의 처벌 등에 관한 특례법 제41조). 또한, 아동·청소년 대상 성범죄의 피해자 및 그 법정대리인 또는 경찰도 피해자가 공판기일에 출석하여 증언하는 것에 현저히 곤란한 사정이 있을 때에는 위와 같이 해당 성폭력범죄를 수사하는 검사에게 법 제226조 제1항에 따른 증거보전의 청구를 할 것을 요청할 수 있다(아동·청소년의 성보호에 관한 법률 제27조).

### 2. 요건

#### 가. 보전의 필요성

미리 증거를 보전하지 아니하면 그 증거를 사용하기 곤란한 사정이 있어야 한다. 증거를 사용하기 곤란한 경우란 그 증거에 대한 조사가 불가능하게 되거나 곤란하게 되는 경우뿐만 아니라 증거의 실질적 가치에 변화가 와서 본래의 증명력을 발휘하기 곤란한 경우를 포함한다.

성폭력범죄의 피해자가 16세 미만이거나 신체적인 또는 정신적인 장애로 사물을 변별하거나 의사를 결정할 능력이 미약한 경우에는 피해자가 공판기일에 출석하여 증언하는 것에 현저히 곤란한 사정이 있는 것으로 본다(성폭력범죄의 처벌 등에 관한 특례법 제41조 제1항).

### 나. 제1심 제1회 공판기일전

제1심 제1회 공판기일 이후에는 법원에 증거조사를 신청하면 되는 것이므로 증거보전은 제1심 제1회 공판기일전임을 요한다. 기소의 전후는 불문하고, 수사단계에서는 피의자의 특정여부와도 상관없다.

따라서 재심청구사건에서는 제1회 공판기일 이전이라도 증거보전절차는 허용되지 않는다.

### 다. 증거보전의 방법

증거보전의 방법은 압수, 수색, 검증, 증인신문, 감정에 한한다.

예컨대, 증거보전의 방법으로 피의자신문이나 피고인신문을 할 수 없는 것이다. 따라서 증거보전기록 중에 있는 피의자의 진술기재는 증거 능력이 없다. 다만 공범이나 공동피고인에 대한 증인신문은 가능하다.

## 3. 절차

### 가. 청구권자

청구권자는 검사와 피고인, 피의자 또는 변호인에 한한다(형사소송법 제184조 제1항). 형사입건되기 전의 자에게는 청구권이 없다.

군사법경찰관은 증거보전의 필요가 있다고 판단되는 경우에 그 사유를 소명하여 군검사에게 증거보전의 청구를 신청하여야 한다(부령 제59조).

### 나. 청구방법

군사법경찰관은 미리 증거를 보전하지 않으면 그 증거를 사용하기 곤란한 경우에는 증거보전 신청서를 작성하여 군검사에게 법 제226조 제1항에 따른 증거보전의 청구를 신청할 수 있고, 이에는 (i) 사건의 개요, (ii) 증명할 사실, (ii) 증거 및 그 보전의 방법, (iv) 증거보전을 필요로 하는 사유 등을 기재하여야 하며(부령 제59조), 증거보전을 필요로 하는 사유에 대한 소명자료가 첨부되어야 한다(법 제226조 제3항).

### 다. 증거보전의 결정

증거보전의 청구를 받은 관할 군사법원 군판사는 증거보전의 요건이 갖추어지지 않은 경우에는 그 청구를 기각한다. 그러나 요건이 구비된 경우에는 별도의 명시적 결정을 하지 않고 바로 청구된 처분을 행한다.

증거보전의 청구를 기각하는 결정에 대하여는 3일 이내에 항고할 수 있다(법 제226조 제4항).

### 라. 증거보전의 실행

증거보전청구의 요건이 구비된 경우에 군판사는 압수, 수색, 검증, 증인신문 또는 감정 등 증거보전을 행하게 된다.

청구를 받은 군판사는 그 처분에 관하여 군사법원이나 재판장과 동일한이 있으므로(법 제226조 제2항), 군사법원법 중 압수, 수색, 검증, 증인신문, 감정에 관한 규정이 전면적으로 준용된다.

따라서 영장이 필요하면 영장을 발부하여 시행하고, 당사자 등의 참여권 등도 그 인정 여부를 정하여야 한다(법 제162조, 제163조, 제186조, 제204조, 제218조, 제219조), 대법원은 "증거보전절차에서 증인신문을 하면서, 위 증인신문의 일시와 장소를 피의자 및 변호인에게 미리 통지하지 아니하여 증인신문에 참여할 수 있는 기회를 주지 아니하였고, 또 변호인이 제1심 공판기일에 위 증인신문조서의 증거조사에 관하여 이의신청을 하였다면 위 증인신문조서는 증거능력이 없고, 그 증인이 후에 법정에서 그 조서의 진정성립을 인정한다 하여 다시 그 증거능력을 취득한다고 볼 수도 없다."고 판시하고 있다(대법원 1992. 2. 28. 선고 91도2337 판결).

### 마. 보전된 증거의 활용

군검사, 피고인, 피의자, 또는 변호인은 군판사의 허가를 얻어 보전된 증거를 열람 또는 복사할 수 있고(법 제227조), 증거보전절차에서 작성된 조서는 증거능력이 있으므로(법 제364조 후단) 공판기일에 당사자의 신청에 의해 증거조사의 과정을 거쳐 증거로 활용된다.

## II. 증인신문의 청구

### 1. 의의

증인신문의 청구는 범죄의 수사에 없어서는 아니 될 사실을 안다고 명백히 인정되는 사람이 군사법경찰관의 출석요구 또는 진술을 거부하는 경우에 군검사가 제1회 공판기일 전 군판사에게 청구하여 증인신문을 미리 해 두는 것을 말한다. 임의수사의 방법에 의한 참고인조사(법 제260조)만으로는 수사의 목적을 달성하기 어렵거나 불가능하다고 인정되는 경우에 증거보전을 위한 증인신문 절차로 참고인에 대하여는 수사기관이 강제력을 행사할 수 없으므로 이를 보완하기 위하여 만들어진 제도이다(같은 법 제261조).

### 2. 요건

군판사에 대하여 증인신문의 청구를 하려면 신문의 상대방이 증인적격을 갖추어야 하고 일정한 증거보전의 필요성이 인정되며 그 청구가 수소법원의 제1회 공판기일 전에 행하여져야 한다.

#### 가. 증인적격

군판사의 증인신문을 받게 될 참고인은 범죄수사 또는 범죄증명에 필요한 사실을 진술할 수 있는 자이어야 한다. 공범자 및 공동피고인은 다른 피의자에 대하여 제3자의 관계이므로 증인신문의 상대방이 될 수 있다고 본다.

#### 나. 증인신문의 필요성

군판사의 증인신문에 의한 증거보전이 필요한 경우는 범죄의 수사에 없어서는 아니

될 사실을 안다고 명백히 인정되는 사람이 군사법경찰관의 출석요구나 진술을 거부하는 때이다(같은 법 제261조 제1항).

군사법원법은 실체적 진실발견의 촉진을 위하여 피의사실에 대한 핵심적 사실을 알고 있음이 명백한 참고인에 대하여 예외적으로 군판사에 의한 증인신문을 인정하도록 하고 있다. 따라서 신문의 상대방은 문제되는 사실을 안다고 명백히 인정될 수 있는 자이어야 한다. 참고인이 수사기관에 출석하여 진술은 하였으나 진술조서에 서명을 거부하는 때에도 일단 진술거부에 준하여 증인신문이 허용된다고 본다.

### 다. 시기

증인신문의 청구는 기소의 전후를 불문하고 제1심 제1회 공판기일 전이면 가능하다.

### 라. 대상

참고인에 대한 증인신문에 한한다. 따라서 피의자나 피고인 본인에 대한 증인신문청구는 허용되지 않는다. 다만 공범이나 공동피고인에 대한 증인신문은 가능하다.

## 3. 절차

### 가. 청구권자

청구권자는 검사에 한하므로(같은 법 제261조 제1항), 군사법경찰관은 위의 요건에 해당하는 사유가 있으면 검사에게 증인신문을 신청할 수 있다(부령 제60조).

### 나. 청구방법

군사법경찰관은 범죄의 수사에 없어서는 안 되는 사실을 안다고 명백히 인정되는 사람이 출석 또는 진술을 거부하는 경우에는 증인신문 신청서를 작성하여 군검사에게 법 제261조 제1항에 따른 증인신문의 청구를 신청할 수 있고, 이에는 (i) 증인의 성명, 직업 및 주거, (ii) 피의자 또는 피고인의 성명, (ii) 죄명 및 범죄사실의 요지, (iv) 증명할 사실, (v) 신문사항, (vi) 증인신문청구의 요건이 되는 사실, (vii) 피의자 또는 피고인에게 변호인이 있는 때에는 그 성명 등을 기재하여야 하고(부령 제60조), 증인신문청구의 요건이 되는 사실에 대한 소명자료가 첨부되어야 한다(법 제261조 제2항).

### 다. 군판사의 권한 및 참여

증인신문에 임하는 군판사는 증인신문에 관하여 군사법원과 같은 권한이 있다(법 제261조 제3항).

군판사는 증인신문기일을 정한 때에는 피고인, 피의자 또는 변호인에게 이를 통지하여 증인신문에 참여할 수 있도록 하여야 한다(같은 조 제4항).

### 라. 증인신문조서의 활용

군판사가 증인신문을 하였을 때에는 지체 없이 이에 관한 서류를 군검사에게 보내야 한다(법 제261조 제5항). 군검사는 이를 수사 및 공소유지에 증거로 사용하게 된다.

## III. 감정유치

### 1. 의의

감정유치라 함은 임의수사의 방법인 감정을 위촉함에 있어서 피의자의 정신 또는 신체에 관한 감정이 필요한 경우 피의자를 병원 기타 적당한 장소에 유치하는 처분으로서 피의자의 신체적 자유를 제한하는 강제수사의 한 방법이다.

따라서 감정유치를 하고자 하면 군판사의 감정유치장을 발부받아야 한다(법 제262조 제1항, 제2항, 제213조 제4항).

### 2. 절차

#### 가. 청구권자

감정유치의 청구권자는 군검사에 한한다(법 제262조 제1항). 군사법경찰관은 피의자의 정신 또는 신체에 관한 감정이 필요한 경우 피의자를 병원 기타 적당한 장소에 유치하는 처분을 해야 할 때에는 그 사유를 소명하여 군검사에게 감정유치장을 신청하여야 한다.

### 나. 청구방법

군사법경찰관은 법 제260조 제2항의 감정을 위하여 법 제213조 제3항에 따른 유치가 필요한 경우에는 감정유치장 신청서를 작성하여 군검사에게 제출해야 한다(부령 제61조 제1항). 유치장소·유치기간은 미리 감정인의 의견을 들어 결정하게 되나 이를 변경할 필요가 생기는 때에는 군판사에게 그 변경청구를 하여야 한다(법 제262조 제2항, 제213조 제6항).

### 다. 감정유치장의 집행

감정유치에 관하여는 특별한 규정이 없는 한 구속에 관한 규정이 준용되므로(법 제262조 제2항, 제213조 제7항) 감정유치장의 집행에 있어서 감정유치장의 제시 및 이유의 고지, 감정유치의 통지, 접견금지 등도 모두 구속의 경우에 준하게 된다.

### 라. 감정유치의 해제

감정유치는 감정의 완료 또는 유치기간의 만료에 의하여 해제된다. 유치기간 내에 감정이 완료되면 군검사는 즉시 구속취소의 경우에 준하여 감정유치를 취소하여야 하고, 유치기간이 만료되면 이를 연장하지 않는 한 감정유치가 당연히 해제된다(유치기간의 연장은 구속기간의 연장에 준한다).

## 3. 감정유치기간과 구속기간

이미 구속되어 있는 피의자에 대하여 감정유치장이 집행되면 유치기간 동안은 구속이 집행정지된 것으로 간주하여 구속기간이 진행되지 아니하고, 감정유치가 취소되거나 유치기간이 만료된 때에는 구속집행정지가 취소된 것으로 간주하여 구속기간이 다시 진행된다(법 제262조 제2항, 제214조).

다만, 감정유치기간은 미결구금일수의 산입에 있어서 이를 구속기간으로 간주한다(법 제262조 제2항, 제213조 제8항).

## IV. 감정에 필요한 처분

### 1. 의의

군사법경찰관으로부터 감정의 위촉을 받은 감정인은 감정에 필요하면 군사법원의 허가를 받아 (i) 다른 사람의 주거나 관리자가 있는 가옥, 건조물, 항공기, 선박 또는 차량에 들어갈 수 있고, (ii) 신체 검사, (iii) 사체 해부, (iv) 무덤 발굴 또는 (v) 물건 파괴 등 강제처분을 할 수 있다(법 제263조 제1항, 제215조 제1항).

### 2. 청구방법

감정에 필요한 처분의 허가청구는 군검사만이 할 수 있으므로(법 제263조 제2항), 수사기관으로부터 감정의 위촉을 받은 감정인은 감정과 관련하여 필요한 때에는 군검사에게 그 필요성을 알려서 검사가 허가청구를 할 수 있도록 하여야 한다. 군사법경찰관은 감정에 필요한 처분의 허가가 필요한 경우 그 사유를 소명하여 군검사에게 감정처분허가장을 신청하여야 한다.

군사법경찰관은 법 제263조 제1항에 따라 법 제215조 제1항에 따른 처분을 위한 허가가 필요한 경우에는 감정처분허가장 신청서를 작성하여 군검사에게 제출해야 한다(부령 제61조 제2항).

위 감정처분허가장 신청서에는 피의자의 성명, 죄명, 들어갈 장소, 검사할 신체, 해부할 사체, 발굴할 무덤, 파괴할 물건, 피의사실의 요지, 유효기간, 감정인의 성명과 직업을 기재하여야 한다(법 제263조 제4항, 제215조 제2항).

### 3. 감정처분허가장에 의한 처분

군사법경찰관리는 감정처분허가장 신청에 따라 군판사로부터 감정처분허가장을 발부받은 경우 감정인에게 이를(감정위촉서와 함께) 교부하여야 한다. 이를 교부받은 감정인은 처분을 받는 자에게 이를 제시한 후 처분을 행하여야 한다(법 제263조 제4항, 제215조 제3항).

그 처분을 행함에 있어서는 신체검사 및 사체해부와 분묘발굴에 있어서의 주의사항(법 제182조)과 시각의 제한(법 제184조)에 관한 규정을 준수하여야 한다(법 제263조 제4항, 제215조 제5항).

# V. 금융거래 추적

## 1. 의의

금융거래 추적이라 함은 금융거래 내용에 대한 정보 또는 자료를 명확히 파악하기 위하여 대상자 또는 그의 거래처 등 관련자가 거래한 금융기관의 회계서류를 조회·확인·검색함으로써 자금의 이동경로를 확인하는 것을 말한다.

범죄와 관련된 자금은 그 특성상 취득·처분 발생원인 등을 가장하기 위하여 금융기관을 통한 세탁과정을 거치게 되는 것이 일반적인데, 수사 대상 범죄와 관련된 자금의 종류 및 규모와 관련자 등에 관한 증거를 금융거래 추적의 방법으로 확보하는 것은 사건 전말에 대한 윤곽을 미리 파악하게 하여 관련자들 진술의 신빙성 여부를 판단할 수 있게 할 뿐 아니라 수사대상자가 자금의 흐름에 관해 허위로 진술하는 경우 금융거래 자료를 제시하며 신문할 수 있는 수단이 되기 때문에 매우 중요한 수사 방법 중의 하나이다.

군사법경찰관리는 「금융실명거래 및 비밀보장에 관한 법률」 제4조 제1항 제1호에 따라 금융거래의 내용에 대한 정보 또는 자료(이하 "거래정보등"이라 한다)를 제공받을 때에는 압수·수색·검증영장(금융계좌 추적용)을 발부받아 해당 금융기관에 금융거래정보 등을 요구하여야 한다. 거래정보 등을 제공받은 군사법경찰관리는 「금융실명거래 및 비밀보장에 관한 법률」 제4조 제4항에 따라 범죄수사목적 외의 용도로 이를 이용하거나 타인에게 제공 또는 누설하여서는 아니 된다.

한편, 최근에는 가상자산을 추적하는데 이 경우는 금융계좌 추적용 영장에 「가상자산이용자 보호 등에 관한 법률」을 근거로 "가상자산사업자"에게 금융추적에 필요한 정보를 요구하면 된다.

## 2. 절차

### 가. 영장에 의한 경우

일반적으로 수사기관은 법관이 발부한 압수·수색·검증영장에 의하여 금융기관에 금융거래정보제공을 요구하여 이를 제출받는 것이 대부분이다.

금융거래 추적의 경우 검사는 일반적인 압수·수색·검증영장 청구서와는 다른 양식으로 되어 있는 '금융계좌추적용 압수·수색·검증영장 청구서'를 사용하여 법원에 청구하고, 법관은 '금융계좌추적용 압수·수색·검증영장'을 발부한다.

'금융계좌추적용 압수·수색·검증영장 청구서'에는 피의자의 인적사항, 대상계좌(계좌명의인, 개설은행·계좌번호, 거래기간, 거래정보 등의 내용), 압수할 물건, 압수·수색·검증할 장소, 범죄사실 및 압수·수색·검증을 필요로 하는 사유, 7일을 넘는 유효기간을 필요로 하는 취지와 사유, 둘 이상의 영장을 청구하는 취지와 사유, 일출 전 일몰 후 집행을 필요로 하는 취지와 사유 등을 기재하여야 한다.

한편, 금융거래 추적의 범위와 관련하여, 강제처분은 필요한 최소한도의 범위 안에서만 하여야 하므로(법 제231조 제1항) 계좌 추적 역시 범죄사실 혐의 입증에 필요한 필요 최소한도의 범위 내에서 이루어져야 할 것이다.

이러한 경우에도 '대상 계좌 및 그 직전 직후로 연결된 계좌'라는 한정된 범위 내에서 매번 새롭게 여러 통의 금융계좌추적용 압수·수색·검증영장'을 계속하여 발부받아 수사를 해야 한다면 수사가 지나치게 비효율적으로 지연되거나 실체적 진실을 규명하지 못하는 결과에 이를 수도 있다. 따라서 법원에 순차적으로 연결된 계좌 전부에 대한 신속한 압수·수색·검증의 필요성을 상세히 소명하여 '대상 계좌 및 입금자원 또는 출금자원이 직전 직후에 걸쳐서 순차적으로 연결된 계좌'를 대상으로 하는 하나의 '금융계좌추적용 압수·수색·검증영장'을 발부받아 수사를 진행해야 하는 경우도 있다.

### 나. 예금주의 동의에 의한 경우

수사기관은 예금주의 동의를 받아 금융기관에 정보제공을 요구할 수 있다(금융실명거래 및 비밀보장에 관한 법률 제4조 제1항), 동의서에는 거래정보 등을 제공받을 자, 거래정보 등을 제공할 금융기관, 제공할 거래정보 등의 범위, 동의서의 작성연월일, 동의서의 유효기간, 명의인이 당해 금융기관에 등록한 인감 또는 읍·면·동사무소(법인인 경우에는 등기소를 말한다)에 등록한 인감의 날인이 필요하나, 공무원이 공무수행을 위하여 명의인으로부터 동의서를 받아 제출하는 경우에는 명의인의자필서명 또는 무인으로 대신할 수 있다.

### 다. 정부제공요구의 형식

자의적인 정보제공요구를 방지하기 위하여 명의인의 인적사항, 요구대상 거래기간,

요구의 법적근거, 사용목적, 요구하는 거래정보 등의 내용, 요구하는 기관의 담당자 및 책임자의 성명 및 직책 등 인적사항이 포함된 금융위원회가 정하는 표준양식인 '금융거래정보의 제공요구서'에 의하여 특정점포에 이를 요구하여야 한다(같은 법 제4조 제2항). 여기서 특정점포는 금융기관의 본점 영업부서·지점 영업소 등 금융거래가 이루어지는 단위영업점포를 의미한다. 다만, 법관의 제출명령 또는 법관이 발부한 영장에 의한 경우에는 거래정보 등을 보관 또는 관리하는 부서(예를 들면, 금융기관 본점 전산부 등)에도 요구가 가능하다(같은 법 제4조 제2항 단서).

금융계좌추적용 압수·수색·검증영장에 의한 금융거래정보 요구에는 그 영장 자체가 금융실명거래 및 비밀보장에 관한 법률에 따른 표준 양식이므로 금융거래정보의제공요구서가 필요 없으나 실무상 이를 영장과 함께 제시하고 있다. 이는 정보제공자의 업무 편의를 위해서일 뿐 아니라 금융정보제공사실 통보유예요청을 별도의 공문으로 할 필요 없이 위 요구서 양식에 함께 기재하게 되므로 수사의 편의를 도모할 수 있기 때문이기도 하다.

### 라. 정보제공사실의 통보

금융기관은 금융거래정보 등을 제공한 경우에는 제공한 날(통보를 유예한 경우에는 통보유예기간이 종료한 날)로부터 10일 이내에 제공한 정보 등의 주요 내용·사용목적·제공받은 자 및 제공일자 등을 명의인에게 서면으로 통보하여야 한다(같은 법 제4조의2 제1항).

다만, 당해 통보가 사람의 생명이나 신체의 안전을 위협할 우려가 있거나 증거인멸, 증인위협 등 공정한 사법절차의 진행을 방해할 우려가 명백한 경우 등에는 수사기관은 금융기관에게 서면으로 6개월의 범위 내에서 통보유예를 요청할 수 있다. (같은 법 제4조의2 제2항).

군사법경찰관리는 금융기관이 '거래정보 등을 제공하였다는 사실'을 거래명의자에게 통보하는 것이 「금융실명거래 및 비밀보장에 관한 법률」 제4조의2 제2항 각 호에 해당하는 경우에는 해당 금융기관에 대하여 명의자에게 통보하는 것을 유예하도록 신청하여야 한다.

# 제7장

## 특칙

# [1] 군무이탈사건에 관한 특칙

## Ⅰ. 수사관할 등

### 1. 군무이탈자 수사관할 등

군무이탈자는 1. 인적관할 수사부대(서)에 체포조가 없는 경우에는 발생지역을 관할 수사부대(서), 2. 훈련 등으로 작전지역을 벗어난 부대활동 중 군무이탈한 경우에는 발생지역을 관할하는 수사부대(서), 3. 전속, 교육수료, 퇴원 등으로 파견복귀 중인 자가 군무이탈한 경우에는 명령지에 명시된 부대를 관할하는 수사부대(서)에 해당하는 경우를 제외하고는 체포 활동의 책임이 있는 인적관할 수사부대(서)에서 입건하여 수사하여야 한다.

군무이탈자에 대한 체포활동이 장기화되는 경우에는 각군 참모총장 직속 수사부대(서)의 장의 승인을 얻어 체포 활동의 관할을 인적관할 수사부대(서)로 인계할 수 있다.

군사법경찰관리는 피의자를 입건한 즉시 사건 관련기록과 수배자 카드 등을 사본하여 피의자의 연고지 지역 관할 수사부대(서)로 송부하고 수사 공조를 요청하여야 한다. 이 경우 요청받은 수사부대(서)는 수사에 적극 협조하여야 한다.

### 2. 체포 또는 자수의 경우

군무이탈자를 체포 또는 자수한 경우에는 체포 또는 자수한 수사부대(서)에서 사건을 처리하여야 한다. 다만, 인적 또는 발생지 관할 수사부대(서)의 요청이 있는 경우에는 신병 및 사건을 인적 또는 발생지 관할 수사부대(서)로 인계할 수 있다.

군무이탈자를 체포 또는 자수한 수사부대(서)는 인적 발생지 관할, 연고지 관할 수사부대(서)에 그 사실을 지체 없이 통보하여야 하며 그 통보를 받은 수사부대(서)는 보관하고 있는 사건기록 일체를 통보한 수사부대(서)로 송부하여야 한다.

경찰 등 타 기관 또는 타 군에서 군무이탈자를 체포 또는 자수한 경우에는 가장 인접한 수사부대(서)에서 신병을 인수하고 사건을 처리하여야 한다.

지역 내에서 타 군 소속 군무이탈자를 체포 또는 자수한 경우에는 지체 없이 해당 군 수사부대(서)로 통보하고 신병 및 사건을 인계하여야 한다.

## II. 지명수배 등

### 1. 지명수배

군사법경찰관리는 「군 지명수배업무 전산화에 관한 훈령」에 따라 군무이탈자를 수배하여야 한다.

군사법경찰관리는 군무이탈자 발생 등 수배사유가 발생한 경우에는 체포영장에 의해 지명수배하여야 한다. 다만, 긴급체포 사유에 해당하는 긴박한 사유가 있을 경우에는 지명수배를 한 후 신속히 체포영장을 발부받아야 한다.

군사법경찰관리는 제2항의 지명수배를 하는 경우에는 수배의뢰서를 작성하여 피의자가 소속된 군의 수사부대(서)로 송부하여야 한다.

### 2. 공개수배

국방부조사본부장 또는 각 군 수사단장은 총기·탄약 또는 폭발물 휴대 군무이탈 등 신속한 검거가 필요한 자에 대하여 공개수배할 수 있다. 공개수배는 사진·현상·전단 그 밖의 방법에 의한다.

공개수배 시 신속한 검거를 위하여 경찰관서에 공조를 요청할 수 있다.

### 3. 지명수배의 해제

군무이탈자 체포 또는 자수 등 수배해제 사유가 발생한 수사부대(서) 소속의 군사법경찰관리는 즉시 수배를 해제하여야 한다. 이 경우 수배해제 의뢰서를 작성하여 피의자가 소속된 군의 수사부대(서)로 송부하여야 한다.

체포영장 또는 구속영장의 유효기간이 경과되어 체포영장 또는 구속영장의 재발부를 받지 않거나 받지 못한 경우에도 같다.

## 4. 지명수배자 명부

군사법경찰관리는 지명수배 또는 해제하는 경우에는 군무이탈 지명수배자 명부에 관련 내용을 기입하여 정리하여야 한다.

# [2] 외국인 관련 범죄에 관한 특칙

## I. 외국인 범죄 수사

### 1. 준거규정

「군형법」제1조 제4항 제2호부터 제8호, 제10호부터 제13호까지 규정된 외국인에 대한 범죄(이하 "외국인 관련 범죄"라 한다)의 수사에 관하여 조약, 협정 그 밖의 특별한 규정이 있을 때에는 그에 따르고, 특별한 규정이 없을 때에는 본 절의 규정에 의하는 외에 일반적인 수사절차를 따른다.

### 2. 국제법의 준수

군사법경찰관리는 외국인 등 관련 범죄의 수사를 함에 있어서는 국제법과 국제조약에 위배되는 일이 없도록 유의하여야 한다.

### 3. 외국인 관련 범죄 수사의 착수

군사법경찰관리는 외국인 관련범죄에 관하여는 지휘계통을 통해 미리 국방부조사본부장에게 보고하여 그 지시를 받아 수사에 착수하여야 한다. 다만, 급속을 요하는 경우에는 필요한 처분을 한 후 신속히 국방부조사본부장의 지시를 받아야 한다.

## II. 외교 사절에 관한 특칙

### 1. 대·공사 등에 관한 특칙

군사법경찰관리는 외국인 등 관련 범죄를 수사함에 있어서는 1. 외교관 또는 외교관의 가족, 2. 그 밖의 외교의 특권을 가진 자에 해당하는 자의 외교 특권을 침해하는 일이 없도록 주의하여야 한다.

군사법경찰관리는 앞에 규정된 자의 사용인을 체포하거나 조사할 필요가 있다고 인정될 때에는 현행범인의 체포 그 밖의 긴급 부득이한 경우를 제외하고는 지휘계통을 통해 미리 국방부조사본부장에게 보고하여 그 지시를 받아야 한다.

군사법경찰관리는 피의자가 외교 특권을 가진 자인지 그 여부가 의심스러운 경우에는 지휘계통을 통해 신속히 국방부조사본부장에게 보고하여 그 지시를 받아야 한다.

### 2. 대·공사관 등에의 출입

군사법경찰관리는 대·공사관과 대·공사나 대·공사관원의 사택 별장 혹은 그 숙박하는 장소에 관하여는 당해 대·공사나 대·공사관원의 청구가 있을 경우 이외에는 출입해서는 아니 된다. 다만, 「군형법」제1조 제4항 제2호부터 제8호, 제10호부터 제13호까지 규정된 범죄를 범한 외국인이 위 장소에 들어간 경우에 지체할 수 없을 때에는 대·공사관원이나 이를 대리할 권한을 가진 자의 사전 동의를 얻어 수색하여야 한다. 이 경우 수색을 행할 때에는 지체 없이 지휘계통을 통해 국방부조사본부장에게 보고하여 그 지시를 받아야 한다.

### 3. 외국군함에의 출입

군사법경찰관리는 외국군함에 관하여는 당해 군함의 함장의 청구가 있는 경우 외에는 이에 출입해서는 아니 된다.

군사법경찰관리는 「군형법」제1조 제4항 제2호부터 제8호, 제10호부터 제13호까지 규정된 범죄를 범한 외국인이 도주하여 대한민국의 영해에 있는 외국군함으로 들어갔을 때에는 지휘계통을 통해 신속히 국방부조사본부장에게 보고하여 그 지시를 받아야 한다. 다만, 급속을 요할 때에는 당해 군함의 함장에게 범죄자의 임의의 인도를 요구할 수 있다.

## III. 외국인에 대한 조사

### 1. 외국인에 대한 조사

군사법경찰관리는 외국인을 조사하는 경우에는 조사를 받는 외국인이 이해할 수 있는 언어로 통역해 주어야 한다.

군사법경찰관리는 외국인의 조사와 체포·구속에 있어서 언어, 풍속과 습관의 특성을 고려하여야 한다. 군사법경찰관리는 외국인을 체포·구속하는 경우 국내 법령을 위반하지 않는 범위에서 영사관원과 자유롭게 접견·교통할 수 있고, 체포·구속된 사실을 영사기관에 통보해 줄 것을 요청할 수 있다는 사실을 알려야 한다.

군사법경찰관리는 구속, 체포 등 각종 고지를 한 경우 피의자로부터 영사기관통보요청확인서를 작성하여야 한다. 군사법경찰관리는 체포·구속된 외국인이 통보를 요청하는 경우에는 영사기관 체포·구속 통보서를 작성하여 지체 없이 해당 영사기관에 체포·구속 사실을 통보해야 한다.

군사법경찰관리는 그럼에도 불구하고, 별도 외국과의 조약에 따라 피의자 의사와 관계없이 해당 영사기관에 통보하게 되어 있는 경우에는 반드시 이를 통보하여야 한다. 군사법경찰관리는 외국인 변사사건이 발생한 경우에는 영사기관 사망 통보서를 작성하여 지체없이 해당 영사기관에 통보해야 한다.

여기서 언급된 모든 서류는 수사기록에 편철하여야 한다.

## 2. 한미행정협정사건의 통보

군사법경찰관은 주한 미합중국 군대의 구성원·외국인군무원 및 그 가족이나 초청계약자의 범죄 관련 사건을 인지하거나 고소·고발 등을 수리한 때에는 7일 이내에 한미행정협정사건 통보서를 군검사에게 통보해야 한다. 군사법경찰관은 주한 미합중국 군당국으로부터 공무증명서를 제출받은 경우 지체 없이 공무증명서의 사본을 군검사에게 송부해야 한다. 군사법경찰관은 군검사로부터 주한 미합중국 군당국의 재판권포기 요청 사실을 통보받은 날부터 14일 이내에 군검사에게 사건을 송치 또는 송부해야 한다. 다만, 군검사의 동의를 받아 그 기간을 연장할 수 있다.

## 3. 외국인 피의자에 대한 조사사항

군사법경찰관리는 피의자가 외국인인 경우에는 1. 국적, 출생지와 본국에 있어서의 주거, 2. 여권 또는 외국인등록 증명서 그 밖의 신분을 증명할 수 있는 증서의 유무, 3.

외국에 있어서의 전과의 유무, 4. 대한민국에 입국한 시기 체류기간 체류자격과 목적, 5. 국내 입·출국 경력, 6. 가족의 유무와 그 주거의 사항에 유의하여 피의자신문조서를 작성하여야 한다.

### 4. 통역인의 참여

군사법경찰관리는 외국인인 피의자 및 그 밖의 관계자가 한국어에 능통하지 않는 경우에는 통역인으로 하여금 통역하게 하여 한국어로 피의자신문조서나 진술조서를 작성하여야 하며 특히 필요한 때에는 외국어의 진술서를 작성하게 하거나 외국어의 진술서를 제출하게 하여야 한다. 군사법경찰관리는 외국인이 구술로써 고소·고발이나 자수를 하려 하는 경우에 한국어에 능통하지 않을 때의 고소·고발 또는 자수인 진술조서는 제1항의 규정에 준하여 작성하여야 한다.

### 5. 번역문의 첨부

군사법경찰관리는 1. 외국인에 대하여 구속영장 그 밖의 영장을 집행하는 경우, 2. 외국인으로부터 압수한 물건에 관하여 압수목록교부서를 교부하는 경우 번역문을 첨부하여야 한다.

# [3] 즉결심판에 관한 특칙

## Ⅰ. 즉결심판의 개념과 조사

### 1. 즉결심판의 개념

#### 가. 의의

즉결심판이란 즉결심판절차에 의한 재판을 말한다. 즉결심판절차란 군사법원 군판사가 관할 군사경찰부대장의 청구에 의하여 범죄의 증거가 명백하고 죄질이 경미한 범죄사건을 신속·적정한 절차로 심판하기 위하여 군사법원법에서 정한 즉결심판절차에 따라 피고인에게 20만 원 이하의 벌금 또는 과료에 처하는 간이한 심판절차를 말한다(법 제501조의14).

#### 나. 기능

즉결심판절차는 범증이 명백하고 죄질이 경미한 범죄사건을 신속·적정한 절차로 심관함으로써 재판의 신속과 소송경제를 도모하려는 데 주된 목적이 있다. 또한 즉결심판절차는 피고인을 형사절차로부터 신속히 해방시킴으로써 피고인의 시간적·정신적 부담을 경감 시켜준다.

#### 다. 즉결심판절차의 성격

즉결심판절차는 피고인의 정식재판청구로 인하여 공판절차로 이행되고, 특히 군판사의 기각결정이 있을 때에는 군검사에게 송치됨에 그친다는 점에서 군사법원법상의 공판절차가 아니라 공판 전의 절차이다. 그러나 즉결심판절차도 형벌을 과하는 절차이고, 즉결심판이 확정된 때에는 확정판결과 동일한 효력을 가진다.

## 2. 즉결심판사건의 조사

### 가. 즉결심판 대상사건 보고

군사법경찰관리는 사건을 수리하거나 범죄를 인지하였을 때에는 즉결심판 대상 여부를 판단하여 수사부대(서)의 장에게 보고하여야 한다.

즉결심판 청구 대상사건은 군사법경찰관리의 건의에 의하여 즉결심판 청구권자인 수사부대(서)의 장이 결정하여야 한다.

### 나. 피의자조사에 관한 주의사항

군사법경찰관리는 즉결심판 청구 대상사건의 피의자를 조사할 때에는 피의자신문조서 대신 진술조서를 작성하여야 한다.

군사법경찰관리는「형의 실효 등에 관한 법률」제5조 제1항 단서 규정에 해당하는 피의자에 대하여 범죄경력조회를 실시하는 경우에는 전자수사자료표 제외대상자 항목에서 작성하여야 한다.

### 다. 즉결심판사범 적발보고서

군사법경찰관리는 즉결심판 대상 피의자에 대한 조사를 마쳤을 때에는 즉결심판사범 적발보고서를 작성하여 피의자로 하여금 열람하게 한 후 기명날인 또는 서명하게 하여야 한다. 이 경우 작성한 서류는 사건기록에 편철하여야 한다.

### 라. 즉결심판 업무담당자 지정

수사부대(서)의 장은 즉결심판 업무 담당자를 지정하여 1. 즉결심판사건부의 관리, 2. 선고된 형의 집행, 3. 즉결심판 청구 사건에 대한 처리결과 통보, 4. 즉결심판서 및 관계 서류, 증거의 보존을 수행하도록 하여야 한다.

## II. 즉결심판의 청구

### 1. 청구권자

즉결심판은 관할 군사경찰부대의 장 국방부장관 또는 소속 군 참모총장의 승인을 받아 관할 군사법원에 청구한다(법 제501조의15 제1항). 즉결심판의 청구는 약식명령의 청구와는 달리 별도의 공소제기를 요하지 않는다는 점에서 검사의 기소독점주의에 대한 예외가 된다.

관할 수사부대(서)의 장은 즉결심판 승인서로 승인받아 관할 군사법원에 즉결심판 청구서로 청구한다. 이때, 군검찰부가 설치된 상급부대의 장은 군검찰부가 설치되지 않은 예하 부대의 장에게 군사경찰부대장의 즉결심판 청구에 대한 승인권을 위임할 수 있고 국방부 본부, 합참 및 국직부대 소속 군인, 군무원에 대한 사건에 대하여 즉결심판을 청구하는 경우에는 국방부조사본부장에게 승인을 받아야 한다.

### 2. 청구의 대상

즉결심판의 대상은 20만 원 이하의 벌금 또는 과료에 처할 범죄사건이다(법 제501조의14). 법정형에 20만 원 이하의 벌금, 구류 또는 과료가 단일형 이외에 선택형으로 규정된 경우에도 그 대상이 된다. 그리고 법정형이 아니라 선고형을 기준으로 한다.

즉, 법 제501조의14 규정에 따른 즉결심판 청구의 대상은 범죄의 증거가 명백하고 죄질이 경미하여 20만 원 이하의 벌금 또는 과료에 처해질 것으로 예상되는 사건을 말한다.

### 3. 즉결심판청구서

즉결심판을 청구함에는 즉결심판청구서를 제출하여야 하며, 즉결심판청구서에는 피고인의 성명이나 기타 피고인을 특정할 수 있는 사항, 죄명, 범죄사실 및 적용법조를 기재하여야 한다(법 제501조의15 제2항). 2) 즉결심판을 청구할 때에는 사전에 피고인에게 즉결심판의 절차를 이해하는 데 필요한 사항을 서면 또는 구두로 알려주어야 한다(법 제501조의15 제3항). 3) 약식명령 청구서에는 청구하는 벌금·과료의 액수를 기재하여야 하지만, 즉결심판청구서에는 형량을 기재하지 않는다.

### 4. 서류·증거물의 제출

관할 군사경찰부대의 장은 즉결심판의 청구와 동시에 즉결심판에 필요한 서류 또는 증거물을 군판사에게 제출하여야 한다(법 제501조의16). 따라서 약식절차와 마찬가지로 공소장일본주의가 배제된다.

## III. 즉결심판청구사건의 심리

### 1. 군판사의 심사와 군사경찰부대장의 송치

#### 가. 군판사의 심사와 청구기각결정

1) 군판사의 심사

즉결심판의 청구가 있으면 군판사는 그 사건이 즉결심판이 가능한 사건인지와 즉결심판절차에 의하여 심판함이 적당한지를 심사하여야 한다.

2) 기각결정

심사 결과 군판사는 사건이 즉결심판을 할 수 없거나 즉결심판절차에 따라 심판함이 적당하지 아니하다고 인정하면 결정으로 즉결심판의 청구를 기각하여야 한다(법 제517조의17 제1항).

① '즉결심판을 할 수 없는 경우'란 즉결심판에 필요한 실체법적·절차법적 요건을 갖추지 못한 경우를 말한다. 예컨대 사건에 대한 형벌규정에 벌금·과료의 형이 없는 경우, 벌금·과료의 형이 병과형으로 규정된 경우, 관할에 위반한 경우이다.
② '즉결심판절차에 의하여 심판함이 적당하지 아니한 경우'란 즉결심판에 필요한 요건은 갖추었지만 사건의 특수성을 고려할 때 벌금·과료 이외의 형을 선고하거나 정식의 공판절차에서 심리하는 것이 타당하다고 인정되는 경우를 말한다.

#### 나. 군사경찰부대장의 송치

즉결심판청구 기각결정이 있는 때에는 군사경찰부대의 장은 지체 없이 사건을 관할 군검찰부에 송치하여야 한다(법 제517조의17 제2항). 이 점에서 법원이 약식명령의 청구를 받아들이지 않을 경우에는 바로 공판절차로 이행되는 약식절차와 다르다.

수사부대(서)의 장은 「군사법원법」 제501조의17 제2항의 기각결정이 있을 때에는 수사부대(서)의 장은 관할 검찰부에 사건을 송치하여야 한다.

### 다. 군검사의 불기소처분

군판사의 기각결정에 의해서 사건은 즉결심판청구 이전의 상태로 돌아가게 되고, 군사경찰부대장의 부당한 즉결심판청구를 시정하기 위하여 군사경찰부대장이 송치한 사건에 대해서 검사는 불기소처분을 할 수 있다.

## 2. 심리상의 특칙

군판사가 즉결심판이 청구된 사건에 대하여 즉결심판이 가능한 사건이고 즉결심판절차에 의하여 심판함이 적당하다고 판단한 경우에는 즉시 심판을 하여야 한다(법 제517조의1).

### 가. 기일의 심리

#### 1) 개정

즉결심판절차에 따른 심리와 재판의 선고는 공개된 법정에서 하되, 법정은 군사경찰부대 외의 장소에 설치하여야 한다(법 제501조의19 제1항). 법정은 군판사와 서기가 참석하여 개정한다(법 제501조의19 제2항). 그러나 2) 군판사는 상당한 이유가 있는 경우에는 개정하지 아니하고 피고인의 진술서와 제501조의16의 서류 또는 증거물에 따라 심판할 수 있다(법 제501조의19 제3항). 즉 벌금·과료에 처하는 경우에는 서면심리 또는 불개정심판이 인정된다.

#### 2) 피고인의 출석

피고인이 기일에 출석하지 아니한 때에는 이 법 또는 다른 법률에 특별한 규정이 있는 경우를 제외하고는 개정할 수 없다(법제501조의20). 군사경찰부대장의 출석은 요하지 않는다. 피고인이나 즉결심판 출석통지서를 받은 사람(이하 "피고인등"이라 한다)은 군사법원에 불출석심판을 청구할 수 있고, 군사법원이 이를 허가하였을 때에는 피고인이 출석하지 아니하더라도 심판할 수 있다(법 제501조의21 제1항).

수사부대(서)의 장은 즉결심판을 청구하기 전에 다음 각호의 해당하는 피의자에게 불출석심판 청구 여부를 확인하여야 한다.

1. 「경범죄처벌법」 제8조 제2항의 규정에 의한 납부기간 내에 범칙금을 납부하지 아니하여 관할 수사부대(서)의 장으로부터 즉결심판출석통지를 받은 자
2. 「도로교통법」 제164조 제1항 규정에 의한 범칙금을 납부기간 내에 납부하지 아니하여 관할 수사부대(서)의 장으로부터 즉결심판출석통지를 받은 자
3. 「경범죄처벌법」 제6조의 규정에 의한 범칙행위를 한 범칙자 또는 「도로교통법」 제162조의 규정에 의한 범칙행위를 한 범칙자로서 통고처분을 받지 아니하고 관할 수사부대(서)의 장으로부터 즉결심판출석통지를 받은 자

불출석심판 청구에 대하여는 「군사법원의 소송절차에 관한 규칙」 제165조의7의 규정에 따른다.

3) 심리방법

즉결심판사건도 원칙적으로 구두변론주의와 직접심리주의를 기초로 하여 군판사가 직권심리한다. 먼저 군판사는 피고인에게 피고사건의 내용과 진술거부권이 있음을 알리고 변명할 기회를 주어야 한다(법 제501조의22 제1항). 군판사는 필요하다고 인정하면 적당한 방법으로 법정에 있는 증거만을 조사할 수 있다(법 제501조의22 제2항). 변호인은 기일에 출석하여 증거조사에 참여할 수 있으며 의견을 진술할 수 있다(법 제501조의22 제3항). 단 변호인의 출석은 임의적이며 개정요건은 아니다.

## 나. 증거에 관한 특칙

1) 증거조사의 범위

수사부대(서)의 장은 즉결심판 청구와 동시에 즉결심판에 필요한 서류 또는 증거물을 군판사에게 제출하여야 한다.

즉결심판절차에서 증거조사의 대상은 경찰서장이 제출한 서류 또는 증거물(법 제501조의16)과 재정하는 증거(법 제501조의22 제2항)로 제한된다. 심리의 신속을 위한 것이다.

2) 증거법칙의 적용제한

즉결심판절차에 대하여는 군사법원법 제362조(자백의 보강법칙), 제365조 제2항(군사법경찰관작성 피의자신문조서의 증거능력 제한) 및 제366조(진술서·진술기재서의 증거능력 제한)를 적용하지 아니한다(법 제501조의 23). 따라서 피고인의 자백만으로 유죄를 인정할 수 있고, 군사법경찰관이 작성한 피의자신문조서에 대해서 피고인이 내용을 부인한 경우와 진술서에 대해서 진정성립을 인정하지 않는 경우에도 유죄의 증거로 사용할 수 있다.

## Ⅳ. 즉결심판의 선고와 효력

### 1. 즉결심판의 선고

#### 가. 선고·고지의 방식

즉결심판은 피고인이 출석한 경우에는 선고의 방식에 의하고, 피고인 없이 심리한 경우 서등본의 송달에 의하여 고지한다.

1) 선고의 방식

즉결심판으로 유죄를 선고할 때에는 형, 범죄사실과 적용법조를 밝히고 피고인은 7일 이내에 정식재판을 청구할 수 있다는 것을 고지하여야 한다(법 제501조의 24 제1항). 이 경우 작성되는 유죄의 즉결심판서에는 피고인의 성명이나 그 밖에 피고인을 특정할 수 있는 사항, 주문, 범죄사실 및 적용법조를 밝히고 군판사가 서명날인하여야 한다(법 제501조의25 제1항). 피고인이 범죄 사실을 자백하고 정식재판의 청구를 포기한 경우에는 제501조의24의 기록 작성을 생략하고 즉결심판서에 선고한 주문과 적용법조를 밝히고 군판사가 기명날인한다(법 제501조의25 제2항). 참여한 서기는 선고 내용을 기록하여야 한다(법 제501조의24 제2항).

2) 고지의 방식

개정 없이 심판한 경우(제501조의19 제3항) 또는 불출석심판의 경우(제501조의21)의 경우에는 서기는 7일 이내에 정식재판을 청구할 수 있음을 부기한 즉결심판서의 등본을 피고인에게 송달하여 고지한다. 다만, 불출석심판을 청구하여 법원의 허가를 얻어 불출석한 경우에 피고인등이 미리 즉결심판서의 등본 송달이 필요하지 아니하다는 뜻을 표시하였을 때에는 송달하지 아니한다(법 제501조의24 제4항).

### 나. 선고의 내용

1) 형벌의 종류

즉결심판에 의하여 선고할 수 있는 형은 20만 원 이하의 벌금 또는 과료에 한한다(법 제501조의14). 즉결심판에서는 약식명령의 경우와는 달리 군판사는 사건이 무죄, 면소 또는 공소기각을 함이 명백하다고 인정하면 이를 선고·고지할 수 있다(법 제501조의24 제5항).

2) 가납명령

군판사가 즉결심판으로 유죄를 선고할 때에는 가납을 명할 수 있다(법 제501조의30). 가납명령은 선고와 동시에 집행력이 발생한다. 따라서 가납명령이 있는 벌금·과료를 납부하지 않을 때에는 노역장유치를 할 수 있다.

## 2. 즉결심판의 효력

즉결심판은 정식재판의 청구기간의 경과, 정식재판청구권의 포기 또는 그 청구의 취하, 정식재판청구를 기각하는 재판의 확정에 의하여 확정판결과 같은 효력이 생긴다(법 제501조의29). 따라서 기판력과 집행력이 발생하고 재심이나 비상상고의 대상이 된다. 즉결심판의 판결이 확정된 때에는 즉결심판서 및 관계서류와 증거는 관할 군사경찰부대가 보존한다(법 제501조의26).

## 3. 형의 집행

형의 집행은 관할 군사경찰부대의 장이 하고 그 집행 결과를 군검사에게 통보하여야 한다(법 제501조의31 제1항). 벌금, 과료, 몰수는 그 집행을 마치면 지체 없이 군검사에게 이를 인계하여야 한다. 다만, 즉결심판 확정 후 상당 기간 내에 집행할 수 없을 때에는 군검사에게 통지하여야 하고, 통지를 받은 군검사는 재산형의 집행방법에 따라 집행할 수 있다(법 제501조의31 제2항).

수사부대(서)의 장은 즉결심판을 청구한 사건의 즉결심판 처리결과를 관할 검찰부의 군검사에게 통보하여야 한다. 이 경우 즉결심판 집행결과 보고서 및 벌과금 납부 영수증을 첨부하여야 한다.

## V. 정식재판의 청구와 재판

### 1. 정식재판의 청구

#### 가. 청구권자

정식재판의 청구권자는 피고인과 군사경찰부대장이다. 피고인은 유죄를 선고받은 경우에 정식재판을 청구할 수 있고, 군사경찰부대장은 군판사가 무죄·면소·공소기각을 선고·고지한 경우에 정식재판을 청구할 수 있다.

군사법경찰관리는 즉결심판의 선고·고지를 받은 피고인이 그 결과에 불복하여 정식재판청구서를 제출하는 경우에는 이를 접수받은 즉시 군판사에게 제출하여야 한다.

수사부대(서)의 장은 군판사가 무죄, 면소 또는 공소기각을 선고, 고지하여 정식재판을 청구하는 경우에는 관할 검찰부 군검사에게 의견을 묻고 정식재판 청구서를 군판사에게 제출하여야 한다.

#### 나. 청구기간·방식

정식재판을 청구하려는 피고인은 즉결심판의 선고·고지를 받은 날부터 7일 이내에 정식재판 청구서를 관할 군사경찰부대의 장에게 제출하여야 한다.(법 제501조의27 제1항).

관할 군사경찰부대의 장은 군판사가 무죄·면소·공소기각을 선고·고지한 날부터 7일 이내에 정식재판을 청구할 수 있다. 이 경우 군사경찰부대의 장은 관할 검찰부 군검사의 의견을 물어 정식재판 청구서를 군판사에게 제출하여야 한다(법 제501조의27 제2항).

### 2. 정식재판청구 이후의 절차

피고인으로부터 정식재판청구서를 받은 군사경찰부대의 장은 지체 없이 정식재판 청구서를 군판사에게 보내야 한다(법 제501조의27 제1항 후단). 군판사는 정식재판 청구서를 받은 날부터 7일 이내에 관할 군사경찰부대의 장에게 정식재판 청구서를 첨부한 사건기록과 증거물을 보내고, 군사경찰부대의 장은 지체 없이 관할 검찰부에 이를 보내야 하며, 검찰부는 지체 없이 관할 군사법원에 이를 보내야 한다(법 제501조의27 제3항). 이 경우 공소제기는 필요 없으나, 공소장일본주의에 비추어 사건기록과 증거물은 공판기일에서 제출해야 한다.

### 3. 정식재판청구의 포기·취하

정식재판청구의 포기·취하에 대해서는 상소 및 약식절차에 관한 규정을 준용한다(법 제501조의27 제4항). 따라서 군사경찰부대장이나 피고인은 정식재판청구를 포기할 수 있고, 제1심판결 선고 전까지 취하할 수 있다. 이 점에서 약식절차에서는 피고인은 정식재판청구를 포기할 수 없는 것과 다르다(법 제501조의7 제1항 단서). 정식재판청구를 포기·취하한 자는 다시 정식재판청구를 하지 못한다.

### 4. 정식재판청구에 대한 재판

#### 가. 청구기각의 결정

정식재판의 청구가 법령상의 방식에 위반하거나 청구권의 소멸 후인 것이 명백한 때에는 결정으로 기각하여야 하고, 이 결정에 대하여는 즉시항고를 할 수 있다(법 제501조의27 제4항, 제501조의9 제1항, 제2항).

#### 나. 공판절차에 의한 심판

정식재판의 청구가 적법한 때에는 공판절차에 의하여 심판하여야 한다(법 제501조의27 제4항, 제501조의9 제3항).
이때 심판의 대상은 공소사실이므로 군사법원은 즉결심판의 내용에 구속되지 않는다.
즉결심판은 정식재판의 청구에 따른 판결이 있으면 효력을 잃는다(법 제501조의28). 여기서의 판결이란 통상의 공판절차에서 행해진 종국재판으로서의 확정판결을 의미하므로 공소기각의 결정도 포함된다.

# [4] 전시·사변·국가 비상사태 시의 특례

## I. 통칙

### 1. 전시·사변·국가비상사태 시의 특례

군사법경찰관리는 「군사법원법」 제2조 제2항 단서에 따라 전시·사변·국가비상사태 시에는 1. 「군형법」 제1조 제1항부터 제3항까지에 규정된 사람이 범한 「성폭력범죄의 처벌 등에 관한 특례법」 제2조의 성폭력범죄 및 같은 법 제15조의2의 죄, 「아동·청소년의 성보호에 관한 법률」 제2조 제2호의 죄, 2. 「군형법」 제1조 제1항부터 제3항까지에 규정된 사람이 사망하거나 사망에 이른 경우 그 원인이 되는 범죄, 3. 「군형법」 제1조 제1항부터 제3항까지에 규정된 사람이 그 신분취득 전에 범한 죄 및 그 경합범 관계에 있는 죄에 대하여 수사하여야 한다.

### 2. 전시·사변·국가비상사태 등 대비 교육

군사법경찰관리는 전시·사변·국가비상사태 시 임무 수행을 대비하기 위해서 법원이 재판권을 가지는 군인 등의 범죄에 대한 수사절차에 대하여 교육·훈련을 하여야 한다.

# [5] 기타

## Ⅰ. 성폭력사건에 관한 특칙

### 1. 성폭력 피해자 등에 대한 조사

#### 가. 피해자 보호 등의 필요성

주로 여성이 피해자인 성폭력 등 범죄는 그 성격상 피해자가 신체적·정신적으로 심각한 고통을 받고 있고, 사건 또한 개인의 은밀한 사생활에 관한 것이어서 수사과정에서도 피해자의 사생활의 비밀을 보호하고 그들의 인격이나 명예가 손상되지 않도록 하는 동시에 효율적인 조사기법을 활용하여 실체적 진실에 접근하여야 한다.

성폭력범죄의 처벌 등에 관한 특례법은 성폭력범죄 피해자에 대하여는 성폭력범죄 전담 검사가 조사를 하는 것을 원칙으로 하고 있고(같은 법 제26조), 특히 16세 미만의 아동이나 신체장애 또는 정신장애로 사물을 변별하거나 의사를 결정할 능력이 미약한 피해자에 대한 증거보전의 특례 등을 규정하고 있다(같은 법 제41조). 이에 따라 대검찰청에서는 「성폭력사건 처리 및 피해자 보호·지원에 관한 지침」을 시달하였고, 지침에는 전담검사 등의 지정, 조사 시 유의사항, 조사절차 등에 관하여 상세히 규정되어 있다.

또한 검사는 성폭력범죄의 피해자에게 변호사가 없는 경우 국선변호사를 선정하여 형사절차에서 피해자의 권익을 보호하고 있다(같은 법 제27조 제6항, 아동·청소년의 성 보호에 관한 법률 제30조 제2항, 검사의 국선변호사 선정 등에 관한 규칙)

#### 나. 피해자 조사 시 유의사항

그 동안 성폭력 피해자 조사 과정상 문제점으로 지적되었던 것은 성폭력 책임을 피해자에게 전가하는 등 조사자의 잘못된 통념의 문제, 피해자의 잦은 소환과 부적절하거나 불필요한 질문 등 잘못된 질문 방식의 문제, 다른 사건 관계인들이 함께 조사를 받는 개방된 장소에서의 조사 등 조사환경상의 문제 등이었다.

이에 따라 위 「성폭력사건 처리 및 피해자 보호·지원에 관한 지침」에서는 ① 13세 미만 장애인 등에 대한 성폭력사건에 대하여는 경찰로부터 발생보고를 받고 그중 10세 미만, 중증 장애인 대상 성폭력사건의 경우 가급적 검사가 피해자 영상녹화에 직접 참여하여 지휘를 하고, ② 성폭력범죄의 처벌 등에 관한 특례법에서 규정하는 신체적인 또는 정신적인 장애가 있는 사람, 13세 미만 미성년자, 아동·청소년의 성보호에 관한 법률에서 규정하는 19세 미만 아동·청소년(이하 '피해아동 등'이라 함)의 건강 및 심리상태로 인하여 출석이 어려운 경우에는 피해아동 등의 의사를 고려하여 수사에 지장을 초래하지 않는 범위에서 출장하여 조사를 하여야 하고, ③ 피해자를 조사함에 있어 피해자와 신뢰관계에 있는 자를 동석하게 할 수 있고, 피해자와 피의자의 대질조사를 지양하고, ④ 피해아동 등을 조사하는 경우 그 진술내용과 조사과정을 영상녹화하여 법원에 현출하는 등의 방법으로 피해아동 등이 증인으로 재출석하는 경우를 최소화하고, ⑤ 공판과정에서 사생활보호 및 신변보호가 필요하다고 판단한 경우 피해자에 대한 증인신문의 비공개 및 피해자나 증인이 피고인 앞에서 진술하기 곤란하다고 판단한 경우 피고인의 퇴정을 재판장에게 요청하여야 하고, 피해자의 재판절차 진술권을 보장하는 등 조사와 공판 과정에서의 유의사항을 규정하고 있으므로 이를 숙지하여 조사에 임하여야 한다. 또한 성폭력범죄의 처벌 등에 관한 특례법 제33조에 따라 피해자가 13세 미만이거나 신체적인 또는 정신적인 장애로 사물을 변별하거나 의사를 결정할 능력이 미약한 경우에는 정신건강의학과의사, 심리학자 등 관련 전문가에게 피해자의 정신·심리 상태에 대한 진단소견 및 진술 내용에 관한 의견을 조회하여야 한다.

성폭력범죄의 피해자가 19세 미만이거나 신체적인 또는 정신적인 장애로 사물을 변별하거나 의사를 결정할 능력이 미약한 때에는 피해자 또는 법정대리인이 이를 원하지 않는 의사를 표시한 때를 제외하고는 피해자의 진술내용과 조사과정을 비디오녹화기 등 영상물 녹화장치에 의하여 촬영·보존하여야 하고, 이에 따라 촬영한 영상물에 수록된 피해자의 진술은 공판준비 또는 공판기일에서 피해자 또는 조사과정에 동석하였던 신뢰관계에 있는 사람 또는 진술조력인의 진술에 의하여 그 성립의 진정함이 인정된 때에는 증거로 할 수 있다(성폭력범죄의 처벌 등에 관한 특례법 제30조 제1항, 제6항).

## 2. 성폭력범죄의 수사

수사부대(서)의 장은 성폭력범죄 전담 수사관을 지정하여 성폭력범죄 피해자를 조사하도록 하여야 한다.

성폭력 피해자 조사는 피해자와 동성인 수사관이 실시함을 원칙으로 한다. 다만, 피해자의 동의가 있거나 수사절차를 과도하게 지연시킬 우려가 있는 경우와 같이 특별한 사정이 있는 경우에는 예외로 한다.

제2항의 경우, 해당 수사부대(서)에 피해자와 동성인 수사관이 없는 경우에는 인근 수사부대(서)와 상급 수사부대(서)에 협조 및 건의하여 피해자와 동성인 수사관을 지원받을 수 있다. 이때, 지원을 요청받은 부대(서)는 이에 적극적으로 협조하여야 한다.

## 3. 성폭력범죄 수사 시 유의사항

군사법경찰관리는 성폭력범죄를 수사함에 있어서는 피해자의 인권을 최우선시 하여야 한다. 군사법경찰관리는 성폭력 피해자에 대한 조사와 피의자에 대한 신문은 분리하여 실시하고, 대질신문은 최후의 수단인 경우 예외적으로 실시하되 대질 방법 등에 대한 피해자측의 의사를 최대한 존중하여야 한다.

군사법경찰관리는 성폭력 피해자 조사 시 공개된 장소에서의 조사 및 증언요구로 인하여 신분노출이 되지 않도록 유의하고, 성폭력 피해자에 대한 조사는 필요한 준비를 거쳐 수사상 필요 최소한도로 실시하여야 한다.

군사법경찰관리는 성폭력 피해자 조사 시 피해자의 연령, 심리상태 또는 후유장애의 유무 등을 신중하게 고려하여 가급적 진술녹화실 등 별실에서 조사하여 심리적 안정을 취할 수 있는 분위기를 조성하고, 조사 과정에서 피해자의 인격이나 명예가 손상되거나 사적인 비밀이 침해되지 않도록 주의하여야 한다.

군사법경찰관리는 성폭력 피해자로 하여금 가해자를 확인하게 할 때는 피해자와 가해자가 대면하지 않도록 하여야 한다.

군사법경찰관리는 성적 수치심을 불러일으킬 수 있는 신체의 전부 또는 일부가 촬영된 사진이나 영상물 등을 증거자료로 제출받은 경우에는 수사기록과 분리, 밀봉하여 수사기록 끝에 첨부하거나 압수물로 처리하는 등 일반인에게 공개되지 않도록 필요한 조치를 하여야 한다.

## 4. 국선변호사 선정의 고지 등

군사법경찰관리는 성폭력범죄 피해자를 조사하기 전에 피해자에게 변호사가 있는지를 확인하여야 하고, 변호사가 없으면 피해자 또는 법정대리인에게 국선변호사 선정을 신청할 수 있음을 고지하여야 한다.

군사법경찰관리는 제1항의 규정에 따라 피해자 또는 법정대리인이 국선변호사 선정을 신청하는 경우에는 신속히 군검사에게 국선변호사 선정을 요청하여야 한다. 다만, 법정대리인이 신청하는 경우에는 피해자와의 관계를 증명하는 서류를 제출하도록 하여야 한다.

군사법경찰관리는 피해자 또는 법정대리인이 국선변호사 선정을 신청하지 않는 경우에는 미신청 의사가 기재된 성폭력피해자 보호 및 지원 신청(동의)서를 제출받아 사건기록에 편철하여야 한다.

## 5. 영상물의 촬영·보존 등

군사법경찰관리는 성폭력 범죄의 피해자가 19세 미만이거나 신체 또는 정신적인 장애로 사물을 변별하거나 의사를 결정할 능력이 미약한 경우(이하 "피해아동 등"이라 한다)에는 피해자의 진술내용과 조사과정을 비디오녹화기 등 영상물 녹화장치에 의하여 촬영·보존하여야 한다.

영상녹화를 하는 경우에는 피해아동 등과 그 법정대리인에게 영상녹화의 취지 등을 설명하고, 그 동의 여부를 확인하여야 하며, 피해아동 등 또는 법정대리인이 녹화를 원하지 않는 의사를 표시한 때에는 촬영을 하여서는 아니 된다. 다만, 가해자가 친권자 중 일방인 경우에는 그러하지 아니하다.

녹화장소는 피해아동 등의 특성을 고려하여 피해자가 안전하고 편안하게 느낄 수 있는 적정한 환경을 갖추고 공개되지 않도록 하는 등 피해자의 정서적 안정에 유의한다.

## 6. 신뢰관계에 있는 자의 동석

군사법경찰관리는 성폭력 피해자 조사 시 피해자 또는 법정대리인에게 신뢰관계자가 동석할 수 있음을 고지하고 신청이 있는 때에는 수사상 지장을 초래할 우려가 있는 등 부득이한 경우가 아닌 한 피해자와 신뢰관계에 있는 자를 동석하게 하여야 한다. 다만, 피해자와 신뢰관계에 있는 사람이 피해자에게 불리하거나, 피해자가 원하지 아니하는 경우에는 동석하게 하여서는 아니 된다.

제1항에 따라 신뢰관계인을 동석하게 하는 경우에는 신뢰관계에 있는 자로부터 신뢰관계자 동석확인서 및 피해자와의 관계를 소명할 서류를 제출받아 이를 기록에 편철한다.

군사법경찰관리는 성폭력 피해아동등 조사 시 신뢰관계자는 피해아동 등의 시야가 미치지 않는 적절한 위치에 좌석을 마련하고, 조사 전에 수사에 지장을 초래할 우려가 있는 경우 동석자의 퇴거를 요구할 수 있다는 것을 고지하여야 하며, 1. 조사 과정에 개입하거나 조사를 제지·중단시키는 경우, 2. 피해아동 등을 대신하여 답변하거나 특정한 답변을 유도하는 경우, 3. 피해아동 등의 진술 번복을 유도하는 경우, 4. 그 밖의 동석자의 언동 등으로 수사에 지장을 초래할 우려가 있는 경우의 사유가 발생하거나 그 염려가 있는 때에는 동석자의 퇴거를 요구하고 조사할 수 있다.

군사법경찰관리는 앞의 사유로 동석자를 퇴거하게 한 경우 그 사유를 피해자측에 설명하고 그 구체적 정황을 수사보고서로 작성하여 기록에 편철한다.

그 밖의 성폭력 피해자 조사 시 신뢰관계 있는 자 동석에 관한 사항은 「군사법경찰 수사규칙」 제31조 규정을 준용한다.

## 7. 진술조력인의 참여

군사법경찰관리는 성폭력 피해자가 13세 미만이거나 신체적인 또는 정신적인 장애로 의사소통이나 의사표현에 어려움이 있는 경우 직권이나 피해자, 그 법정대리인 또는 변호사의 신청에 따라 진술조력인으로 하여금 조사과정에 참여하여 의사소통을 중개하거나 보조하게 할 수 있다. 다만 피해아동 또는 그 법정대리인이 원하지 아니하는 의사를 표시한 경우에는 그러하지 아니하다.

군사법경찰관리는 제1항의 피해자를 조사하기 전에 피해자, 그 법정대리인 또는 변호사에게 진술조력인에 의한 의사소통 중개나 보조를 신청할 수 있음을 고지하여야 한다.

군사법경찰관리는 피의자 또는 피해자의 친족이거나 친족 관계에 있었던 사람, 법정대리인, 대리인 또는 변호사를 진술조력인으로 선정하여서는 아니 된다.

## 8. 전문가의 의견 조회

군사법경찰관리는 전문가에게 행위자 또는 피해자의 정신·심리상태에 대한 진단 소견 및 피해자의 진술 내용에 관한 의견을 조회할 수 있다. 다만, 피해자가 13세 미만이거나 신체적인 또는 정신적인 장애로 사물을 변별하거나 의사를 결정할 능력이 미약한 경우에는 반드시 피해자의 정신·심리상태에 대한 소견 및 진술내용에 관한 의견을 조회하여야 한다.

## 9. 장애인에 대한 특칙

군사법경찰관리는 성폭력 피해자가 신체적인 또는 정신적인 장애 등으로 사물을 변별하거나 의사를 결정할 능력이 미약한 때에는 본인이나 법정대리인 등에게 보조인을 선정하도록 권유하고, 선정된 보조인을 신뢰관계에 있는 자로 동석하게 할 수 있다.

군사법경찰관리는 성폭력 피해자가 언어장애인, 청각장애인 또는 시각장애인인 때에는 본인 또는 법정대리인 등의 의견을 참작하여 수화 또는 문자 통역 등의 방법을 활용하여 조사한다.

군사법경찰관리는 성폭력 피해자가 정신지체인인 때에는 면담을 통하여 진술능력 등을 확인하고, 피해자가 자신의 의사를 제대로 전달하지 못하여 수사에 지장을 초래한다고 판단되는 경우에 한하여 보조인 또는 신뢰관계에 있는 자로 하여금 피해자의 의사를 전달하도록 할 수 있다.

## 10. 증거보전의 특례

성폭력 피해자나 그 법정대리인이 「성폭력처벌법」 제41조에 따라 증거보전의 청구를 요청한 경우 군사법경찰관리는 그 요청이 상당한 이유가 있다고 인정하는 때에는 관할 보통검찰부의 군검사에게 증거보전 청구를 신청할 수 있다.

## II. 군 테러사건에 관한 특칙

### 1. 정의

이 절에서 사용하는 용어의 뜻은 다음과 같다.

1. "테러"란 「국방부 대테러활동 훈령」 제2조 제1호에 규정된 행위를 말한다.
2. "군사시설 테러사건"(이하 '군 테러사건'이라 한다)이란 군사 목적을 위한 공용시설로써 「군사기지 및 군사시설 보호법」 제2조에 명시된 시설에 대해 테러행위가 발생한 사건을 말한다.

### 2. 수사본부 편성 및 운영

군 테러사건 발생 시 국방부장관의 하명이 있거나 국방부조사본부장의 판단에 따라 수사본부를 편성·운영할 수 있다.

수사본부는 국방부조사본부 및 각 군 수사부대(서)의 전문인원으로 구성하며, 효율적인 임무수행을 위해 별도 조직체계를 편성한다.

수사본부는 국방부조사본부장의 지침을 받아 군 테러사건을 수사하고 조기 해결 및 피해확산 방지를 위해 조직 내 중앙집권적 지휘·감독을 수행한다.

국방부조사본부 및 각군 수사부대(서)는 수사본부 편성에 필요한 제반 여건 제공에 적극 협조하고 군 테러사건의 조기 해결을 위해 가용 가능한 인적·물적 자원을 지원한다.

국방부조사본부장은 수사본부 운영에 필요한 경우 관계기관 또는 외부 전문가의 지원을 요청할 수 있다.

### 3. 발생부대 관할 군사경찰부대 임무

군 테러사건이 발생한 부대를 관할하는 군사경찰부대는 1. 군 테러사건 발생시 국방부조사본부 및 각 군 수사부대(서) 보고, 2. 군 테러사건 현장에 대한 초동조치, 3. 수사본부(현장수사팀) 운영 필요여건 제공, 4. 수사본부 및 각 군 수사부대(서)의 요청사항 지원의 임무를 수행한다.

## III. 가정폭력사건에 관한 특칙

### 1. 가정폭력범죄 수사 시 유의사항

군사법경찰관리는 가정폭력 범죄를 수사함에 있어서는 보호처분 또는 형사처분의 심리를 위한 특별자료를 제공할 것을 염두에 두어야 하며, 가정폭력 피해자와 가족구성원의 인권보호를 우선하는 자세로 임하여야 한다. 군사법경찰관리는 가정폭력범죄 피해자 조사 시 피해자의 연령, 심리상태 또는 후유장애의 유무 등을 신중하게 고려하여 가급적 진술녹화실 등 별실에서 조사하여 심리적 안정을 취할 수 있는 분위기를 조성하고, 피해자의 조사과정에서 피해자의 인격이나 명예가 손상되거나 개인의 비밀이 침해되지 않도록 주의하여야 한다. 가정폭력 피해자에 대한 조사는 수사상 필요한 최소한도로 실시하여야 한다.

### 2. 가정폭력사건 송치

군사법경찰관리는 가정폭력범죄를 수사하여 사건을 군검사에게 송치하여야 한다. 군사법경찰관리는 가정폭력사건 송치 시 사건송치서 죄명란에는 해당 죄명을 적고 비고란에 '가정폭력사건'이라고 표시한다. 군사법경찰관리는 「가정폭력처벌법」 제7조 단서에 따라 의견을 제시할 때에는 사건의 성질·동기 및 결과, 행위자의 성행 등을 고려하여야 한다.

## IV. 스토킹사건에 관한 특칙

군사법경찰관리는 스토킹행위의 신고현장에서 「스토킹범죄의 처벌 등에 관한 법률」에 따른 조치가 필요한 경우에는 경찰관서에 응급조치, 긴급응급조치, 잠정조치를 요청할 수 있다.

## V. 아동보호사건에 관한 특칙

군사법경찰관리는 「아동학대범죄의 처벌 등에 관한 특례법」(이하 "아동학대처벌법"이라 한다) 제2조에 따른 아동학대범죄를 수사함에 있어 피해아동의 안전을 최우선으로 고려하고 조사과정에서 사생활의 비밀이 침해되거나 인격·명예가 손상되지 않도록 피해아동의 인권보호에 최선을 다해야 한다. 군사법경찰관리는 피해아동의 연령·성별·심리상태에 맞는 조사방법을 사용하고 조사 일시·장소 및 동석자 필요성 여부를 결정하여야 한다. 피해아동 조사는 수사상 필요한 최소한도로 실시하여야 한다. 군사법경찰관리는 피해아동에 대한 조사와 학대행위자에 대한 신문을 반드시 분리하여 실시하고, 대질신문은 불가피한 경우 예외적으로만 실시하되 대질 방법 등에 대하여는 피해아동과 그 법정대리인 및 아동학대범죄 전문가의 의견을 최대한 존중하여야 한다. 피해아동 조사 시에는 「성폭력범죄의 수사 및 피해자 보호에 관한 규칙」 제21조, 제22조 및 제28조를 준용한다. 이 경우 "성폭력범죄의 피해자"는 "피해아동"으로 본다.

### 1. 아동학대행위자에 대한 조사

군사법경찰관리는 아동학대행위자를 신문하는 경우 「아동학대처벌법」에 따른 임시조치·보호처분·보호명령·임시보호명령 등의 처분을 받은 사실의 유무와, 그러한 처분을 받은 사실이 있다면 그 처분의 내용, 처분을 한 법원 및 처분일자를 확인하여야 한다.

### 2. 아동보호사건 송치

군사법경찰관리는 아동학대범죄를 신속히 수사하여 「아동학대처벌법」 제24조의 규정에 따라 사건을 군검사에게 송치하여야 한다. 아동보호사건 송치 시 사건송치서 죄명란에는 해당 죄명을 적고 비고란에 '아동보호사건'이라고 표시한다. 군사법경찰관리는 아동학대사건 송치 시 사건의 성질·동기 및 결과, 아동학대행위자와 피해아동과의 관계, 아동학대행위자의 성행 및 개선 가능성 등을 고려하여 「아동학대처벌법」의 아동보호사건으로 처리함이 상당한지 여부에 관한 의견을 제시할 수 있다.

### 3. 증거보전의 특례

피해아동 등이 「아동학대처벌법」 제17조에 따라 증거보전의 청구를 요청한 경우 군사법경찰관리는 그 요청이 상당한 이유가 있다고 인정하는 때에는 관할 보통검찰부의 군검사에게 증거보전 청구를 신청할 수 있다.

## VI. 군용물 등 범죄에 관한 특칙

### 1. 적용범위

「군형법」의 적용대상자가 아닌 피의자에 대한 「군용물 등 범죄에 관한 특별조치법」 위반 범죄수사에 적용한다.

사법경찰관리로서 지방검찰청 검사장의 지명을 받은 자는 「군용물 등 범죄에 관한 특별조치법」에 관하여 사법경찰관리의 직무를 수행한다.

### 2. 검사의 수사지휘 등

군용물 등 범죄에 관한 입건전 조사를 진행하는 군사법경찰관리는 수사부대(서)의 장의 지휘를 받아 지방검찰청 검사에게 입건전 조사와 관련하여 서로 의견을 제시·교환할 수 있다.

이 범죄를 수사하는 군사법경찰관리는 수사부대(서)의 장의 승인을 받아 「군용물 등 범죄에 관한 특별조치법」 제6조 제1항에 따라 미리 지방검찰청 검사의 지휘를 받아야 한다. 다만, 현행범인 경우와 긴급한 조치가 필요하여 미리 지휘를 받을 수 없는 경우에는 사후(事後)에 지체 없이 검사의 지휘를 받아야 한다.

# 제8장

# 증거

# [1] 증거의 의의와 종류

## Ⅰ. 증거의 의의

### 1. 사실관계의 확정

#### 가. 증거와 증명

형사절차는 사건의 실체적 진실을 밝히고 그에 대해서 형벌법규를 적용하여 국가형벌권을 실현시키는 과정이므로 사실관계의 정확한 파악을 전제로 한다. 이때 문제되는 사실관계를 확인하는 자료를 증거라고 하고, 이 증거에 의하여 사실관계가 확인되는 과정을 증명이라고 한다.

#### 나. 요증사실과 입증취지

형사절차에서 증명의 대상이 되는 사실을 요증사실이라고 하고, 증거와 증명하고자 하는 사실과의 관계를 입증취지라고 한다.

### 2. 증거의 두 가지 의미

#### 가. 증거방법

증거방법이란 사실인정의 자료가 되는 유형물 그 자체를 말한다. 증인, 감정인, 증거물, 증거서류 등이다. 증거방법은 증거조사의 대상이 된다. 피고인의 진술은 유죄·무죄의 증거로 되며, 그 신체는 검증의 대상이 된다는 점에서 피고인도 제한된 범위에서는 인적·물적 증거방법이 된다.

#### 나. 증거자료

증거자료란 증거방법을 조사하여 얻어진 내용을 말한다(예 증인의 증언, 감정인의 감정결과, 증거물의 성질과 상태, 서증의미내용, 피고인의 자백), 증거방법으로부터 증거자료를 획득하는 절차를 증거조사라고 한다.

## II. 증거의 종류

### 1. 직접증거와 간접증거

#### 가. 직접증거

직접증거란 요증사실을 직접적으로 증명하는 증거를 말한다. 예를들면 피고인의 자백, 범죄현장을 목격한 증인의 증언 등이다.

#### 나. 간접증거

간접증거란 요증사실을 간접적으로 증명하는 증거를 말한다. 범죄현장에서 채취된 피고인의 지문, 즉 요증사실을 간접적으로 추론하게 하는 사실을 증명함으로써 요증사실을 증명하는데 이용되는 증거를 말한다. 현행법의 자유심증주의하에서는 직접증거와 간접증거는 증명력에 있어서 차이가 없다. 특히 과학적 증거수집기법의 발달에 따라 간접증거의 중요성이 더욱 강조되고 있다.

### 2. 인적 증거와 물적 증거

#### 가. 인적 증거

인적 증거란 사람의 진술내용이 증거로 되는 것을 말한다. 증인의 증언, 감정인의 진술, 피고인의 진술, 참고인의 진술, 인적 증거에 대한 증거조사는 신문의 방식에 의한 것 등이다. 군수사 실무에서 각종 진술을 경시하는 경우가 있는데 진술의 번복과 사실(목격, 발언 등)을 언어로 묘사하는 과정에 생기는 오류 때문이다. 그러므로, 진술내용을 증거 사용하려는 경우에는 다양한 판단이 발생하지 않게 하여야 한다.

#### 나. 물적 증거

물적 증거란 물건의 존재 또는 상태가 증거로 되는 것을 말한다. 범행에 사용된 흉기, 절도죄의 장물, 위조문서, 무고죄의 고소장, 물적 증거에 대한 증거조사는 검증의 방법에 의한다.

### 다. 서증

서증이란 물적 증거 가운데 서면이 증거로 되는 경우로서, 증거서류와 증거물인 서면을 총칭한 개념이다. 증거조사방식에 있어서 증거서류는 낭독 또는 내용의 고지에 의하지만(군사법원법 제347조), 증거물인 서면은 제시와 낭독 또는 내용의 고지에 의할 것을 요한다.

서면의 내용을 증거로 하는 것이 증거서류이고, 서면의 내용과 동시에 그 존재 또는 상태가 증거로 되는 것이 증거물인 서면이다.

## 3. 본증과 반증

### 가. 본증

본증이란 거증책임을 지는 당사자가 제출하는 증거를 말한다. 죄증이라고도 한다.

### 나. 반증

반증이란 본증에 의하여 증명될 사실을 부인하기 위하여 반대 당사자가 제출하는 증거를 말한다(반대증거). 군사법원법상 거증책임은 원칙적으로 군검사와 군사법경찰관에게 있으므로 군검사가 군사법원에 제출하는 증거는 원칙적으로 본증이고 피고인이 제출하는 증거는 반증이 된다. 그러나 피고인에게 거증책임이 있는 경우에는 피고인이 제출하는 증거가 본증이 된다.

## 4. 진술증거와 비진술증거

### 가. 진술증거

진술증거란 사람의 진술이 증거로 되는 것을 말한다. 구두에 의한 진술과 그 진술이 기재된 서면을 포함한다. 진술증거에 대해서는 전문법칙이 적용된다.

진술증거는 사실을 체험한 자가 중간의 매개체를 거치지 않고 직접 법원에 진술하는 원본증거와 직접 체험한 자의 진술이 서면이나 타인의 진술의 형식으로 간접적으로 법원에 전달되는 전문증거로 구분된다. 전문증거는 원칙적으로 증거능력이 부정되는데, 이를 전문법칙이라고 한다.

### 나. 비진술증거

비진술증거란 진술증거 이외의 증거로 단순한 증거물이나 사람의 신체상태 등이 증거로 되는 것을 말한다. 비진술증거에 대해서는 전문법칙이 적용되지 않는다.

## 5. 실질증거와 보조증거

### 가. 실질증거

실질증거란 요증사실의 존부를 직접·간접으로 증명하기 위하여 사용되는 증거를 말한다.

### 나. 보조증거

보조증거란 실질증거의 증명력을 다투기 위하여 사용되는 증거를 말한다. 보조증거에는 증거의 증명력을 증강하기 위한 증강증거와 증거의 증명력을 감쇄하기 위한 탄핵증거가 있다.

# [2] 증거능력과 증명력

## Ⅰ. 증거능력

### 1. 의의

증거능력이란 증거가 공소사실을 비롯한 주요 사실을 인정하기 위한 엄격한 증명의 자료로 사용될 수 있는 법률상의 자격을 말한다. 따라서 증거능력 없는 증거는 처음부터 증거조사의 대상에서 제외된다. 이러한 증거능력은 법률에 의하여 형식적·객관적으로 결정되어 있다.

### 2. 관련법칙

#### 가. 증명의 기본원칙

증명에 대한 원칙은 군사법원법 제359조 제1항에 규정된 사실의 인정은 증거에 의하여야 한다는 증거재판주의를 원칙으로 한다.

#### 나. 증거법칙

군사법원법은 증거능력이 인정되기 위한 요건을 적극적으로 규정하고 있지 않고, 소극적으로 인권보장과 적정절차 그리고 실체적 진실발견에 장애가 되는 증거의 증거능력을 제한하는 경우를 규정하고 있다. 임의성 없는 자백의 증거능력을 부정하는 자백배제법칙(군사법원법 제361조), 위법한 절차에 의하여 수집된 증거의 증거능력을 부정하는 위법수집증거배제법칙(군사법원법 제359조의2) 등은 절대적 제한에 해당하고, 전문법칙은 전문증거의 증거능력을 원칙적으로 부정하지만(군사법원법 제363조), 예외적으로 당사자의 동의가 있는 경우에는 증거로 할 수 있다(군사법원법 제371조)는 점에서 상대적 제한에 해당한다.

## II. 증명력

### 1. 의의

증명력이란 범죄 사실을 증명할 수 있는 증거의 실질적 가치를 말한다. 증명력은 그 판단이 재판관의 주관적인 자유심증(군사법원법 제360조)에 맡겨져 있다는 점에서, 구체적인 요증 사실과 관계없이 법률적·형식적 기준에 의하여 획일적으로 정해지고 법관의 재량을 허용하지 않는 증거능력과 구별된다. 증거능력 있는 증거만이 증명력 판단의 대상이 된다.

### 2. 관련법칙

#### 가. 증명의 기본원칙

군사법원법 제360조에 따라 증거의 증명력은 재판관(형사소송법에서는 "법관"이라고 한다.)의 자유판단에 의한다는 자유심증주의를 원칙으로 한다.

#### 나. 증거법칙

자백의 보강법칙, 공판조서의 배타적 증명력은 재판관의 자유로운 증명력 판단을 제한하는 예외적인 경우이다.

# [3] 증거의 수집

## Ⅰ. 현장조사

### 1. 현장조사

군사법경찰관리는 범죄현장을 직접 관찰(이하 "현장조사"라 한다)할 필요가 있는 범죄를 인지하였을 때에는 신속히 그 현장에 가서 필요한 수사를 하여야 한다.

### 2. 부상자의 구호 등

군사법경찰관리는 현장조사 시 부상자가 있을 때에는 지체 없이 구호조치를 하여야 한다. 군사법경찰관리는 빈사상태의 중상자가 있을 때에는 응급 구호조치를 하는 동시에 가능한 경우에 한하여 그 사람으로부터 범인의 성명, 범행의 원인, 피해자의 주거, 성명, 연령, 목격자 등을 청취해 두어야 하고, 그 중상자가 사망하였을 때에는 그 시각을 기록해 두어야 한다.

### 3. 현장보존

군사법경찰관리는 범죄가 실행된 지점뿐만 아니라 현장보존의 범위를 충분히 정하여 수사자료를 발견하기 위해 노력하여야 한다. 군사법경찰관리는 보존하여야 할 현장의 범위를 정하였을 때에는 지체 없이 출입금지 표시 등 적절한 조치를 하여 함부로 출입하는 자가 없도록 하여야 한다. 이때 현장에 출입한 사람이 있을 경우 그들의 성명, 주거 등 인적사항을 기록하여야 하며, 현장 또는 그 근처에서 배회하는 등 수상한 사람이 있을 때에는 그들의 성명, 주거 등을 파악하여 기록하도록 노력한다. 군사법경찰관리는 현장을 보존할 때에는 되도록 현장을 범행 당시의 상황 그대로 보존하여야 한다. 군사법경찰관리는 부상자의 구호, 증거물의 변질·분산·분실 방지 등을 위해 특히 부득이한 사정이 있는 경우를 제외하고는 함부로 현장에 들어가서는 아니된다. 군사법경찰관리는 현장에서 발견된 수사자료 중 햇빛, 열, 비, 바람 등에 의하여 변질, 변형 또는 멸실할 우려가 있는 것에 대하여는 덮개로 가리는 등 적당한 방법으로 그 원상을 보존하도록 노력하여야 한다. 군사법경찰관리는 부상자의 구호 그 밖의 부득이한 이유로 현장을 변경할 필요가 있는 경우 등 수사자료를 원상태로 보존할 수 없을 때에는 사진, 도면, 기록 그 밖의 적당한 방법으로 그 원상을 보존하도록 노력하여야 한다.

## II. 현장에서의 수사사항

군사법경찰관리는 현장에서 수사를 할 때는 현장 감식 그 밖의 과학적이고 합리적인 방법에 의하여 다음 각 호의 사항을 명백히 하도록 노력하여 범행의 과정을 전반적으로 파악하여야 한다.

1. 일시 관계 : 가. 범행의 일시와 이를 추정할 수 있는 사항, 나. 발견의 일시와 상황, 다. 범행당시의 기상 상황, 라. 특수일 관계(시일, 명절, 축제일 등), 마. 그 밖의 일시에 관하여 참고가 될 사항
2. 장소 관계 : 가. 현장으로 통하는 도로와 상황, 나. 가옥 그 밖의 현장근처에 있는 물건과 그 상황, 다. 현장 방실의 위치와 그 상황, 라. 현장에 있는 기구 그 밖의 물품의 상황, 마. 지문, 족적, DNA시료 그 밖의 흔적, 유류품의 위치와 상황, 바. 그 밖의 장소에 관하여 참고가 될 사항
3. 피해자 관계 : 가. 범인과의 응대 그 밖의 피해 전의 상황, 나. 피해 당시의 저항자세 등의 상황, 다. 상해의 부위와 정도, 피해 금품의 종류, 수량, 가액 등 피해의 정도, 라. 시체의 위치, 창상, 유혈 그 밖의 상황, 마. 그 밖의 피해자에 관하여 참고가 될 사항
4. 피의자 관계 : 가. 현장 침입 및 도주 경로, 나. 피의자의 수와 성별, 다. 범죄의 수단, 방법 그 밖의 범죄 실행의 상황, 라. 피의자의 범행동기, 피해자와의 면식 여부, 현장에 대한 지식 유무를 추정할 수 있는 상황, 마. 피의자의 인상·풍채 등 신체적 특징, 말투·습벽 등 언어적 특징, 그 밖의 특이한 언동, 바. 흉기의 종류, 형상과 가해의 방법 그 밖의 가해의 상황, 사. 그 밖의 피의자에 관하여 참고가 될 사항

현장감식을 하였을 경우에는 현장감식결과보고서를 작성하여야 한다.

## III. 감식

### 1. 감식자료 송부

군사법경찰관리는 감식을 하기 위하여 수사자료를 송부할 때에는 변형, 변질, 오손, 침습, 멸실, 산일, 혼합 등의 사례가 없도록 주의하여야 한다. 이송을 할 때에는 그 포장, 용기 등에 세심한 주의를 기울여야 한다. 중요하거나 긴급한 증거물 등은 군사법경찰관리가 직접 지참하여 송부하여야 한다. 감식자료를 인수·인계할 때에는 그 연월일과 인수·인계인의 성명을 명확히 해 두어야 한다.

### 2. 재감식을 위한 고려

군사법경찰관리는 혈액, 정액, 타액, 대소변, 장기, 모발, 약품, 음식물, 폭발물 그 밖에 분말, 액체 등을 감식할 때에는 되도록 필요 최소한의 양만을 사용하고 잔량을 보존하여 재감식에 대비하여야 한다.

### 3. 증거물의 보존

군사법경찰관리는 지문, 장적, 족적, 윤적, 혈흔 그 밖에 멸실할 염려가 있는 증거물은 특히 그 보존에 유의하고 검증조서 또는 다른 조서에 그 성질 형상을 상세히 적거나 사진을 촬영하여야 한다. 군사법경찰관리는 시체해부 또는 증거물의 파괴 그 밖의 원상의 변경을 요하는 검증을 하거나 감정을 위촉할 때에는 제1항에 준하여 변경 전의 형상을 알 수 있도록 유의하여야 한다. 군사법경찰관리는 유류물 그 밖의 자료를 발견하였을 때에는 증거물의 위치를 알 수 있도록 원근법으로 사진을 촬영하되 가까이 촬영할 때에는 되도록 증거물 옆에 자를 놓고 촬영하여야 한다.

군사법경찰관리는 증명력의 보전을 위하여 필요하다고 인정되는 참여인을 함께 촬영하거나 자료 발견 연월일시와 장소를 기재한 서면에 참여인의 서명을 요구하여 이를 함께 촬영하고, 참여인이 없는 경우에는 비디오 촬영 등으로 현장상황과 자료수집과정을 녹화하여야 한다.

# 제9장

# 죄명, 적용법조, 범죄사실 기재방법

# [1] 죄명

죄명은 「공소장 및 불기소장에 기재할 죄명에 관한 예규」에 따른다. 법률 명칭에 대해 띄어쓰기를 하는 것과는 달리 죄명은 위 예규에 기재된 대로 붙여쓰기를 한다. 또한 적용법조를 기재함에 있어서 구(舊) 법률인 경우에는 '구'자를 별도로 표기하지만 죄명에 대하여는 그 적용될 법률이 구 법률인 경우에도 별도로 '구'자를 표기하지 아니한다.

## Ⅰ. 형법범

위 대검예규 중 「별표 1. 형법 죄명표」에 따라 기재한다.

## Ⅱ. 군형법범

위 대검예규 중 「별표 2. 군형법 죄명표」에 따라 기재한다.

## Ⅲ. 특별법범

원칙적으로 당해 벌칙조항을 규정하는 법률의 명칭 다음에 "위반"이라는 자를 붙여 표시한다. 다만 죄명 예규에 별도로 규정된 경우에는 "위반"이라는 단어 다음에 괄호를 기재하고 그 안에 구분표시죄명을 기재하여야 한다(위 예규 별표 3 이하 참조).

○ 교통사고처리특례법위반(치상)
○ 폭력행위등처벌에관한법률위반(공동폭행)
○ 폭력행위등처벌에관한법률위반(상습존속상해)
○ 특정범죄가중처벌등에관한법률위반(도주치사)
○ 특정범죄가중처벌등에관한법률위반(운전자폭행등)

○ 특정범죄가중처벌등에관한법률위반(위험운전치상)
○ 성폭력범죄의처벌등에관한특례법위반(주거침입강간)
○ 아동·청소년의성보호에관한법률위반(위계등추행)
○ 정보통신망이용촉진및정보보호등에관한법률위반(명예훼손)
○ 마약류관리에관한법률위반(향정)
○ 도로교통법위반(무면허운전)
○ 도로교통법위반(음주운전)
○ 도로교통법위반(음주측정거부)
○ 도로교통법위반(사고후미조치)
○ 도로교통법위반(공동위험행위)
○ 도로교통법위반

## IV. 미수·예비·음모

미수·예비·음모의 죄명은 형법범 및 군형법범의 경우에 한하여 기수의 죄명 다음에 "미수"·"예비"·"음모"라는 문자를 붙여 기재한다. 특별법범의 경우에는 폭력행위 등 처벌에 관한 법률 제6조와 같이 특별법에 미수·예비·음모 행위를 처벌하는 조항이 있어 그에 해당하는 경우에도 죄명 뒤에 그러한 취지를 부기하지 않고 기수의 경우와 똑같이 표시한다.

○ 살인미수
○ 강도예비
○ 내란목적살인음모

## V. 공범

공범의 경우에는 공동정범과 교사범·방조범을 구별하는데, 공동정범의 경우에는 그 취지를 표시하지 아니하고 단독범의 경우처럼 기재하지만 교사범·방조범의 경우에는 형법범·특별법범을 불문하고 정범의 죄명 다음에 "교사" 또는 "방조"라는 문자를 붙여 기재한다. 또한 특별법범의 경우 죄명구분 표시를 하는 때에는 죄명구분표시 다음에

"교사" 혹은 "방조"라고 기재한다.

다만 특별법범의 경우에 특별법에 교사·방조를 특별구성요건으로 규정하고 처벌하는 조항이 있는 경우에는 "○○법위반"이라고만 하고 "교사" 또는 "방조"라는 문자를 붙이지 아니한다. 예컨대 관세법 제271조 제1항은 "그 정황을 알면서 제269조 및 제270조에 따른 행위를 교사하거나 방조한 자는 정범에 준하여 처벌한다"라고 규정하고 있으므로 타인의 밀수출입 행위 등을 교사 또는 방조한 경우라도 "관세법 위반"으로 기재하면 된다. 이 경우에는 교사·방조행위 자체가 특별구성요건으로 정범과 같은 처벌대상 행위이기 때문이다.

또한 신분범에 가공한 비신분범에게도 신분범의 죄명을 기재한다(형법 제33조 본문 참조).

○ 절도교사
○ 외국환거래법위반방조
○ 관세법위반(* 같은 법 제21조 제1항에 해당되는 경우)
○ 화학물질관리법위반(환각물질흡입)방조
○ 업무상횡령 (* 비신분범이 신분범에 가공한 경우)

## Ⅵ. 죄명이 수개인 경우

범죄사실이 수개인 경우에는 범죄사실 각각에 해당하는 죄명을 기재하여야 하나, 그 범죄사실이 동일 죄명에 해당하는 경우에는 그 하나의 죄명만을 기재하면 된다. 죄명이 수개인 경우에 각 죄명 상호간의 기재순서는 법정형이 무거운 순서에 의하고, 법정형이 동일한 경우에는 당해 범죄사실의 시간적 순서에 의하는 것이 원칙이다.

**죄 명** 사기, 절도, 사문서위조, 위조사문서행사

죄명은 범죄사실에 부합하는 정확한 죄명을 기재하여야 한다. 고소장 등에 죄명이 잘못 기재되었다고 하더라도 그 잘못 기재된 죄명에 구애되어서는 아니 된다. 범죄사실에

부합하는 정확한 죄명으로 의율하는 것은 법률종사자인 군사법경찰관의 책임이기 때문이다. 예컨대 야간주거침입절도의 범죄사실에 대하여 사법경찰관이 주거침입과 절도의 실체적 경합관계로 의율하여 이첩하였다고 하더라도 군사법경찰관의 송치서에는 죄명을 야간주거침입절도로 기재하여야 한다.

# [2] 적용법조

적용법조의 기재는 죄명의 기재와 더불어 범죄사실을 특정하는 데 있어서 보조적 역할을 한다.

적용법조를 기재할 때는 법률명을 기재한 다음 해당 법률의 조문을 기재한다. 단순히 법률명과 조문을 쓰면 현행의 법률명 등을 의미하므로 개정 전의 법률명 등을 표시하려면 법률명 앞에 "구"라고 기재하고 법률명 뒤에 해당 법률의 번호를 괄호 안에 기재하고 해당 법률의 조문을 기재한다.

> ○ 의료법
> ○ 구 의료법(법률 제8203호)

구체적 조문을 표기함에 있어 조·항·호·목의 구별이 있는 경우에는 이를 명백히 표기하고, 특히 숫자로 구별되는 조·항·호에 대하여는 반드시 그 앞에 "제"자를 붙인다. 또한 조·항·호·목이 분류개념상 높은 수준에서 낮은 수준으로 순차 적시되는 경우에는 각 항목 사이에 "," 표기를 할 필요가 없으나, 직전 항목과 같은 수준 또는 그보다 높은 수준의 항목을 순차 적시할 경우에는 각 항목 사이에 ","표기를 하여야 한다.

> ○ 부정수표 단속법 제2조 제 1항 제1호
> ○ 식품위생법 제97조 제1호, 제39조 제3항

# Ⅰ. 구성요건 및 법정형을 표시하는 규정

## 1. 형법 각 본조

　적용법조의 기재는 죄명의 기재와 더불어 범죄사실을 특정하는 데 있어서 보조적 역할을 하는 것이므로 범죄사실의 특정을 위하여 우선 범죄구성요건과 법정형을 규정하고 있는 형법(특별법 포함) 각 본조를 먼저 기재하여야 한다. 조문이 2개 항 이상 또는 본문과 단서, 전단과 후단 등으로 나누어져 있을 때에는 원칙적으로 항 등을 특정하여 기재하여야 한다. 특히 항 등을 달리함에 따라 구성요건을 달리하거나 또는 법정형이 다른 경우에는 항 등의 표시를 빠뜨려서는 안 된다. 한편 형법 각 본조가 다른 법조를 인용하고 있는 경우에는 그 인용되는 법조도 병기하여야 한다.

> ○ 1인이 단순강도 : 형법 제333조
> ○ 1인이 총기휴대 특수강도 : 형법 제334조 제2항, 제1항, 제333조
> ○ 1인이 단순절도 범행 중 준강도 : 형법 제335조, 제333조
> ○ 1인이 야간주거침입절도 또는 야간에 문호 등을 손괴하고 주거 등에 침입한 특수절도 범행 중 준특수강도 : 형법 제335조, 제334조 제1항
> ○ 1인이 흉기휴대 특수절도 범행 중 준특수강도 : 형법 제335조, 제334조 제2항, 제1항
> ○ 2인 이상이 합동하여 특수절도 범행 중 준특수강도 : 형법 제335조, 제334조 제2항, 제1항
> ○ 위 범행 과정에서 강도상해 : 형법 제337조

　그리고 특별법의 경우에는 흔히 금지 명령에 관한 규정, 즉 단순히 "… 하여서는 아니 된다." 또는 "… 하여야 한다."라는 규정과 이와는 별도로 처벌에 관한 규정, 즉 "제○○조의 규정에 위반한 자는 … 에 처한다."라는 규정이 함께 존재하는 경우가 많은 바, 이 경우에는 양 법조가 합쳐져 범죄구성요건을 이루는 것이므로 이를 모두 기재하되, 처벌규정을 먼저 기재하고 금지·명령규정을 다음에 기재한다. 마약류관리에 관한 법률 제58조 내지 제60조와 같이 처벌규정에서 금지규정 외에도 금지대상 마약이나 향정신성의약품의 종류에 관한 같은 법 제2조의 '정의' 규정을 인용하고 있는 경우에는 그 조문도 함께 기재해야 한다.

- 도로교통법위반(음주운전) : 도로교통법 제148조의2 제2항 제1호, 제44조 제1항
- 정보통신망침해 : 정보통신망 이용촉진 및 정보보호 등에관한 법률 제71조 제1항 제9호, 제48조 제1항
- 메트암페타민(일명 필로폰) 매매, 소지, 투약 등 : 마약류 관리에 관한 법률 제60조 제1항 제2호, 제4조 제1항 제1호, 제2조 제3호 나목

## 2. 형법총칙

형법총칙의 규정은 보통 범죄사실의 특정과는 관계가 없으므로 원칙적으로 반드시 이를 기재할 필요는 없다. 따라서 범죄의 성부에 관한 총칙의 규정, 즉 형법 제13조(고의), 제14조(과실), 제17조(인과관계) 등은 적시할 필요가 없다. 미수범의 경우에도 형법 각 본조의 미수를 처벌하는 규정(예: 형법 제254조)은 일종의 구성요건적 규정이므로 반드시 기재하지 않으면 안 되지만 총칙상의 미수규정(형법 제25조)은 기재할 필요가 없다.

공범과 관련하여 공동정범(형법 제30조), 교사범(제31조 제1항), 종범(제32조), 간접정범(제34조 제1항)에 관한 규정 등은 형법 각 본조와 더불어 범죄사실 또는 처벌범위의 특정을 위하여 필요한 것이므로 이를 형법 각 본조와 함께 병기하여야 한다. 그러나 합동범이나 폭력행위 등 처벌에 관한 법률 제2조 제2항처럼 형법 각 본조나 특별법이 공범을 특별구성요건으로 하고 있는 경우에는 형법총칙의 공범에 관한 규정을 추가 기재하여서는 아니 된다. 다만 합동범이나 폭력행위 등 처벌에 관한 법률 제2조 제2항에 해당하는 공동범과 공모관계는 인정되나 실행행위에 가담하지 아니한 공모자를 공모공동정범으로 기소 의견 송치하는 경우에는 형법 제30조를 추가 기재하여야 한다. 또한 신분범에 가공한 비신분자의 경우에는 형법 제33조에 따라 공범관계가 인정되는 것이므로 먼저 신분범에 관한 적용법조를 기재하고 형법 제33조를 기재한 후 해당되는 공범 조항을 기재하여야 한다.

- 살인미수 : 형법 제254조, 제250조 제1항
- 2인이 공모하여 사기 : 형법 제347조 제1항, 제30조
- 정범의 절도를 교사한 교사범 : 형법 제329조, 제31조 제1항

○ 2인이 공동 폭행 : 폭력행위 등 처벌에 관한 법률 제2조 제2항 제1호, 형법 제260조 제1항
○ 2인 이상이 합동하여 특수강도 : 형법 제334조 제2항, 제1항, 제333조
○ 2인 이상이 합동하여 특수절도 범행 중 준특수강도 : 형법 제335조, 제334조 제2항, 제1항
○ 2인 이상이 특수강도, 준특수강도 과정에서 강도상해 : 형법 제337조, 제30조
○ 3인이 강도 공모, 2인만 현장에서 합동 : 형법 제334조 제2항, 제1항, 제333조, 제30조
○ 신분자와 비신분자의 업무상횡령 공범 :
  - 신분자 : 형법 제356조, 제355조 제1항, 제30조
  - 비신분자 : 형법 제356조, 제355조 제1항, 제33조, 제30조

## II. 형의 가중·감경사유 등에 관한 규정

형법 제56조에 규정된 형의 가감사유와 상상적 경합범에 관한 규정은 구성요건 및 법정형을 표시하는 형법 각 본조와 함께 처벌범위의 특정을 위하여 필요한 것이므로 이를 형법 각 본조와 병기하여야 한다.

### 1. 각칙 본조에 의한 가중(형법 제56조 제1호)

형법 제56조 제1호의 "가중"규정은 가중 전의 일반구성요건에 대한 일종의 특별구성요건과 법정형을 정한 각칙적 규정으로 보아야 할 것이므로 이에 해당하는 경우에는 반드시 그 관련규정을 기재하여야 한다. 이 경우 해당 조문은 어디까지나 각칙규정이므로 그 기재순서를 정함에 있어 총칙 규정으로 혼동하지 말아야 한다. 예컨대 사기의 상습성이 인정되어 상습사기로 처벌하는 경우에는 다음과 같이 기재한다.

형법 제351조, 제347조 제1항

### 2. 형법 제34조 제2항의 가중(형법 제56조 제2호)

형법 각칙 본조에 의한 가중을 한 다음에는 형법 제56조 제2호에 따라 형법 제34조 제2항의 가중을 한다. 형법 제34조 제2항에서 말하는 지휘·감독의 범위는 법령, 계약, 사무관리에 한하지 않고 사회관습으로 보아 사실상의 지휘·감독의 관계가 있으면 충분하

다. 형법 제34조 제2항이 특수한 교사·방조범을 규정한 것이냐, 아니면 특수한 간접정범에 관하여 규정한 것이냐에 관하여는 학설의 대립이 있으나, 일반적으로는 특수한 교사·방조범은 물론 특수한 간접정범에 관하여도 규정한 것으로 보고 있다. 형법 제34조 제2항은 총칙규정이므로 이를 기재할 경우에는 각칙 규정을 모두 기재한 후에 총칙규정과 함께 기재하여야 한다. 예를 들어 자기의 지휘·감독 하에 있는 형사미성년자를 교사하여 야간주거침입절도행위를 하게 한 후에 다시 스스로 사기범행을 저지른 경우의 적용법조는 다음과 같이 기재한다.

> 형법 제330조, 제347조 제1항, 제34조 제2항, 제1항, 제31조 제1항, 제37조, 제38조

## 3. 상상적 경합

상상적 경합범에 해당하는 경우에는 수개의 죄 중 가장 중한 죄에 정한 형으로 처벌하여야 하므로 이에 해당하는 때에는 처벌범위의 특정을 위하여 관련 조문인 "형법 제40조"를 반드시 기재하여야 한다.

## 4. 누범가중(형법 제56조 제3호)

누범이란 금고 이상의 형을 받아 그 집행을 종료하거나 면제받은 후 3년 내에 금고 이상에 해당하는 죄를 범한 자를 말한다. 따라서 가석방 기간 중의 재범은 아직 집행종료 또는 면제일 이후의 범죄가 아니므로 누범에 해당되지 않는다. 일반사면(사면법 제5조 제1항 제1호)된 전과는 형의 선고의 효력이 상실되는 것이므로 이를 이유로 누범가중할 수 없으나, 형의 집행을 면제함에 그치는 특별사면(같은 항 제2호)의 경우에는 누범가중 사유가 된다. 피고인에 대한 미결구금일수가 1심 선고형과 동일하게 되어 법원에 의하여 구속취소결정이 내려지고 1심 선고형이 그대로 확정되는 경우에 구속취소일은 형 집행 종료일이 아니라 판결 확정일이 형 집행 종료일이 되므로 설사 피고인이 구속취소결정으로 석방된 이후 판결 확정일 이전에 재범하더라도 누범에 해당하지 아니한다.

누범 전과가 있는 경우에는 그 죄에 정한 형의 장기의 2배까지 가중하도록 되어있으므로 이에 해당하는 경우에는 처벌범위의 특정을 위하여 관련 조문인 "형법 제35조"를

기재하여야 한다. 특정강력범죄의 누범에 대하여는 특정강력범죄의 처벌에 관한 특례법에 특별 규정이 있어, 특정강력범죄로 형을 선고받고 그 집행이 끝나거나 면제된 후 3년 이내에 다시 특정강력범죄를 범한 경우에는 그 죄에 대하여 정하여진 형의 장기 및 단기의 2배까지 가중한다(특정강력범죄의 처벌에 관한 특례법 제3조). 다만 특정강력범죄 중 형법 제337조의 죄(강도상해·치상죄) 또는 그 미수죄로 형을 받아 그 집행을 종료하거나 면제받은 후 3년 이내에 다시 형법 제337조의 죄 또는 그 미수죄를 범하여 특정범죄 가중처벌 등에 관한 법률 제5조의5에 의하여 가중처벌되는 때에는 적용되지 아니한다.

### 5. 법률상감경(형법 제56조 제4호)

법률상 감경사유 중 심신미약(형법 제10조 제2항)·농아자(제11조)·중지범(제26조)·종범(제32조 제2항) 등과 같은 필요적 감경사유가 있는 경우에 이를 전제로 하여 송치하는 때에는 처벌범위의 특정을 위하여 이를 기재할 필요가 있을 것이다.

과잉방위(제21조 제2항), 과잉피난(제22조 제3항, 제21조 제2항), 과잉자구행위(제23조 제2항), 미수범(제25조), 불능범(제27조), 자수 자복(제52조) 등 임의적 감경사유의 경우에는 감경 여부가 판결선고시에 법원의 재량에 의하여 결정되는 것이므로 기재할 필요는 없을 것이다.

### 6. 경합범가중(형법 제56조 제5호)

경합범에 관한 규정도 기재하여야 한다. 판결이 확정되지 아니한 수개의 죄 사이에 성립하는 형법 제37조 전단의 경합범은 "형법 제37조, 제38조"와 같이 기재하고, 금고 이상의 형에 처한 판결이 확정된 죄와 그 판결 확정전에 범한 죄 간에 성립하는 같은 조 후단의 경합범은 "제37조 후단, 제39조 제1항"으로 기재한다. 예컨대 확정판결 이전에 "갑", "을"의 죄를 범하고, 그 이후 "병", "정"의 죄를 순차로 범한 경우, "갑", "을"의 죄는 상호간 제37조 전단의 경합범이기도 하면서 판결이 확정된 죄는 형법 제37조 후단의 경합범이고, 위 "병", "정"의 죄는 이와는 따로 위 제37조 전단의 경합범이 된다. 이 경우에는 적용법조를 형법 제37조, 제38조, 제39조 제1항으로 기재하여야 한다.

## 7. 작량감경(형법 제56조 제6호)

작량감경은 판결선고시에 법원의 재량으로 형을 감경하는 것이므로 기재하지 않는다.

## III. 기타 법조

몰수·추징에 관한 규정, 형의 병과에 관한 규정, 소년범에 대한 사형·무기형의 완화(소년법 제59조) 및 부정기형(같은 법 제2조, 제60조 제1항)에 관한 규정, 특정강력 범죄의 소년범에 대한 특칙(특정강력범죄의 처벌에 관한 특례법 제4조 제1항, 제2항)에 관한 규정 등도 상세히 기재하여야 한다. 그러나 임의적 몰수·추징이나 형의 임의적 병과의 경우에는 해당 법조를 기재할 필요가 없다.

## IV. 적용법조의 기재순서

구성요건 및 법정형을 표시하는 규정의 기재에 있어서 형법 총칙규정은 형법 각 본조를 전부 기재한 다음에 기재하고, 해당 규정이 다른 법조를 인용하는 경우에는 인용되는 법조를 나중에 기재한다.

### 1. 구성요건 내지 수정적 구성요건에 관한 규정
**가. 특별법상 또는 형법각칙상의 가중·감경 규정**
  - 특정범죄 가중처벌 등에 관한 법률·특정경제범죄 가중처벌 등에 관한 법률·폭력행위 등 처벌에 관한 법률 등의 가중규정
  - 형법각칙상의 상습범·특수가중(제135조, 제144조 제1항, 제278조 등)·미수범 규정

**나. 기본적 구성요건에 관한 규정**
  - 형법각칙 본조

**다. 형법총칙상의 규정**
  - 신분범에 가공한 비신분범(제33조)
  - 공동정범(제30조)·간접정범(제34조 제1항, 제2항)·교사범(제31조 제1항)·종범(제32조)·중지범(제26조)

### 2. 상상적 경합(형법 제40조)
### 3. 누범
  - 특정강력범죄의 처벌에 관한 특례법 제3조 등 특별법상의 누범

- 형법 제35조

**4. 법률상 감경**
- 형법총칙상의 심신미약·청각 및 언어 장애인
- 형법총칙 규정 외에는 위증·무고의 자수·자백(형법 제153조, 제157조), 장물범·본범 간의 친족상도례(같은 법 제365조 제2항 본문) 등

**5. 경합범(형법 제37조, 제38조, 제39조 제1항)**

죄명이 수개인 경우에는 각 그 해당 법조를 모두 기재하여야 한다. 그 기재순서는 범죄사실의 기재순서에 따라 기재하는 것이 일반적이나, 죄명의 기재순서에 따라 기재할 수도 있다.

① 공무원 갑이 다른 공무원 을과 공모하여 뇌물을 수수한 후 부정행위를 하고, 또한 갑 혼자 타인의 돈을 횡령한 혐의로 갑을 기소 의견으로 송치할 경우

형법 제131조 제1항, 제129조 제1항, 제355조 제1항, 제30조, 제37조, 제38조, 특정범죄 가중처벌 등에 관한 법률 제2조 제2항, 형법 제134조, 형사소송법 제334조 제1항

② 누범 전과자가 승용차 운전 도중 중앙선을 침범하여 반대차로의 택시를 들이받아 그 차 승객에게 상해를 입게 하고 택시를 손괴한 후 그 택시 운전자를 폭행한 혐의로 기소의견으로 송치할 경우

교통사고처리 특례법 제3조 제1항, 제2항 단서 제2호, 형법 제268조, 도로교통법 제151조, 형법 제260조 제1항, 제40조, 제35조, 제37조, 제38조

# [3] 범죄사실 기재방법

## Ⅰ. 범죄사실의 일반적 기재방법

### 1. 범죄사실의 특정

 범죄사실은 법원에 대하여 심판청구의 범위를 특정함과 동시에 피고인에 대하여는 방어의 범위를 특정하는 것을 그 목적으로 하는 것이므로 입건대상인 범죄사실을 명확히 특정하여 기재하여야 한다(군사법원법 제296조 제4항).
 범죄사실은 범죄 구성요건에 맞추어 법률적으로 재구성한 사실임과 동시에 특정의 일시·장소에서 1회에 한하여 발생한 역사적 사실이기도 하다. 따라서 공소사실을 기재함에 있어서는 일시·장소·방법 등을 구체적으로 명시하여야 한다. 일시는 벌칙조항이 개정된 경우에 법령의 적용, 행위자의 책임능력 유무, 공소시효의 기산일 등을 결정하는데 의미가 있고, 장소는 국내범인지 여부와 토지관할을 결정하는데 의미가 있다.

### 2. 일반적 주의사항

 범죄사실로서 의견서에 기재하는 사항은 특정 벌칙조항에 맞추어 서술된 역사적 사실이므로 특정 구성요건에 해당하는 모든 사실을 구체적으로 기재하여야 한다. 이에는 기본적 구성요건에 해당하는 사실은 물론이고 그 수정형식인 미수범·공동정범·교사범 및 방조범에 해당하는 사실도 포함한다. 범죄사실을 적시할 때 주의할 사항을 구체적으로 설명하면 다음과 같다.
 첫째, 범죄사실이 특정될 수 있도록 6하의 원칙 또는 8하의 원칙에 맞추어 구체적으로 그리고 빠짐없이 기재하여야 한다. 범죄사실을 기재함에 있어 다음과 같은 8개의 항목을 '8하의 원칙'이라 하고, 그 중 공범관계·동기에 관한 내용을 제외한 6개의 항목을 '6하의 원칙'이라고 한다.

> ○ 누가 ---------- 주체
> (○ 누구와 함께 ----- 공범)
> ○ 언제 ---------- 일시
> ○ 어디서 --------- 장소
> (• 무슨 이유로 ----- 동기·원인)
> ○ 무엇에 대하여 ---- 객체 또는 피해자
> ○ 어떤 방법으로 ---- 수단·방법
> ○ 무엇을 했는가 ---- 행위와 결과

둘째, 구성요건의 분석을 충분히 하여야 한다. 당해 사실이 무슨 죄에 해당하는가를 면밀히 살피고 그 구성요건을 분석한 다음 구성요건에 해당하는 사실을 전부 기재하여야 한다. 예컨대 강도와 공갈은 폭행·협박을 수단으로 금품을 빼앗거나 재산상의 이익을 얻는 점에서는 차이가 없으므로 이를 범죄사실로 기재함에 있어서 객관적으로 도저히 반항할 수 없을 정도의 폭행·협박이 있었는지 여부가 명확히 구분되도록 기재하여야 한다.

> **[강도죄의 경우]**
> 피의자는 ○○○ 피해자인 운전사 ○○○(45세)의 얼굴을 주먹으로 5회 때리고 식칼을 곧 찌를 듯이 목에 들이대어 반항하지 못하게 한 후, 택시에서 내려 도주하여 택시요금 35,000원의 지급을 면함으로써 같은 액수(금액)에 해당하는 재산상의 이익을 취득하였다.
>
> **[공갈죄의 경우]**
> 피의자는 ○○○ 피해자인 운전사 ○○○(45세)의 얼굴을 주먹으로 5회 때리면서 "내가 용인의 쌍칼인데 무슨 돈을 달라고 하느냐?"라고 말하면서 험악한 인상을 짓고 겁을 주었다. 피의자는 이에 겁을 먹은 피해자로 하여금 택시요금 35,000원의 청구를 단념하게 하였다. 이로써 피의자는 피해자를 공갈하여 재산상의 이익을 취득하였다.

셋째, 구성요건 해당사실을 표현하는 상용어구를 활용한다. 각 범죄마다 구성요건 해당사실을 뚜렷하게 나타내는 상용어구가 있다. 절도죄에 있어서의 절취, 강도죄에 있어서의 강취 등은 법률에 규정되어 있는 용어로서 그대로 사용한다.

**[사기죄의 경우]**
피의자는 ○○○(피해자)에게 ○○○라고 거짓말하였다. 그러나 사실은 ○○○할 의사나 능력이 없었다.
피의자는 이에 속은 피해자로부터 즉석에서 ○○명목으로 5,000,000원을 교부받았다.
이로써 피의자는 피해자를 기망하여 재물의 교부를 받았다.

**[횡령죄의 경우]**
○○○을 (피해자)를 위하여 보관하던 중 언제 어디에서 임의로(또는 마음대로) (유흥비 등)에 소비하였다.
이로써 피의자는 피해자의 재물을 횡령하였다.

**[장물취득죄의 경우]**
○○○로부터 ○○○ 장물이라는 사실을 알면서도 (대금)에 매수하였다.
이로써 피의자는 장물을 취득하였다.

넷째, 범죄사실은 가급적 간략하게 기재하여야 한다. 구성요건 해당사실을 될 수 있는 대로 간단명료하게 요약 정리하여 기재하여야 한다. 야간주거침입절도죄의 경우를 예로 들면 다음과 같다.

피의자는 2028. 2. 23. 23:00경 서울특별시 서초구 반포대로23길 43(서초동)에 있는 피해자 ○○○의 집에 이르러 그 집 담을 넘어 부엌을 통해 안방까지 침입하여 그 곳 화장대 위에 놓여 있는 피해자 소유인 시가 1,000,000원 상당의 오메가 손목시계 1개 및 시가 250,000원 상당의 화장품류 4점을 가지고 나왔다.
이로써 피의자는 피해자의 재물을 절취하였다.

다섯째, 범죄사실은 송치하는 범위가 명확하도록 기재하여야 한다. 범죄사실에 이미 송치된 범죄사실이나 송치하지 않는 별개의 범죄사실을 기재하여 마치 그 부분도 송치하는 것으로 오인될 우려가 있는 표현방법은 피하여야 한다. 예컨대 타인의 주거에서 재물을 절취한 사건에 관하여 절도죄만을 송치하는 경우에 "…에 침입하여 을 손괴하고 그 안에 들어 있는 …을 절취하였다."라고 기재하면 절도죄 이외에도 주거침입죄와 재물손괴죄까지 송치하는 것이 아닌가 하는 의문을 불러일으킬 것이므로 부적절하다.

여섯째, 범죄사실은 증거에 의하여 기재하여야 한다. 범죄사실에 대한 입증책임은 수사기관에 있으므로 증거에 의해서 뒷받침되는 사실만 범죄사실로 기재하여야 하고, 추측에 의하여 일시·장소·수단방법·시가 등을 함부로 기재하여서는 아니 된다. 특히 수사과정에서 범행을 부인하는 경우에도 범행의 일시·장소 등을 추측에 의하여 함부로 기재해서는 안 되며, 피해자·참고인 등의 진술이나 다른 증거들에 의하여도 특정되지 않을 경우에는 "알 수 없는" 또는 "미상"으로 기재하여야 한다.

일곱째, 범죄사실은 가능한 한 시간적 순서에 따라 기재한다. 범죄사실은 역사적 사실을 법률적으로 재구성하는 것이므로 반드시 시간적 순서에 따라 기재하여야 하는 것은 아니지만 가능한 한 시간적 순서에 따라 순차로 기재하는 것이 자연스럽고 이해하기에도 편리하다.

여덟째, 범죄사실은 여러 개의 문장으로 기재하여도 무방하다. 과거 범죄사실은 하나의 문장으로 작성하는 것이 관행이었다.

하나로 작성하던 문장을 여러 개로 나눈다면, 우선 가능한 한 하나의 주어와 서술어로 한 문장을 구성하도록 하는 것을 제시할 수 있다. 주어가 바뀌거나 새로운 서술어가 나와 행위상황이 바뀌게 되면 문장을 나누고, 일시와 장소가 바뀌는 경우에도 한 문장으로 작성하는 것이 부자연스럽거나 장황하게 되면 문장을 나누며, 긴 수식어구도 가능하면 별도의 문장으로 작성하고, 읽기에 숨이 가쁠 정도로 문장이 이어질 경우에도 나누면 될 것이다. 그리고 문장을 나눌 때에는 필요한 경우 "이로써, 그리고, 그러나, 따라서, 그리하여, 결국" 등의 접속사를 적절하게 사용하는 것이 좋다.

쉽게 읽을 수 있는 최적의 문장 길이는 50자 정도가 적당하다. 의견서의 한행이 대체로 20~30자 내외가 될 것이므로 적절한 문장의 길이는 2~3행 이내가 될 것이다. 그러므로 불가피한 경우가 아니면 2~3행 이내에서 문장을 나누는 것이 좋다. 그러나 문장의 길이를 기준으로 하여 지나치게 작위적으로 문장을 나누는 것은 바람직하지 않다.

따라서 하나의 문장으로 작성하면 지나치게 길거나 다소 복잡하게 되는 경우에는 문장을 가급적 나누는 것이 바람직하다.

### 3. 수개의 범죄사실의 기재방법

한 명 또는 여러 명의 피의자에 대한 여러 개의 범죄사실로 구성된 공소사실은 순번 제목을 활용하여 기재한다. 제목으로는 범행주체인 피의자의 성명 또는 죄명을 사용하고, 죄명도 같은 경우에는 서로 다른 피해자, 범행일시 등 각 범죄사실의 주요 구성요소 중 차별화되는 부분을 특정하여 표현한다.

실례로 여러 명의 피의자가 각자 절도죄를 범한 경우에는 각 피의자의 성명을 제목으로 사용하고, 한 명의 피의자가 사기죄와 절도죄를 범한 경우에는 각 죄명인 사기, 절도를 제목으로 사용하고, 한 명의 피의자가 피해자 갑에 대한 사기와 피해자 을에 대한 사기를 범한 경우에는 피해자 갑에 대한 사기, 피해자 을에 대한 사기로 제목을 달면 될 것이다. 여러 명의 피의자들이 공동으로, 또한 각자 여러 개의 범행을 저지른 경우에는 여러 명의 피의자들이 공동으로 범한 범죄사실에 대하여는 범행 주체인 각 피의자들의 성명을 활용하여 "해당 피의자들의 공동범행"을 제목으로 하면 될 것이고, 다만 여러 명의 피의자들이 공동으로 행한 범죄가 여러 개인 경우에는 위와 같은 "해당 피의자들의 공동범행" 제목 아래에서 각 범죄사실에 대하여 죄명 등 다시 특정된 제목을 사용하면 될 것이다.

## II. 범죄의 주체

### 1. 주체의 표시

범죄사실에는 범죄의 주체인 "피의자"가 그 문장의 주어로서 모두에 위치하는 것이 바람직하다. 그리고 가능한 한 피의자를 중심으로 서술하는 것이 좋다. 예컨대 서로 대항하여 싸움이 벌어진 사건의 경우를 예로 들면 다음과 같다.

> 피의자는 피해자 ○○○로부터 주먹으로 얼굴을 수회 얻어맞자 이에 대항하여 주먹으로 그의 얼굴을 수회 때려서 …

그러나 반드시 그러한 원칙을 고집할 필요는 없으며 문맥을 자연스럽게 하거나 이해의 편의를 위해 주어를 바꾸거나 새로운 서술어를 사용하여도 무방하다. 그런 경우에는 별도의 문장으로 작성하는 것이 무난할 것이다.

그리고 피의자가 1명인 때에는 성명을 기재할 필요가 없다.

○ 피의자 홍길동은 (×)
○ 피의자는 (○)

피의자가 수명인 때에는 경우를 나누어 달리 기재하여야 하는데, ① 수명의 피의자가 각기 단독범인 경우 ② 피의자들이 모두 공동정범인 경우 ③ 피의자들 중 일부는 공동정범이고 일부는 단독범인 경우 ④ 수인의 공동정범 중 일부만 피의자로 송치되는 경우 등을 나누어 예를 들면 다음과 같다.

① 1. 피의자 홍길동
　　피의자는 … 하였다.
　2. 피의자 장길산
　　피의자는 하였다.
② 피의자들은 …하였다.
　이로써 피의자들은 공모하여 …하였다.
③ 1. 피의자 홍길동, 피의자 장길산의 공동범행
　　피고인들은 …하였다.
　　이로써 피고인들은 공모 (공동·합동)하여 …하였다.
　2. 피의자 박갑돌
　　피의자는 … 하였다.
④ 피의자(들)은 …하였고, 박갑돌은 … 하였다.
　이로써 피의자(들)은 박갑돌과 공모하여 … 하였다.

공범 기타 관련 사건의 피의자를 공동피의자로 하여 하나의 의견서에 함께 기재하는 경우에는 각 피의자에 대하여 그 범행이 특정되도록 구별하여 기재하여야 한다. 따라서

의견서에 기재된 범죄사실이 수개일 경우 각 범죄사실마다 그 행위의 주체를 명시함으로써 그 범죄사실이 어느 피의자에 대한 범죄사실인가를 특정하여야 한다. 예컨대 홍길동과 장길산이 공동피의자이고 범죄사실 제1사실은 피의자 홍길동과 장길산에 공통되는 부분에 대한 범죄사실이고, 범죄사실 제2사실은 피의자 홍길동만이 해당하는 범죄사실인 경우에는 다음과 같이 기재한다.

> 1. 피의자들의 공동범행
>    피의자들은 …하였다.
>    이로써 피의자들은 공모하여 …하였다.
> 2. 피의자 홍길동
>    피의자는 … 하였다.

## 2. 주체의 전과·신분·경력·성행 등의 표시

범죄사실은 "구성요건 해당사실"의 기재만으로 충분하다. 그러나 피고인에 대한 형의 가중사유 등에 해당된다는 점을 명백히 하기 위하여 범죄사실의 앞부분에 피고인의 전과·신분·경력 등을 간략히 적시하는 경우가 많이 있다. 이를 구체적으로 살펴보면 다음과 같다.

첫째, 전과관계는 그것이 상습범과 같이 구성요건요소를 이루는 경우나 누범과 같이 형의 가중사유가 되는 경우, 집행유예 결격사유로 되는 경우(형법 제62조 제1항 단서), 형의 선고유예나 집행유예의 실효대상이 되는 경우(형법 제61조, 제63조), 형법 제37조 후단 경합범인 경우, 가석방기간 중의 범행인 경우, 전과 있음을 이용하여 타인을 협박한 것이 범죄사실로 되는 경우 등에는 이를 반드시 기재하여야 한다. 그리고 전과는 아니지만 다른 사건으로 기소되어 재판계속 중인 사실도 재판부의 병합 여부 판단 등에 필요하므로 기재하는 것이 실무관례이다. 그 이외의 경우에는 법관의 예단을 배제한다는 의미에서 원칙적으로 전과를 기재하지 아니한다. 전과를 기재할 경우에는 피의자의 신분이나 경력·성행 등과 함께 범죄사실의 모두에 기재하는데 확정된 형 선고일자·선고법원·죄명·형명·형기·형집행종료일자·집행장소 등을 기재하며, 가석방 기간중인 경우에는 형기종료 예정일자까지 구체적으로 기재하여야 한다.

> ○ 피의자는 2000. 10. 11. 중앙지역군사법원에서 절도죄로 징역 1년을 선고받고 2001. 10. 11. 국군교도소에서 그 형의 집행을 종료하였다.
> ○ 피의자는 2000. 0. 00. 군사법원에서 살인죄로 징역 10년을 선고받고 2000. 0. 00. 국군교도소에서 그 형의 집행을 종료하였다.
> ○ 피의자는 2000. 0. 00. 군사법원에서 절도죄로 징역 1년을 선고받고 국군교도소에서 그 형의 집행 중 2000. 0. 00. 가석방되어 같은 해 0. 00. 가석방 기간을 경과하였다.
> ○ 피의자는 2000. 0. 00. 군사법원에서 절도죄로 징역 1년을 선고받고 같은 달 00. 그 판결이 확정되어 국군교도소에서 그 형의 집행 중 2000. 0. 00. 가석방되어 현재 가석방기간 (2000. 0. 00. 형기종료 예정) 중이다.
>   • 피의자는 2000. 0. 00. 군사법원에서 사기죄로 징역 1년에 집행유예 2년을 선고받고 같은 달 00. 그 판결이 확정되어 현재 집행유예기간 중이다.
> ○ 피의자는 2000. 0. 00. 군사법원에서 절도죄로 징역 1년에 집행유예 2년을 선고받고, 전역한 뒤에 유예기간 중인 2000. 0. 00. 민간법원에서 절도죄로 징역 1년을 선고받아 2000. 0. 00. 그 판결이 확정됨으로써 위 집행유예의 선고가 실효되었으며, 2000. 0. 00. 교도소에서 최종형의 집행을 종료하였다.

상습범의 경우에는 범죄전력이 상습성 인정의 중요한 자료가 되므로 실형은 물론, 벌금·기소유예·보호사건송치 전력뿐 아니라 실효된 형도 모두 기재하는 것이 원칙이다. 다만 피고인에게 수회의 전과가 있고 이를 일일이 기재하는 것이 매우 번잡하게 되는 경우에는 최근 또는 가장 중요한 전과만을 기재하고, 나머지 전과는 "… 외에 동종 범죄전력이 5회 더 있다."와 같이 간략히 기재하는 경우도 있다. 둘째, 피고인의 신분·경력·성행이 구성요건요소를 이루거나, 또는 구성요건 해당사실과 밀접한 관계가 있는 경우에 이를 기재한다. 이에는 공무원범죄·업무상황령죄와 같이 행위자의 신분이 직접 범죄의 구성요건이 되어 있는 경우나, 피고인의 신분·경력·성행에 관한 사실을 상대방에게 고지하는 방법으로 공갈 범행을 한 경우처럼 피고인의 신분 등이 범죄의 구성요건과 밀접한 관련이 있는 경우를 들 수 있다. 행위자의 신분이 직접 구성요건으로 되어 있는 업무상횡령의 경우를 예로 들면 다음과 같다.

피의자는 2015. 5. 1.부터 2018. 3. 31.까지 서울특별시 서초구에 있는 피해자 ○○○가 경영하는 전자상사 종업원으로서 제품판매 및 수금 업무에 종사하여 왔다.

## III. 범죄의 일시

범죄의 일시는 범죄사실의 특징을 위하여 중요할 뿐만 아니라 벌칙조항이 개정된 경우에 있어서의 법령의 적용, 행위자의 책임능력 유무, 공소시효의 기산일 등을 결정하는 데 있어서도 중요한 의미를 가지므로 가능한 한 이를 명확히 기재하여야 한다. 특히 살인·강도·강간 등 후에 알리바이 유무가 문제될 수 있는 범죄와 절도 등 범행 시각에 따라 가중처벌될 수 있는 것은 원칙적으로 "시"를 특정할 필요가 있다.

연·월·일의 기재는 아라비아 숫자로 하되, 연·월·일의 문자는 생략하고 그 자리에 온점을 찍어 구분하며, 시·분의 기재는 24시간제에 따라 아라비아 숫자로 하되 시·분의 문자는 생략하고 그 사이에 쌍점 (:)을 찍어 구분한다. 예컨대 2024년 3월 9일 오후 8시 10분은 다음과 같이 기재한다.

2024. 3. 9. 20:10

그러나 범죄의 일시가 시·분에 이르기까지 명확하게 특정되지 아니하는 경우에는 명확히 확인된 일시까지 기재하되, 그 뒤에 "경" 또는 "무렵"이라는 표현을 사용한다. 다만 이 경우에도 주·야간은 범죄에 따라서는 구성요건요소가 되거나 정상에 관한 중요자료가 될 수 있으므로 가급적 주·야간을 밝히는 것이 좋다.

○ 2024. 3. 9. 08:00경 (분이 명확하지 아니한 경우)
○ 2024. 3. 9. 오전경 (시각이 명확하지 아니한 경우)
○ 2024. 3. 하순 무렵 (일자가 명확하지 아니한 경우)

## Ⅳ. 범죄의 장소

범죄의 장소도 범죄사실의 특정을 위해서 뿐만 아니라 국내범인지 여부와 토지관할을 결정하는 데 중요한 의미를 가지는 것이므로 가능한 한 이를 명확히 기재하여야 한다. 다만, 피해자의 주소지가 범죄의 장소인 경우에는 구체적 기재를 생략한다. 범죄장소의 기재는 행정구역의 명칭에 따라 도로명주소를 사용하는 것을 원칙으로 하되, 간략히 하기 위하여 "특별시"·"광역시"·"도"의 문자는 생략할 수 있다. 건물 번호 다음에 "…에 있는 …에서"와 같이 그 곳에 있는 건조물이나 시설 등의 명칭을 덧붙여 특정하는 것이 일반적이고, 정확한 주소가 불명인 경우에는 확인되는 범위까지만 기재하며, 사회적으로 널리 알려진 장소는 행정구역 표시 없이 바로 그 장소만 기재하여도 무방하다.

○ 서울특별시 용산구 이태원로 158(용산동)에 있는 국방부조사본부에서
○ 서울특별시 중구 소공로 106(소공동)에 있는 ○○호텔 정문으로부터 서쪽으로 약 100미터 떨어진 중국음식점 중화루 앞길에서
○ 서울특별시청 앞 광장에서

동종의 범죄행위가 반복되어 그 하나하나의 행위마다 장소를 특정하기 어려운 때(예컨대 현금을 서울 시내의 이곳저곳에서 유흥비로 소비하여 횡령한 경우)에는 다음과 같이 기재하여도 무방하다.

(… 그 무렵) 서울 시내 일원에서 (유흥비 등으로)

그러나 주거침입의 경우와 같이 장소가 법익의 침해 그 자체로서 중요한 의미를 갖고 있는 경우에는 구체적으로 표시하여야 할 것이다.

○ 서울특별시 용산구 이태원로 34에 있는 피해자 ○○○의 집에 이르러 열린 대문을 통하여 그 집 안방까지 들어가
○ 서울특별시 송파구 양재천로2길 37에 있는 피해자 △△△이 경영하는 ○○전자 잠실대리점에 이르러 미리 준비한 만능열쇠로 위 대리점 자물쇠를 열고 안으로 침입하여

한편 행위 장소와 결과발생 장소가 상이한 경우에는 양자를 모두 기재하여야 한다.

> 피의자는 2026. 10. 10.경 서울특별시 용산구 이태원로 ○○에 있는 리베라 호텔 커피숍에서 피해자 홍길동에게 … 라고 거짓말을 하였다.
> 피의자는 이에 속은 피해자로부터 2026. 10. 17. 서울특별시 용산구 이태원로 ○○○에 있는 신한은행 국군재정단지점에서 차용금 명목으로 100,000,000원을 교부받았다.
> 이로써 피의자는 피해자를 기망하여 재물의 교부를 받았다.

## V. 범죄의 동기·원인

범죄의 동기·원인은 그것이 구성요건요소로 되어 있지 아니하는 한 이를 기재하지 않는 것이 원칙이다. 그러나 살인·방화·상해·폭행·협박 등 범행의 동기가 범죄사실과 밀접한 관계에 있는 경우는 이를 기재함으로써 범의를 명확히 함과 동시에 나아가 범죄사실 자체도 명확히 하는 데 도움이 되므로 그 한도 내에서 이를 기재하는 것이 바람직하다. 다만 이를 기재할 때에는 간략히 기재하여야 하고, 추측이나 예단에 빠져 증거로 뒷받침되지 않는 다른 내용을 함부로 기재하지 않도록 유의하여야 한다.

> ○ … 가옥을 불태워 보험금을 받아내기로 결의하고 …
> ○ … 라는 욕설을 듣자 이에 화가 나서 …

## VI. 범죄의 객체

### 1. 피해자

피해자는 폭행·상해·살인·과실치사상·강간·유기 등의 범죄에서처럼 직접 객체로 되는 경우와 절도 재물손괴 등의 범죄에서처럼 범죄의 객체인 물건의 소유자 또는 관리자에 불과한 경우가 있다. 그 어느 경우에 있어서나 피해자는 성명으로써 표시해야 하며, 성명을 알 수 없는 때에는 그의 인상·체격·추정연령 등의 특징으로써 특정하여야 한다.

○ 피해자 홍길동
○ 성명을 알 수 없는 피해자(남, 약 25세, 신장 약 170 센티미터의 비만형)

그런데 피해자를 기재함에 있어서 그 연령을 어느 범위까지 기재할 것인가가 문제된다. 먼저 미성년자약취(유인)·미성년자간음(추행)·미성년자의제강간(강제추행)·준사기 등의 범죄에서와 같이 피해자의 연령, 즉 미성년자 등이라는 사실이 구성요건요소로 되어 있는 경우에 이를 반드시 기재하여야 함은 물론이다. 그리고 폭행·협박·상해·살인·과실치사상·강간·강제추행·성폭력사범 등의 범죄와 같이 피해자가 직접 객체로 되어 피해자의 연령과 범죄가 어느 정도 관련이 있다고 인정되는 때에도 이를 기재한다. 그 밖에 공갈·감금·강도 등에도 피해자가 범죄의 객체로 되는 측면이 있으므로 연령을 기재하는 것이 실무상의 관례이다. 다만 사기·명예훼손·모욕 등의 경우에는 연령을 기재하는 경우도 없지 않으나 기재하지 않는 경우가 실무상 더 빈번하다. 절도 재물손괴 등의 경우에는 범죄의 객체는 물건 자체이며 피해자인 사람은 물건의 소유자, 관리자에 불과하므로 연령을 기재할 필요가 없다. 피해자의 연령을 기재할 경우에는 피해자의 성명 다음에 괄호를 하고 그 안에 기재하되, 송치일자가 아닌 범죄일자를 기준으로 그 날 현재의 연령을 기재하여야 한다.

한편 피해자의 연령을 표기하는 경우에는 보통 성별도 표시하는데, 실무상으로는 남자의 경우에는 표시하지 않고 여자의 경우에만 기재한다. 표시방법은 괄호를 하고 그 안의 연령 앞 부분에 기재한다.

○ 피해자 홍길동(30세)
○ 피해자 장길순(여, 35세)

그 밖에 피해자의 주거 및 직업 등은 특별한 경우 이외에는 기재하지 아니한다.

## 2. 피해품

피해품은 범죄에 의하여 피해를 입은 재물을 말하는 것으로 대개 재산범에서 문제되나, 반드시 이에 국한되지 않고 방화·실화 등의 범죄에도 피해품이 존재한다. 피해품의 기재와 관련하여서는 다음과 같은 점을 유의하여야 할 것이다.

첫째, 피해품을 표시할 때에는 소유자·관리자 등을 표시하여야 한다.

○ 피해자 홍길동 소유인
○ 피해자 장길순이 관리하는

둘째, 피해품은 가능한 한 구체적으로 기재하여야 한다.

○ 시계 1개 (×)
○ 남자용 금장 롤렉스 중고 손목시계 1개 (○)

셋째, 동종의 피해품이 다수인 때에는 일괄하여 기재하는 것이 좋다. 다만 이 경우에도 기록상에는 피해품 전체의 명세가 나와 있어야 한다.

신사복 1벌 등 시가 합계 2,000,000원 상당의 의류 9점

넷째, 피해품의 시가를 아라비아 숫자로 표시한다. 시가는 정당한 소매가격을 표시함이 원칙이나, 소매가격을 알 수 없는 때에는 보통 피해자가 신고한 가격을 표시하고, 피해자 신고가격이 일반인의 관념에 비추어 현저히 높거나 낮아 상당하지 않다고 인정될 경우에는 그 취지를 기재하여 피해품의 가격이 피해자의 신고에 의한 것임을 명백히 해 두는 것도 한 방법이다.

○ 시가 300,000원 상당의 신사복 1벌
○ 피해자 신고가격 900,000원 상당의 신사복 1벌

### 3. 재산상의 이익

피해의 내용이 재산상의 이익인 경우에는 그 취지와 가액을 표시하여야 한다. 예컨대 신용조합 이사장이 불량대출을 하여 조합에 손해를 가한 경우에는 다음과 같이 기재한다.

> … 임무에 위배하여 ○○○에게 무담보로 100,000,000원을 대출하여 주고 그 회수를 어렵게 하였다.
> 이로써 피의자는 ○○○에게 대출금 100,000,000원에 해당하는 재산상 이익을 취득하게 하고, 위 조합에 같은 액수(금액)에 해당하는 손해를 가하였다.

## VII. 범죄의 수단·방법

범죄의 수단·방법은 구성요건의 중핵을 이루는 것이므로 간결하면서도 구체적으로 묘사하여 기재하여야 한다. 그러나 그 묘사방법은 범죄 유형과 구체적 상황에 따라 각양각색일 수밖에 없으므로 각 구성요건별로 수단·방법을 표현하는 관용적 방법을 익힌 후 이를 구체적 상황에 맞추어 응용하는 것이 효과적일 것이다.

예컨대 문서위조죄에 있어서는 위조한 내용과 그 방법, 특히 문서 명의자의 서명·날인을 현출시킨 방법 등을 설시하는 것이 원칙이지만, 문서의 위조 여부가 문제되는 사안에서 그 위조된 문서가 압수되어 현존하고 있다면, 그 범죄 일시와 장소, 방법 등은 범죄의 동일성 인정과 이중기소의 방지, 시효저촉 여부 등을 가늠할 수 있는 범위에서 그 문서의 위조사실을 뒷받침할 수 있는 정도로만 기재되어 있으면 충분하다.

범죄의 수단·방법은 일시·장소와 더불어 범죄사실을 특정하는 요소로서 중요한 의미를 가지고 있다. 대법원은 "공소장에 공소사실을 기재함에 있어서는 일시와 장소 및 방법을 명시하여 그 공소장 기재 자체로서 특별 구성요건 해당사실을 특정할 수 있도록 하여야 하고, 만일 공소장에 방법에 관한 기재가 없어서 범죄사실을 뚜렷이 특정할 수 없을 경우에는 그 공소제기의 절차는 법률의 규정에 위반하여 무효이다."라고 판시한 바 있다.

## Ⅷ. 범죄행위와 그 결과

### 1. 행위

　범죄사실은 범행의 상황, 즉 사실관계를 구체적으로 기재한 다음 맨 끝에 법률에 기재되어 있는 법률용어로 마무리함으로써 사실관계에 대한 법률적 평가를 하는 소위 미괄식 문장으로 구성하는 것이 보통이다. 미괄식 문장 구성은 피의자의 일련의 행위를 시간의 흐름에 따라 기재한 뒤 그 끝부분에 법률적으로 평가하여 마무리함으로써 논리가 정연한 장점이 있다. 그러나 각 항의 끝까지 읽어야 비로소 공소제기된 내용을 명확하게 이해할 수 있어 범죄사실을 한 눈에 쉽게 이해하기 어렵다는 단점도 있다. 미괄식 문장 구성의 단점을 보완하는 방안으로 피의자가 수명이거나 여러 개의 죄명에 대한 범죄사실을 작성할 때에는 그 피의자의 이름 또는 죄명 등을 제목으로 하여 각 항이 어느 피의자에 대한 어느 범죄사실을 송치하는 것인지 쉽고 명확하게 알아볼 수 있도록 하는 방식이 적절하다. 미괄식으로 구성된 ① 공무집행방해 ② 사문서위조 ③ 사기 ④ 공갈의 경우를 예로 들면 다음과 같다.

> ① … 등을 폭행하였다.
> 　이로써 피의자는 경찰관의 교통법규위반차량 단속에 관한 정당한 직무집행을 방해하였다.
> ② … 라고 기재하고 … ○○○의 도장을 찍었다.
> 　이로써 피의자는 권리의무에 관한 사문서인 ○○○ 명의로 된 차용증서 1장을 위조하였다.
> ③ 피의자는 … (피해자)에게 … 라고 거짓말하였다. 그러나 사실은 … 할 의사나 능력이 없었다.
> 　피의자는 이에 속은 피해자로부터 즉석에서 ○○ 명목으로 5,000,000원을 교부받았다.
> 　이로써 피의자는 피해자를 기망하여 재물의 교부를 받았다.
> ④ 피의자는 … 라고 말하여 겁을 주었다.
> 　피의자는 이에 겁을 먹은 피해자로부터 즉석에서 10,000원을 교부받았다.
> 　이로써 피의자는 피해자를 공갈하여 재물의 교부를 받았다.

　다만 범죄사실의 경위나 방법이 복잡하거나 장황하여 미괄식으로는 도저히 전체 내용을 쉽게 파악하기 어려운 경우가 있다. 이럴 때에는 피의자가 저지른 범행의 개요를 간단하게 두괄식으로 기재한 뒤 구체적인 범행 내용이나 방법을 기재하는 방식이 문장의 흐름을 자연스럽게 하거나 범죄사실을 보다 빠르고 쉽게 이해하는데 도움이 될 수도 있다. 이와 같은 경우라면 범죄사실을 두괄식으로 작성하는 것을 예외적으로 허용하여도 무방할 것이다. 두괄식으로 구성된 위중의 경우를 예로 들면 다음과 같다.

> 피의자는 2028. 3. 5. 10:00경 … 법정에서 위 법원…호 ○○○에 대한 절도 피고사건의 증인으로 출석하여 선서한 후 다음과 같이 기억에 반하는 진술을 하여 위증하였다.
> 피의자는 위 사건을 심리 중인 위 법원 판사 ○○○에게 … 라는 취지로 진술하였다.
> 그러나 사실은 피의자는 … 라는 사실을 잘 알고 있었다.

## 2. 결과

구성요건으로서 결과의 발생을 필요로 하는 경우에는 발생된 결과를 기재하여야 한다. 살인·상해치사 등과 같이 중대한 결과가 발생했을 때에는 사망 일시·장소도 기재한다. 상해치사 등의 경우에 상해명은 사망과 가장 관련이 깊은 것을 기재한다. ① 상해 ② 상해치사의 경우를 예로 들면 다음과 같다.

> ① … 주먹으로 피해자 ○○의 얼굴을 약 3회 때려 피해자에게 약 2주간의 치료가 필요한 안면부타박상 등을 가하였다.
> ② 피의자는 … 하여 피해자에게 복부자상 등을 가하였다.
>   피해자는 그로 인하여 같은 날 18:00경 … 에 있는 ○○병원에서 범발성복막염 등으로 사망하였다.
>   결국 피의자는 피해자에게 상해를 가하여 피해자를 사망에 이르게 하였다.

# IX. 고의·과실

범죄사실 기재시 고의행위의 경우에 일반적으로는 고의의 존재를 표시하지 아니한다. 그러나 미필적 고의의 경우에는 과실행위와 구별하기 위하여 그 존재를 기재하는 경우가 있고, 또한 장물죄의 경우에는 미필적 고의는 물론 확정적인 고의가 있는 때에도 다른 범죄와는 달리 장물이라는 사실을 인식하고 있다는 점을 명백히 기재하는 것이 실무상 관례이다. ① 미필적 고의범 ② 장물죄의 경우를 예로 들면 다음과 같다.

> ① … 격분한 나머지 순간적으로 피해자가 사망에 이를지도 모른다는 것을 인식하면서도 감히 … 하여서 그로 하여금 그 자리에서 …으로 사망하게 하여 피해자를 살해하였다.
> ② … ○○○로부터 그가 훔쳐 온 피해자 △△△소유인 시가 5,000,000원상당의 롤렉스 손목시계 1개가 장물이라는 사실을 알면서도 대금 1,000,000원에 매수하여 장물을 취득하였다.

계획범인지 우발범인지의 여부가 중요한 의미를 가지는 경우에도 범행 결의의 시기 및 경위를 기재하는 것이 좋다. 목적범에 있어서의 목적과 같은 소위 주관적 구성요건요소는 고의와는 구별되는 것이므로 이를 반드시 기재하여야 하고(예컨대 "행사할 목적으로", "형사처분을 받게 할 목적으로" 등), 택일적 고의나 개괄적 고의의 경우에도 이를 확정 고의와 구별하기 위하여 그 불확정 고의인 취지를 기재하여야 한다.

과실행위는 반드시 과실의 존재를 명시하여야 하는데, 과실의 존재는 단순히 "과실로"라고 기재하는 것만으로는 부족하고, 범행 당시의 구체적 상황, 주의의무의 존재 및 그 내용, 주의의무의 해태 및 그 경위 등을 상세히 기재하여야 한다. 자동차사고의 경우를 예로 들면 다음과 같다.

> … (구체적 상황) … 이러한 경우 자동차의 운전업무에 종사하는 사람에게는 … (주의의무의 존재 및 그 내용) … 하여야 할 업무상 주의의무가 있었다.
> 그럼에도 피의자는 이를 게을리한 채 … (주의의무의 해태 및 그 경위) … 한 과실 … (결과) 하였다.

다만 실무상 피의자가 과실을 자백하는 정형화된 교통사고의 경우에는 과실내용을 간략히 기재하기도 한다.

> ○ 차량정지신호임에도 신호를 위반하여 진행한 업무상 과실로
> ○ 안전거리를 지키지 아니한 업무상 과실로
> ○ 횡단보도에 이르러 일시 정지하거나 서행하지 아니하고 계속 같은 속도로 진행한 업무상 과실로

# X. 미수 · 예비 · 음모

## 1. 미수

장애미수와 중지미수는 서로 달리 취급되므로 양자가 뚜렷이 구별되도록 기재하여야 한다.

[중지미수의 경우]
○ … (강취하려 하다가 잘못을 뉘우치고 범행을 스스로 중지함으로써 미수에 그쳤다.

[장애미수의 경우]
○ … (강취하려 하였으나 피해자가 고함을 치며 주위의 도움을 구하자 통행인들이 달려오는 바람에 미수에 그쳤다.
○ … (공갈하여 재물을 교부받으려) 하였으나 피해자가 … 하며 따르지 아니함으로써 미수에 그쳤다.
○ … (공갈하여 재물을 교부받으려) 하였으나 피해자가 경찰관에게 그 사실을 신고함으로써 미수에 그쳤다.

또한 실행행위를 종료하였는가, 어떤가를 범죄사실에 명백히 함으로써 착수미수(실행행위 미종료 미수)인가 실행미수(실행행위 종료 미수)인가를 구별할 수 있도록 하여야 할 것이다. 후자의 경우에 그 실행행위에 의하여 무엇인가 피해가 발생된 경우에는 그 사실은 통상 양형상 참작사유가 되므로 그 발생된 피해사실(예컨대 살인미수에서의 상해 등)을 기재하는 것이 바람직하다.

… 할 것을 마음먹고 … 쇠몽둥이로 피해자의 머리를 1회 때려 피해자를 살해하려 하였으나 피해자가 완강히 저항하면서 도주하는 바람에 피해자에게 약 2개월간의 치료가 필요한 좌두정부골절 등의 상해를 가하는데 그침으로써 미수에 그쳤다.

## 2. 예비 · 음모

예비 · 음모 그 자체가 특별구성요건이므로 예비 · 음모행위를 구체적으로 기재한다.

> ○ … 살해할 목적으로 … 그 범행에 사용할 미제 45구경 권총 1정과 실탄 5발을 … 구입하여 … 휴대하고 다님으로써 살인을 예비하였다.
> ○ … 살해할 목적으로 … 모의를 하여서 살인을 음모하였다.

## XI. 공범

### 1. 공동정범

공동정범 중에는 사전에 모의가 있었던 경우와 사전 모의는 없고 단지 행위시에 의사의 연락이 있을 뿐인 경우가 있다. 일반적으로 그 의사연락의 일시·장소·내용 등을 구체적으로 기재할 필요는 없고, 공모 또는 공동하였다는 취지만 기재하면 될 것이지만 실제 행위로 나아가지 아니한 공모공동정범이 있는 경우에는 의사 연락의 일시·장소·내용 등을 구체적으로 기재할 필요가 있다.

또한 각 행위자의 행위분담의 내용은 구체적으로 설시하여 공범자 각 개인이 현실적으로 어떠한 행동이나 입장을 취하고 있었는가를 판별할 수 있도록 기재하여야 한다.

> ○ 피의자들은 …하였다.
>   이로써 피의자들은 공모하여 …하였다.
> ○ 피의자들은 …하였고, ○○○는 하였다.
>   이로써 피의자들은 ○○○와 공모하여 … 하였다.

그리고 과실범의 공동정범의 경우에는 "피고인들은 공동하여"라고 기재하는 것이 보통이다. 합동범이나 폭력행위 등 처벌에 관한 법률 제2조 제2항 위반의 경우와 같이 법문상 "합동하여" 또는 "공동하여"라고 특별히 규정되어 있는 경우에는 반드시 그 법문대로 기재하여야 한다. ①특수절도 중 합동범 ②폭력행위등처벌에관한법률위반의 경우를 예로 들면 다음과 같다.

> ① … 피의자 갑은 그 집 대문 앞에서 망을 보고, 피의자 을은 그 집 안에 들어가 … 을 가지고 나왔다.

> 이로써 피의자들은 합동하여 피해자의 재물을 절취하였다.
> ② … 피의자 갑은 … 하고, 피의자 을은 … 하였다.
> 이로써 피의자들은 공동하여 피해자에게 약 3주간의 치료가 필요한 … 상 등을 가하였다.

또한 예컨대 피의자 갑·을·병이 범행을 사전공모한 후 갑은 실행행위를 분담하지 아니하고 을·병만 현장에서 실행행위를 분담하여 합동범이 되는 경우 등에는 각 피의자별로 공모공동정범 또는 합동범의 취지를 명백히 하여야 한다.

아울러 예컨대 피의자 갑·을이 공동정범이고 그 가운데 을만 상습범인 경우에도 각 피의자별로 상습범이 되는지 여부를 명백히 하여야 한다.

> ○ 피의자들은 … 하기로 모의하였다. 그 후 피의자 을, 피의자 병은 … 하였다.
> 이로써 피의자들은 공모하여, 피의자 을, 피의자 병은 합동하여 … 하였다.
> ○ 피의자들은 … 하였고, ○○○는 하였다.
> 이로써 피의자들은 ○○○와 공모하여 … 하였다.

## 2. 교사범·방조범

교사범과 방조범에 관하여는 통설·판례가 공범종속성을 채택하고 있으므로 교사·방조의 구체적인 사실 이외에 정범의 범죄사실까지도 전부 구체적으로 기재하지 않으면 아니된다.

교사범·방조범을 정범과 별도로 송치하는 경우에도 마찬가지로 정범의 범죄사실을 모두 구체적으로 기재하여야 한다.

> ○ 피의자는 ○○○에게 … 라고 말하여 그에게 … 할 것을 마음먹게 하였다.
> 그리하여 ○○○은 … (범행내용을 구체적으로 적시)하였다.
> 이로써 피의자는 ○○○으로 하여금 … (범행내용 핵심만 적시)하도록 교사하였다.
> ○ 피의자는 … ○○○이 … (범행내용을 구체적으로 적시)한다는 사실을 알면서도 이를 돕기 위하여 … (방조행위)하여 그 범행을 용이하게 함으로써 위 ○○○의 …를 방조하였다.

교사범과 방조범을 정범과 동시에 송치하는 경우에는 교사범은 정범보다 먼저 기재하고 방조범은 정범보다 나중에 기재하는 것이 논리적이다.

> **[교사범과 정범을 동시에 송치하는 경우]**
> 1. 피의자 갑
> 피의자는 … (피의자의 친구인) 을에게 … 라고 말하여 그에게 … 할 것을 마음먹게 하였다. 그리하여 ○○○은 … (범행내용을 구체적으로 적시)하였다.
> 이로써 피의자는 을로 하여금 … (범행내용 핵심만 적시)하도록 교사하였다.
> 2. 피의자 을
> 피의자는 … 위 갑의 교사에 따라 … (범행내용을 구체적으로 적시)하였다.

> **[방조범과 정범을 동시에 송치하는 경우]**
> 1. 피의자 갑
> 피의자는 … (범행내용을 구체적으로 적시)하였다.
> 2. 피의자 을
> 피의자는 … 위 갑이 위와 같이 … (범행내용의 요지를 간략히 적시)를 함에 있어서 이를 돕기 위하여 … (방조행위)하여 그 범행을 용이하게 함으로써 방조하였다.

### 3. 간접정범

간접정범은 타인을 도구로 이용하여 실행행위를 행하는 정범이므로 이를 구체적으로 기재하여야 한다.

> ○ 피의자는 … 그 사실을 모르는 ○○○로 하여금 …을 하게 함으로써 이를 절취하였다.
> ○ 피의자는 … 형사미성년자인 ○○○(10세)에게 타인의 신용카드 등을 훔쳐오도록 지시하여 ○○○로 하여금 … 하게 함으로써 이를 절취하였다.

### 4. 필요적 공범

필요적 공범은 구성요건의 실현에 반드시 2인 이상의 참여가 요구되는 범죄유형으로 그 자체가 독립된 공범이므로 형법총칙상의 공범규정이 적용되지 않는다. 따라서 그 범죄사실의 설시방법도 공범의 경우와는 다르다.

대향범의 경우에는 단독범의 경우처럼 각 피고인별로 범죄사실을 기재한다. 다만한 피고인에 대한 범죄사실을 다른 피고인에 대한 범죄사실의 기재에 인용하는 수가 많다.

> 1. 피의자 홍길동
> 피의자는 … 장길순으로부터 …청탁을 받으면서 그 사례금 명목으로 현금 5,000,000원을 받았다.
> 이로써 피의자는 공무원의 직무에 관하여 뇌물을 수수하였다.
> 2. 피의자 장길순
> 피의자는 … 홍길동에게 위와 같이 청탁하면서 그 사례금 명목으로 현금 5,000,000원을 교부하였다.
> 이로써 피의자는 공무원의 직무에 관하여 뇌물을 공여하였다.

집합범의 경우에는 공동정범의 경우처럼 범죄사실을 하나의 문장으로 종합하여 기재하되, 다만 "공모하여"라는 표현은 기재하지 아니한다.

> ○ 피의자들은 함께 …하여 (범행을 구체적으로 적시) 속칭 '고스톱'이라는 도박을 하였다.
> ○ 피의자들은 함께 …와 함께 …하여(상습으로) 속칭 '도리짓고땡'이라는 도박을 하였다.

## XII. 범죄사실이 수개인 경우

### 1. 포괄일죄

계속되는 하나의 범의에 의하여 행하여진 수회의 횡령·절도 등과 같이 반복된 수개의 행위가 포괄일죄로 인정되는 경우에도 범죄일람표를 사용하는 등의 방법으로 범행내용을 하나하나 특정하여 기재하는 것이 원칙이다. 그러나 반드시 별지로 도표를 작성할 것이 아니라 항목이 적어 본문에 삽입하는 것이 오히려 가독성을 제고할 수 있다고 보이는 등 필요한 경우에는 별지가 아닌 범죄사실 본문의 해당부분에 표를 삽입하는 방식도 활용할 수 있다. 그러나 이를 하나하나 특정하여 기재하기 어려운 때에는 전체 범행의 시기와 종기, 범행방법, 범행횟수 또는 피해액의 합계 및 피해자 또는 행위의 상대방 등을 기재하는 것으로써 범죄사실을 특정하여도 무방하다.

## 2. 실체적 경합범

　피의자가 절도·횡령·사기 등 여러 종류의 범행을 저지른 경우는 물론이고 동종의 범행을 반복한 경우라고 하더라도 그것이 서로 실체적 경합범의 관계에 있는 때에는 각 범죄사실을 다른 범죄사실과 구별할 수 있을 정도로 특정하여 기재하여야 한다. 다만 예컨대 주간에 주거에 침입하여 재물을 절취한 경우와 같이 수개의 범죄사실(주거침입과 절도)이 수단과 결과의 있는 경우에는 경합범이지만 이를 하나의 문장으로 종합하여 기재하는 수도 있다. 범죄사실을 특정하는 기재방법으로는 범행 하나하나를 열기하는 방법과 일람표를 써서 표시하는 방법 등 두 가지가 있는바, 구체적인 사건의 성질과 상황에 따라 간결하고 편리한 방법을 택하면 될 것이다.

　범죄사실을 열기하는 순서는 범행 일시에 따라 순차로 기재하는 것이 원칙이지만 때로는 각 범죄유형별로 나누어 기재하는 것이 더 효과적일 때가 있다. 예컨대 여러 개의 절도 및 여러 개의 사기 범행을 송치하는 경우에 절도 또는 사기만을 따로 모은 다음 이를 다시 일시·장소·수단·피해자 등의 기준에 따라 적절히 나누어 기재하는 방법 등이다.

　경합범의 기재방법 중 범행 하나하나를 열기하는 경우를 ① 단독범의 경우와 ② 공범이 있는 경우로 나누어 살펴보면 다음과 같다.

---

① 1. 절도
　　　피의자는 2024. 1. 21. 17:00경 … 하였다.
　2. 사기
　　　피의자는 2024. 1. 23. 19:30경 … 하였다.
　3. 특정범죄가중처벌등에관한법률위반(도주치상)
　　　피의자는 2024. 2. 25. 21:10경 … 하였다.

② 범죄전력
피의자 갑은 2025. 8. 27. 서울중앙지방법원에서 절도죄로 징역 10월을 선고받고 2026. 5. 23. 서울구치소에서 그 형의 집행을 종료하였다.

범죄사실
1. 피의자들의 공동범행
    가. 사기
        피의자들은 2028. 1. 10. 12:00경 … 하였다.
        이로써 피의자들은 공모하여 … 하였다.
    나. 폭력행위등처벌에관한법률위반(공동상해)
        피의자들은 2028. 3. 10. 21:30경 … 하였다.
        이로써 피의자들은 공모하여 … 하였다.
2. 피의자 갑
    피의자는 2028. 1. 13. 11:00경 … 하였다.
3. 피의자 을
    피의자는 2028. 2. 15. 10:00경 … 하였다.

경합범은 다음과 같이 범죄일람표를 사용하여 기재하면 편리한 경우가 있다. 이 경우 범죄일람표에 각 범죄사실을 특정하는 데 필요한 내용이 빠짐없이 기재되어야 할 것이나 너무 장황한 내용을 기재하는 것은 바람직하지 않다. 범죄일람표는 별지로 작성하는 것이 일반적이나 항목이 적어 본문에 삽입하는 것이 읽기 쉬워 보이는 등 필요한 경우에는 별지가 아닌 범죄사실 본문의 해당부분에 표를 삽입하는 방식도 활용할 수 있다. 범죄사실 항목이 너무 많아 별지를 이용하여 범죄일람표를 여러 건 작성할 경우에는 순차 "별지1", "별지2" 등과 같이 구분하여 특정한다.

피의자는 2024. 3. 10. 23:00 경 서울특별시 용산구 이태원로 23길 60-2(용산동에 있는 피해자 ○○○가 경영하는 ○○전자대리점에서 잠긴 출입문 자물쇠를 대형 드라이버로 뜯어 내고 매장으로 침입하여 그 곳 진열대에 있는 피해자 소유인 시가 3,000,000원 상당의 컬러 텔레비전 1대를 들고 나왔다.
피의자는 그 때부터 2024. 5. 12. 12:00경까지 사이에 별지 범죄일람표 기재와 같이 총 4회에 걸쳐 위와 같은 방법으로 시가 합계 50,000,000원 상당의 재물을 각각 절취하였다.

(별지)

**범죄 일람표**

| 순번 | 일시 | 장소 | 범행방법 | 피해자 | 피해품 | | | 비고 |
|---|---|---|---|---|---|---|---|---|
| | | | | | 시가(원) | 품목 | 수량 | |
| 1 | | | | | | | | |
| 2 | | | | | | | | |
| 3 | | | | | | | | |
| 4 | | | | | | | | |
| | | | | | | | 합계 50,000,000원 상당 | |

## 3. 상상적 경합범

상상적 경합범은 비록 수죄이기는 하지만 행위가 1개이기 때문에 처분상 1죄로 취급하는 것이므로 그 범죄사실을 별도의 항목으로 나누어 기재하지 않는다. 한 건의 자동차사고로 사람을 다치게 하고 재물을 손괴한 경우를 예로 들면 다음과 같다.

> 피의자는 … 의 운전업무에 종사하는 사람이다.
> 피의자는 … 하여 피해자 ○○○(45세)가 운전하는 택시를 들이받았다.
> 피의자는 위와 같은 업무상의 과실로 피해자에게 약 2주간의 치료가 필요한 배부 타박상을 입게 함과 동시에 앞 범퍼 교환정비 등 수리비 5,000,000원이 들도록 위 택시를 손괴하였다.

한 건의 자동차사고로 여러 사람을 사망하게 한 경우를 예로 들면 다음과 같다.

> 피의자는 … 의 운전업무에 종사하는 사람이다.
> 피의자는 … 하여 피해자 ○○○(45세)가 운전하는 택시를 들이받았다.
> 피의자는 위와 같은 업무상의 과실로 피해자 ○○○ 및 위 택시에 함께 타고 있던 피해자 △△△(40세)를 각각 뇌실질손상 등으로 사망에 이르게 하였다.

## Ⅷ. 양벌규정

양벌규정을 적용하여 행위자 이외에 법인 또는 개인을 기소하는 경우에는 그 법인이나 개인에 대한 범죄사실은 행위자인 대표자·대리인·종업원에 대한 범죄사실과 별도로 기재하여야 한다. 다만 양자를 동시에 기소하는 경우에 실무상으로는 행위자인 대표자·대리인·종업원에 대한 범죄사실 기재내용을 법인이나 개인에 대한 범죄사실 기재에서 인용하는 것이 보통이다.

1. 피의자 갑
 피의자는 을 회사의 수출입부장으로서 그 회사의 수출입 업무에 종사하는 사람이다.
 피의자는 2024. 12. 20. 미국으로부터 자동차부품용 베어링 300톤을 수입하면서 사실은 위 베어링을 … 달러에 수입하는 것임에도 … 달러에 수입한다고 허위 신고함으로써 2026. 1. 21. 허위 수입신고 가격에 대한 관세 … 원만 납부하고 그 차액인 … 달러에 대한 관세 20,000,000원을 납부하지 아니하였다.
 이로써 피의자는 부정한 방법으로 관세 20,000,000원을 포탈하였다.
2. 피의자 을
 피의자는 각종 기계류 수출입 등을 목적으로 하는 법인이다.
 피의자는 피의자의 종업원인 갑이 위와 같은 일시, 장소에서 피의자의 업무에 관하여 위와 같은 부정한 방법으로 관세를 포탈하였다.

# 제10장
## 수사의 종결

# [1] 수사종결의 의의와 종류

## Ⅰ. 수사종결의 의의

### 1. 수사종결의 개념

수사의 종결이란 군사법경찰관이 송치 여부를 결정할 수 있을 정도로 피의사건이 해명되었을 때 수사절차를 끝내는 수사기관의 처분을 말한다. 그러나 수사절차는 궁극적으로 공소의 제기여부를 판단할 수 있을 정도로 피의사건이 규명되었을 때 군검사의 공소의 제기 또는 불제기의 형태로 종결된다.

### 2. 수사종결 지휘

#### 가. 장기사건 처리

군사법경찰관은 범죄 인지 후 1년이 지난 사건에 대해서는 군사경찰부대·수사부대(서) 장의 승인이 있는 경우에 한하여 계속 수사할 수 있다(부령 제77조).

군사법경찰관리는 장기사건을 연장하려는 때에는 별지 제157호 서식의 수사기일 연장 건의서를 작성하여 상급 수사부대(서)의 장에게 제출하여야 한다.

수사부대(서)의 장은 범죄 인지 후 1년이 지난 사건은 수사종결 지휘하여야 한다. 계속 수사가 필요한 경우에는 그 사유를 소명하여 상급 수사부대(서)장의 승인을 받아 수사할 수 있다.

#### 나. 관리미제사건

수사를 진행하였으나 피의자를 특정할 수 없어 종결할 수 없는 사건은 추가 단서 확보시까지 "관리미제사건"으로 별도 등록하여 관리할 수 있다. 이 경우 군사법경찰관리는 관리미제사건으로 등록한 후에도 피의자 특정이 가능한 추가 단서 확보를 위해 노력하여야 한다. 군사법경찰관리는 관리미제사건을 등록하고자 하는 경우에는 관리미제사건 등록 보고서에 따라 소속 수사부대(서)의 장에게 보고하여 승인을 받아야 하며, 관리미제사건 등록서에 따라 관리하여야 한다.

### 3. 수사의 종결권자

수사의 개시는 군사법경찰관이 할 수 있으나, 공소의 제기나 불기소에 의한 수사의 종결은 군검사만이 할 수 있다.

### 4. 수사서류의 사본

군사법경찰관리는 처리한 사건 중 중요도나 특이성 그 밖의 보존의 필요가 있다고 판단되는 사건에 대하여는 해당 사건의 수사서류의 사본을 작성하여 이를 보존할 수 있다. 다만, 사용 목적을 달성하였거나 그 목적 달성을 위한 기간 경과 시 즉시 이를 폐기해야 한다.

## Ⅱ. 군사법경찰관의 수사종결

### 1. 군사법경찰관의 결정의 종류

군사법경찰관은 사건을 수사한 경우에는 1. 사건 이송, 2. 즉결심판 청구, 3. 군검찰송치, 4. 검찰 송치(군용물등특별조치법위반)의 구분에 따라 결정해야 한다(부령 제64조).

### 2. 군검찰송치

#### 가. 기소의견 송치

군사법경찰관은 수사를 하였을 때에는 서류와 증거물을 첨부하여 군검사에게 사건을 송치하여야 한다.

#### 나. 불기소의견 송치

1) 혐의없음

범죄인정안됨과 증거불충분을 말한다.

범죄인정안됨은 피의사실이 범죄를 구성하지 않거나 범죄가 인정되지 않는 경우이다. 증거불충분은 피의사실을 인정할 만한 충분한 증거가 없는 경우

2) 공소권없음

형을 면제한다고 법률에서 규정한 경우, 판결이나 이에 준하는 군사법원 또는 법원의 재판·명령이 확정된 경우, 통고처분이 이행된 경우, 사면이 있는 경우, 공소시효가 완성된 경우, 범죄 후 법령의 개정·폐지로 형이 폐지된 경우,「소년법」,「가정폭력범죄의 처벌 등에 관한 특례법」,「성매매알선 등 행위의 처벌에 관한 법률」 또는 「아동학대범죄의 처벌 등에 관한 특례법」에 따른 보호처분이 확정된 경우(보호처분이 취소되어 검찰에 송치된 경우는 제외한다), 동일사건에 대하여 재판이 진행 중인 경우(수사준칙 제51조 제3항 제2호는 제외한다), 자) 피의자에 대하여 재판권이 없는 경우, 친고죄에서 고소가 없거나 고소가 무효 또는 취소된 경우, 공무원의 고발이 있어야 공소를 제기할 수 있는 죄에서 고발이 없거나 고발이 무효 또는 취소된 경우, 반의사불벌죄(피해자의 명시한 의사에 반하여 공소를 제기할 수 없는 범죄를 말한다)에서 처벌을 희망하지 않는 의사표시가 있거나 처벌을 희망하는 의사표시가 철회된 경우,「부정수표 단속법」에 따른 수표회수,「교통사고처리 특례법」에 따른 보험가입 등 법률에서 정한 처벌을 희망하지 않는 의사표시에 준하는 사실이 있는 경우, 파) 동일사건에 대하여 공소가 취소되고 다른 중요한 증거가 발견되지 않은 경우, 하) 피의자가 사망하거나 피의자인 법인이 존속하지 않게 된 경우를 말한다.

죄가안됨은 피의사실이 범죄구성요건에 해당하나 법률상 범죄의 성립을 조각하는 사유가 있어 범죄를 구성하지 않는 경우이다.

각하는 고소·고발로 수리한 사건에서 다음 각 목의 어느 하나에 해당하는 사유가 있는 경우이다. 고소인 또는 고발인의 진술이나 고소장 또는 고발장에 앞에서 나열한 사유에 해당함이 명백하여 더 이상 수사를 진행할 필요가 없다고 판단되는 경우, 동일사건에 대하여 사법경찰관의 불송치 또는 군검사의 불기소가 있었던 사실을 발견한 경우에 새로운 증거 등이 없어 다시 수사해도 동일하게 결정될 것이 명백하다고 판단되는 경우, 고소인·고발인이 출석요구에 응하지 않거나 소재불명이 되어 고소인·고발인에 대한

진술을 청취할 수 없고, 제출된 증거 및 관련자 등의 진술에 의해서도 수사를 진행할 필요성이 없다고 판단되는 경우, 고발이 진위 여부가 불분명한 언론 보도나 인터넷 등 정보통신망의 게시물, 익명의 제보, 고발 내용과 직접적인 관련이 없는 제3자로부터의 전문(傳聞)이나 풍문 또는 고발인의 추측만을 근거로 한 경우 등으로서 수사를 개시할 만한 구체적인 사유나 정황이 충분하지 않은 경우 공소권없음이 되는 것이다.

### 3) 기소중지

피의자의 소재불명, 해외여행, 심신 상실, 질병 등의 사유로 인하여 수사를 종령할 수 없는 경우을 말한다. 이 사유가 해소되면 수사를 다시 시작한다.

### 4) 참고인중지

참고인의 소재를 파악할 수 없는 것 등의 이유로 군사법경찰관리가 참고인의 진술을 듣기 어려울 경우를 말한다. 이 사유가 해소되면 수사를 다시 시작한다.

## 3. 사건 이송

군사법경찰관은 법령에서 다른 수사기관으로 사건을 이송하도록 의무를 부여한 경우에는 해당 사건을 다른 수사기관에 이송해야 한다(부령 제63조 제1항).

군사법경찰관은 사건이 1. 다른 사건과 병합하여 처리할 필요가 있는 등 다른 수사부대 또는 기관에서 수사하는 것이 적절하다고 판단하는 경우, 2. 해당 수사부대 또는 기관에서 수사하는 것이 부적당한 경우에는 해당 사건을 다른 수사부대 또는 기관에 이송할 수 있다(부령 제63조 제2항).

군사법경찰관은 제1항 또는 제2항에 따라 사건을 이송할 때에는 별지 제79호서식의 사건이송서를 사건기록에 편철하고 관계 서류와 증거물을 다른 수사부대 또는 기관에 송부해야 한다(부령 제63조 제3항).

## 4. 이첩과 인계

　수사부대(서)의 장은 관할 내의 사건이 아니거나 해당 수사부대(서)에서 수사하는 것이 부적당하다고 인정되는 사건은 신속히 이를 범죄지 또는 피의자를 관할하는 수사부대(서) 또는 수사에 적합한 기관에 이첩 또는 인계하여야 한다. 다만, 상급 수사부대(서)에서 하명된 사건을 이첩할 때에는 미리 하명한 상급 수사부대(서)의 승인을 받아야 한다.

　군사법경찰관리는 사건을 이첩할 때에는 정확한 사건의 인수, 인계를 위하여 사건인계서에 접수번호, 사건번호, 사건의 개요, 증거유무, 기록목록 등을 기재하여야 한다.

　군사법경찰관리는 사건을 인수, 인계한 경우에는 인계부대 범죄 접수부 비고란에 인수부대 범죄접수부의 접수번호와 접수일시를 기입해 두어야 한다. 이때 사건을 인수받은 부대의 군사법경찰관리는 사건기록을 접수받은 즉시 관련 사항을 회신하여야 한다.

## 5. 검찰 송치(군용물등특별조치법위반)

　「군용물 등 범죄에 관한 특별조치법」 위반 사건 중 「군형법」의 적용대상자가 아닌 자의 경우에는 관할 지방검찰청 검사에게 송치해야 한다.

# III. 송치서류

## 1. 송치서류

　군사법경찰관리는 사건을 송치할 때에는 수사서류에 사건송치서, 압수물 총목록, 기록목록, 의견서, 범죄경력조회 회보서 등 필요한 서류를 첨부하여야 한다. 다만, 「형의 실효 등에 관한 법률」 제5조 제1항 단서 제2호에 해당하는 경우로서 1. 혐의없음, 2. 공소권 없음, 3. 죄가 안됨, 4. 각하, 5. 기소중지, 6. 참고인중지에 해당하는 의견으로 송치할 때에는 범죄경력조회(지문조회)회보서를 첨부하지 아니할 수 있다.

## 2. 비고란 기재 및 추송

　군사법경찰관리는 사건송치 전에 전항의 첨부서류중 조회회답 또는 통보를 받지 못하였을 때에는 그 사유를 동 사건 송치서 비고란에 기재하여야 하며 송치후에 범죄경력을 발견하였거나 그 밖의 회보를 받았을 때에는 추송서를 첨부하여 즉시 이를 추송하여야 한다.

## 3. 편철 순서

송치서류는 1. 사건송치서, 2. 압수물 총목록, 3. 기록목록, 4. 의견서, 5. 그 밖의 서류(수사보고서, 수사결과보고서)의 순서에 따라 편철하여야 한다.

그 밖의 서류는 접수 또는 작성순서에 따라 편철하고, 의견서와 그 밖의 서류는 각 장마다 면수를 기입하고 압수물총목록부터 의견서까지의 서류에는 송치인이 직접 간인하여야 한다.

의견서에는 각 장마다 면수를 기입하되, 1장으로 이루어진 때에는 1로 표시하고, 2장 이상으로 이루어진 때에는 1-1, 1-2, 1-3의 방법으로 하여야 한다.

군사법경찰관리는 사건을 송치할 때에는 수사부대(서)의 장인 군사법경찰관리의 명의로 하여야 한다.

의견서는 수사담당 군사법경찰관리가 작성하여야 한다.

통신제한조치를 집행한 사건의 송치 시에는 사건송치서 증거물 란에 "통신제한조치"라고 표기하고 통신제한조치 집행으로 취득한 물건은 담당 군사법경찰관리가 직접 압수물송치에 준하여 송치하여야 한다 군사법경찰관리가 다음 어느 하나에 해당하는 귀중품을 송치할 때에는 감정서를 첨부하여야 한다.

① 통화·외국환 및 유가증권에 준하는 증서
② 귀금속류 및 귀금속제품
③ 문화재 및 고가예술품
④ 그 밖에 군검사 또는 군사법원이 특수압수물로 분류지정하거나 고가품 또는 중요한 물건으로서 특수압수물로 인정하는 물건

사건송치 전 수사진행 단계에서 구속영장, 압수·수색·검증영장, 통신제한조치 허가를 신청하거나 신병지휘 건의 등을 하는 경우에 영장신청 서류 또는 신병지휘 건의 서류 등에 관하여는 제3항부터 제6항까지의 규정을 준용한다.

# Ⅳ. 사건송치 시 작성하는 서류 등 예시

## 1. 사건송치서

군사경찰 수사가 종료되면 수사를 담당한 군사법경찰관리는 수사기록의 표지를 작성하여야 하는데, 이것이 사건송치서'이다.

군사법경찰관이 작성하는 사건송치서에 기재하는 사항은 다음과 같다.

① 송치번호 : "제2024-024987호"

송치하는 수사부대(서)에서 사건을 송치할 때 해당 수사부대(서)의 범죄사건부에 기재하는 일련번호이다.

② 송치일자 : "2024. 11. 25."

수사부대(서)에서 송치하는 날짜를 기재한다.

③ 피의자 : "홍길동 등"

송치되는 사건의 피의자의 이름 왼쪽에 신병이 구속인지, 불구속인지 등의 여부를 표기한다. 통상 구속의 경우 붉은색으로 표기한다. 피의자의 이름 왼쪽에 아라비아 숫자로 번호를 부기하고, '가. 나. 다.'로 죄명을 표기한다. 피의자가 많은 경우에는 "피의자 홍길동 등 5명(별지와 같음)"이라고 기재한 후 별지에 피의자 전원을 기재하기도 한다.

④ 지문원지작성번호 : "2024-006921" 등

군사법경찰관은 즉결심판대상자나 고소·고발사건을 불기소의견으로 송치하는 경우 외에는 피의자에 대한 수사자료표를 작성하면서 지문을 채취하여야 하는데 그 지문원지작성번호를 기재한다. 기재방법을 살펴보면, 작성연도를 앞에 기재하고 (예 : "2022-006921"), 다른 수사부대(서)로부터 이첩되어 온 경우 이미 지문번호가 부여되어 있으면 작성 관서를 기재한다(예 : "수사부대(서) 2022006789").

⑤ 구속영장청구번호 : "2024-0859"

구속영장을 신청하여 구속영장이 발부된 경우, 구속영장을 청구한 검찰단의 청구번호를 기재한다.

⑥ 피의자원표번호 : "2022-020175" 등

당해 피의자에 대한 범죄발생, 검거, 전과 등을 기재하여 작성하는 것으로, 법무부 대검찰청·경찰청 등에서 범죄통계를 작성하기 위해 사용된다. 형사사법정보시스템에 입력하여 작성할 수 있다. 미체포 피의자에 대하여도 작성한다는 점에서 지문원지작성번호와 차이가 있다.

⑦ 통신사실 청구번호

구속영장청구번호를 기재하는 방식과 동일하며, 통신사실 확인자료 제공요청허가를 신청하여 당해 허가서가 발부된 경우, 통신사실 확인자료 제공요청허가를 청구한 검찰단의 청구번호를 기재한다.

⑧ 죄명 : "가. 사기" 등

일반적으로 죄명이 여러 개인 경우 '가. 죄명 나. 죄명 다. 죄명'로 표기한다. 죄명은 「공소장 및 불기소장」에 기재할 죄명에 관한 예규를 따라야 하고, 형법과 특별법 구별 없이 법정형이 중한 순으로 기재한다. 죄명이 많으면 "별지 기재와 같음"이라고 기재한 후 별지에 위와 같은 방식으로 기재한다.

⑨ 발각원인 : "인지, 고소"

"인지, 고소, 고발, 자수"를 정확하게 기재하고 인지인 동시에 고소인 경우는 "인지, 고소"로 기재하고, 고소 취소나 합의된 경우에는 "취소" 또는 "합의"라고 기재한다.

⑩ 사건번호 : "2022-13568(2022. 11. 16.)" 등

인지, 고소, 고발, 자수 등 발각원인에 따른 수사부대(서)의 사건번호와 접수일자를 기재한다.

⑪ 체포구속 : "2022. 11. 16. (현행범인체포)"

현행범인체포하거나 긴급체포, 체포영장으로 체포하거나 구속영장으로 구속한 경우에만 기재한다. "2022. 11. 16.(현행범인체포)", "2022. 11. 16.(긴급체포)", "2022. 11. 16.(체포영장)", "2022. 11. 16.(구속영장)"과 같은 방식으로 일자와 종별을 기재하되, 현행범인체포, 긴급체포, 체포영장에 의한 체포가 있은 후 구속영장을 발부받은 경우 체포일자를 기재한다.

⑫ 석방

현행범인체포, 긴급체포, 체포영장, 구속영장으로 체포·구속하였다가 석방한 경

우에만 기재한다. "2024. 11. 23.(불구속수사)", "2024. 11. 23.(적부심)", "2024. 11. 23.(보석)", "2024. 11. 23.(영장기각)"과 같은 방식으로 일자와 종별을 기재한다.

⑬ 의견 : "기소(구속)" 등

기소 또는 불기소(혐의없음, 죄가안됨, 공소권없음, 기소중지, 참고인중지 등)등 군사법경찰관의 의견을 기재하는데, 여러 명의 피의자와 여러 개의 죄명이 있는 때에는 피의자 순서대로 의견을 기재한다.

⑭ 증거품 : "있음(증제1, 2, 3호) - 가환부"

증거물이 있으면 "있음"이라고 기재한 후 "첨부", "환부", "가환부", "보관", "폐기", "환가" 등으로 압수물처분에 따른 사유를 기재하고, 증거물이 없으면 "없음"이라고 기재한다.

⑮ 비고 : "3. 지명수배 필"

기타 사항 중 중요한 사항을 기재하되, "기소중지 재기사건", "지명수배 필", "인·허가 관련 통보 필", "··교도소 수감 중" 등을 기재한다. 피의자를 체포·구인한 후 석방한 경우 그 기간을 날짜로 계산하여 "○일"이라고 기재한다.

## 2. 압수물 총목록

압수물이 있을 경우에는 반드시 압수물 총목록을 작성하고, 압수물이 없으면 작성하지 않는다.

'기록면수'에는 압수목록이 첨부된 사건기록의 쪽을 기재하고, 비고란에는 압수물처분의 사유(첨부, 환부, 가환부, 보관, 폐기, 환가 등)를 기재한다.

## 3. 기록목록

모든 사건기록에는 기록 목록을 작성하여야 하는데 가급적 상세히 작성해야 한다. 기록목록의 '진술자' 란에는 각종 조서의 경우 피조사자, 수사보고서의 경우 작성 군사법경찰관리, 기타 서류의 경우 그 서류 작성자 이름을 기재하며, '작성연월일' 란에는 해당 문서를 작성한 날짜를 기재한다. 송치 후 군검사가 수사를 하고 작성된 서류가 있는 경우 군사법경찰관이 작성한 기록목록에 이어서 그 서류의 목록을 적는다.

## 4. 의견서

의견서는 군사법경찰관이 수사를 마친 후 군검사에게 사건을 송치함에 있어, 이미 수사과정에서 밝혀진 범죄사실을 간단히 압축해서 기재하고, 이에 대한 적용법조, 증거관계, 기소 또는 불기소 의견을 밝힌 보고서이다.

# [2] 장부와 비치서류

## Ⅰ. 장부와 비치서류

### 1. 장부와 서류

수사부대(서)에는 다음의 장부와 서류를 갖추어 두어야 한다. 물론 이 문서를 전자적 저장장치로 기록하여 유지할 수 있다.

1. 사건접수부, 2. 범죄사건부, 3. 입건전조사사건부, 4. 즉결심판사건부, 5. 출석요구대장, 6 야간수사 기록부, 7. 체포영장신청부, 8. 체포·구속영장집행부, 9. 긴급체포원부, 10. 현행범인체포원부, 11. 구속영장 신청부, 12. 체포·구속인 명부, 13. 압수·수색·검증영장 신청부, 14. 압수부, 15. 수사종결사건(송치사건)철, 16. 입건전조사사건기록철, 17. 관리미제사건 기록철, 18. 변사사건 종결철, 19. 통신제한조치 허가신청부, 20. 통신제한조치집행대장, 21. 긴급통신제한조치대장, 22. 긴급통신제한조치통보서발송부, 23. 통신제한조치 집행사실 통지부, 24. 통신제한조치 집행사실 통지유예 승인신청부, 25. 통신사실 확인자료제공 요청허가신청부, 26. 긴급 통신사실 확인자료제공 요청대장, 27. 긴급 통신사실 확인자료제공 집행대장(사후허가용), 28. 통신사실 확인자료제공 요청집행대장(사전허가용), 29. 통신사실 확인자료 회신대장, 30. 통신사실 확인자료제공 요청 집행사실통지부, 31. 통신사실 확인자료제공 요청 집행사실통지유예 승인신청부

장부와 서류는 전산화 프로그램을 이용하여 전자적으로 보관 및 관리할 수 있다.

### 2. 범죄 사건부

군사법경찰관리는 범죄사건을 접수하거나 입건, 수사, 송치할 때에는 범죄사건부에 접수일시, 접수구분, 수사담당자, 피의자, 죄명, 범죄일시, 장소, 피해정도, 피해자, 체

포·구속내용, 석방연월일 및 사유, 송치일자 및 번호, 송치의견, 압수번호, 군검사처분, 판결내용, 그 밖의 필요한 사항을 기입하여야 한다.

군사법경찰관리는 압수물건이 있을 때에는 압수부에 압수연월일, 압수 물건의 품종, 수량, 소유자 및 피압수자의 주거, 성명 등을 기록하고 그 보관자, 취급자, 처분연월일과 요지 등을 기입하여야 한다.

## 3. 수사종결 사건철

수사종결 사건(송치사건)철에는 군검사에게 송치한 사건송치서 기록목록, 의견서의 사본과 수사결과보고서 등을 편철하여 보관할 수 있다.

## 4. 입건 전 조사사건 기록철

입건 전 조사사건 기록철에는 범죄를 입건 전 조사한 결과 입건이 필요없다고 인정되어 완결된 기록을 편철하여야 한다.

## 5. 관리미제사건 기록철

관리미제사건 기록철에는 관리미제사건으로 등록한 사건의 기록을 편철하여야 한다.

## 6. 서류철의 색인목록

서류철에는 색인목록을 붙여야 한다. 서류편철 후 그 일부를 빼낼 때에는 색인목록 비고란에 그 연월일과 사유를 적고 그 담당 군사법경찰관리가 날인하여야 한다.

## 7. 임의의 장부

수사상 필요하다고 인정할 때에는 장부서류 이외에 필요한 장부 또는 서류철을 비치할 수 있다.

## 8. 장부 등의 갱신

수사사무에 관한 장부와 서류철은 매년 이를 갱신하여야 한다. 다만, 필요에 따라서는 계속 사용할 수 있다. 제1항의 단서의 경우에는 그 연도를 구분하기 위하여 간지 등을 삽입하여 분명히 하여야 한다.

## II. 장부 및 서류의 보존기간

### 1. 보존기간

　장부 및 서류는 다음의 기간 이를 보존하여야 한다. 1. 범죄사건부 25년, 2. 압수부 25년, 3. 체포영장신청부 2년, 4. 체포·구속영장집행부 2년, 5. 긴급체포원부 2년, 6. 현행범인체포원부 2년, 7. 구속영장 신청부 2년, 8. 압수·수색·검증영장 신청부 2년, 9. 체포·구속인 접견·수진·교통·물품차입부 2년, 10. 체포·구속인 명부 25년, 11. 송치사건철 25년, 12. 입건 전 조사사건 기록철 25년, 13. 관리미제사건 기록철 25년, 14. 검시조서철 2년, 15. 통신제한조치 허가신청부 3년, 16. 통신제한조치집행대장 3년, 17. 긴급통신제한조치대장 3년, 18. 긴급통신제한조치통보서발송부 3년, 19. 통신제한조치 집행사실통지부 3년, 20. 통신제한조치 집행사실통지 유예 승인신청부 3년, 21. 통신사실 확인자료제공 요청 허가신청부 3년, 22. 긴급 통신사실 확인자료제공 집행대장(사후허가용) 3년, 23. 통신사실 확인자료제공 요청집행대장(사전허가용) 3년, 24. 통신사실 확인자료 회신대장 3년, 25. 통신사실 확인자료제공 요청 집행사실통지부 3년, 26. 통신사실 확인자료제공 요청 집행사실통지유예 승인신청부 3년, 27. 영상녹화물관리대장 25년, 28. 변사사건종결철 25년, 29. 긴급 통신사실 확인자료제공 요청대장 3년이다.

### 2. 보존기간의 기산 등

　보존기간은 사건처리를 완결하거나 최종절차를 마친 다음해 1월 1일부터 기산한다. 보존기간이 경과한 장부와 서류철은 보존문서 기록대장에 붉은 글씨로 폐기일자를 기입한 후 폐기하여야 한다.

## 주요 법령

군사법원법

군검사와 군사법경찰관의 수사준칙에 관한 규정

군사경찰 수사규칙

군사경찰 범죄수사규칙

법원이 재판권을 가지는 군인 등의 범죄에 대한 수사절차 등에 관한 규정

법원이 재판권을 가지는 군인 등의 범죄에 대한 수사절차 등에 관한 훈령

군사법원의 소송절차에 관한 규칙

군 수사기관의 디지털포렌식 수사에 관한 훈령

군 수사절차상 인권보호 등에 관한 훈령

수사기관의 군사기지 및 군사시설 등 출입절차에 관한 훈령

군사경찰의 직무수행에 관한 법률

군사경찰의 직무수행에 관한 법률 시행령

각 병과사병의 군사경찰직무보조에 관한 규정

군사경찰의 교통단속 등 질서유지 활동에 관한 훈령

국방부조사본부령

국군방첩사령부령

보안업무규정

군에서의 형의 집행 및 군수용자의 처우에 관한 법률

지문을 채취할 형사피의자의 범위에 관한 규칙

군검찰사건사무규칙

부대관리훈령

## 군사경찰 수사절차론

ⓒ 유영무·선상훈·김호, 2025

초판 1쇄 발행 2025년 9월 1일

지은이     유영무·선상훈·김호
펴낸이     이기봉
편집       좋은땅 편집팀
펴낸곳     도서출판 좋은땅
주소       서울특별시 마포구 양화로12길 26 지월드빌딩 (서교동 395-7)
전화       02)374-8616~7
팩스       02)374-8614
이메일     gworldbook@naver.com
홈페이지   www.g-world.co.kr

ISBN   979-11-388-4633-2 (03390)

- 가격은 뒤표지에 있습니다.
- 이 책은 저작권법에 의하여 보호를 받는 저작물이므로 무단 전재와 복제를 금합니다.
- 파본은 구입하신 서점에서 교환해 드립니다.